普通高等教育机械工程专业规划教材

Typical Control Systems for Construction Machinery
工程机械典型控制系统

王　欣　高子渝　张　军　编著
焦生杰　主审

人民交通出版社

内 容 提 要

本教材内容主要涉及现代典型筑路机械、土方机械及养护机械的前沿控制技术，着重从控制系统功能结构、元器件及关键技术等方面介绍了现代工程机械典型控制系统的特征及设计方法。

本教材可作为机械类本科生及硕士研究生教材，也可为有关设计人员提供参考。

图书在版编目(CIP)数据

工程机械典型控制系统/王欣，高子渝，张军编著.
—北京：人民交通出版社，2014.6
普通高等教育机械工程专业规划教材
ISBN 978-7-114-11284-3

Ⅰ.①工… Ⅱ.①王… ②高… ③张… Ⅲ.①工程机械－控制系统－检修－高等学校－教材 Ⅳ.①TU607

中国版本图书馆 CIP 数据核字(2014)第 054135 号

普通高等教育机械工程专业规划教材

书　　名：工程机械典型控制系统
著 作 者：王　欣　高子渝　张　军
责任编辑：周　宇　郑蕉林
出版发行：人民交通出版社
地　　址：(100011)北京市朝阳区安定门外外馆斜街 3 号
网　　址：http://www.ccpress.com.cn
销售电话：(010)59757973
总 经 销：人民交通出版社发行部
经　　销：各地新华书店
印　　刷：北京盈盛恒通印刷有限公司
开　　本：787×1092　1/16
印　　张：14.5
字　　数：370 千
版　　次：2014 年 6 月　第 1 版
印　　次：2014 年 6 月　第 1 次印刷
书　　号：ISBN 978-7-114-11284-3
定　　价：32.00 元

序

当今世界工程机械领域科学技术日新月异，信息化、自动化、智能化和产品竞争全球化势不可挡。信息技术向其领域加速渗透并向纵深应用发展，各类技术间相互交叉融合得更加频繁，将引发以智能、融合为特征的新一轮工程机械技术系统变革、学科突破和产业革命，推动工程机械向绿色、智能、超常、融合和服务方向发展。

中国已跨入世界工程机械大国行列，同时这一行业也进入了深度调整、转向升级和格局重构的关键时刻，信息化技术是新一轮技术创新的一个重要引擎，而控制技术则是信息化的一个重要组成部分。

工程机械控制系统诞生的时间不长，但发展非常迅猛，大量先进的控制技术融入了产品设计，革新了传统设计的理念，需要更多自动控制领域的人才、技术、知识和创新性研究成果去支撑，也正是在这种需求促使下，《工程机械典型控制系统》一书应运而生。

本教材的主要内容于2008年开始作为专业选修课面向本科学生开设，教材的编写被列为校质量工程建设项目。本书第一作者在机械电子工程专业从事教学科研十多年，曾分别在国内著名的重工企业三一集团、美的集团和国机重工集团从事工程机械专业博士后研究工作。在目前工程机械控制理论尚不完善、大量新的课题有待研究的情况下，几位青年教师发挥专业特长，在学术上孜孜不倦，笔耕不辍，以控制论为指导，探索研究了工程机械控制系统的理论要素、设计方法、实现技术和试验方法，并终辑成书。

本教材的一个重要特征是针对典型工程机械的关键性能指标，结合机器的结构形式、负载特征及动力学特性，将传统控制理论与具体被控对象相结合，提出系统的控制方法和实现技术，所有的案例均经过实践检验，既不是对控制理论方法的泛泛而论，也不是简单的应用汇编，而是理论与实践二者的有机结合；另一特征是在对工程机械动力学参数与运动学参数静态匹配理论继承的基础上，提出了“功率自适应开环与闭环控制方法”及“动态匹配控制”等概念和实现方法，尽管尚未达到建立理论体系的程度，但这些有益的研究与实践对传统参数匹配理论的拓展起到了抛砖引玉的作用。

本教材系统介绍了控制理论和方法在工程机械上的典型应用，内容新颖且具有实用性，使读者能够更全面地了解这一领域所涉及的科学技术问题和工程应用问题。相信本教材的出版对于从事工程机械产品研发和对控制技术感兴趣的广大读者有所裨益。

焦生杰

2014年1月

前　　言

现代科学技术的进步,极大地推动了不同学科间的相互交叉与渗透,引发了涵盖所有工程领域的技术改造和技术革命,纵向划分、横向综合成为当代科学技术发展的重要特点。

在工程机械领域,由于自动控制技术的飞速发展及其和传统机械工业的融合,工程机械产品的功能不断拓展,性能不断提升,品种极大丰富,产品结构不断完善,可靠性不断提高,导致生产方式与管理体系也发生了巨大变化,从而迈入了以"机电液控一体化"为特征的发展阶段。

高效节能是工程机械的核心价值,通过自动控制技术,可以实现机器动力源、动力传动系统、工作装置和行走机构之间动力学与运动学参数的最佳动态匹配,机器功率得到最大限度的利用,从而使高效节能达到一个新的高度;通过对作业装置进行自动控制,可以改善设备的操作性能,实现对复杂作业的要求,同时减轻驾驶员的工作强度,降低对人员工作技能的要求;状态监测和故障自动报警可以提高机器使用的安全性;借助远程操控和无人驾驶技术,可以避免人员到危险场所及恶劣环境中作业。现代工程机械对复杂作业的要求催生了工程机械控制系统,控制系统及相关技术不但已经成为工程机械必不可少的重要组成部分,而且必将对传统的产品设计理念与设计方法带来根本性的变革。

纵观近20年来我国工程机械的发展与进步,自动化技术的研究与应用可谓硕果累累,控制系统设计已经成为整机设计与研发过程的重要环节。但是,无论对就读本专业的在校学生,还是对从事这一领域的设计开发人员而言,目前尚缺一本可供系统参考的实用书籍,正是这一需求促使了本教材的诞生。

本书第一作者多年来一直从事工程机械自动化领域的教学与科研工作,在实践中积累了一些值得推广的理论和应用成果经验,撷取了其中部分较为成熟的典型案例,经过提炼与升华,编纂成书。本教材以"工程机械典型控制系统"课程讲义为蓝本,主要内容涉及现代典型筑路机械、土方机械及养护机械的前沿控制技术,着重从控制系统功能结构、元器件及关键技术等方面介绍了现代工程机械典型控制系统的特征及设计方法,可作为机械类本科生及硕士研究生教材,也可为有关设计人员提供参考。

本教材第一、二、三、四、五、六及第十一章由王欣编写;第七章和第八章由高子渝编写;第九章和第十章由张军编写;全教材由王欣主编,焦生杰主审。

在本教材编写过程中,得到了三一重工股份有限公司的大力支持,在此表示衷心感谢。

由于作者水平有限和时间仓促,书中难免存在缺点和错误,敬请读者给予批评和指正。

作者

2013年12月

目　录

第1章　绪　　论

1.1　引　　言

工程机械的发展,在技术上经历了3次变革性的飞跃。第一次是内燃机的出现,使工程机械有了较理想的动力装置;第二次受助于液压技术的推动,工程机械找到了更为理想的传动方式,出现了形形色色完成各种施工作业的机种、机型与配套的工作装置,迎来了多样化和飞速发展的时期;第三次以自动控制、电子及计算机技术在工程机械领域的广泛应用为标志,以往简单的电气系统逐渐被更复杂、更先进的控制系统甚至控制网络所取代,从而使工程机械跨入了自动化的时代(图1-1)。

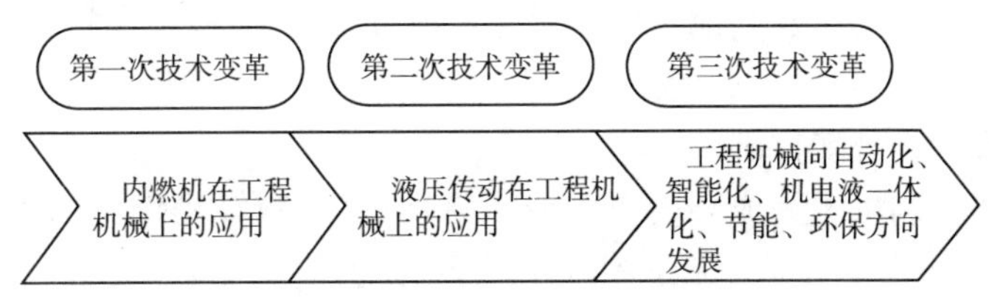

图1-1　工程机械的3次技术变革

1.2　现代工程机械控制系统的特点

现代工程机械的控制系统具有以下特点。

1)涉及的控制技术复杂多样

工程机械品种丰富,作业形式多样,工作装置种类繁多,要求实现的动作复杂多变,所需的控制技术也多种多样,如行驶控制(包括方向控制、直线行驶控制、恒速控制与变速控制等)、工作装置控制、振动控制、温度控制、找平控制、换挡控制、发动机控制及功率匹配控制等。

2)多种信息技术交叉融合的产物

由于现代工程机械的先进技术大部分集中在操纵与控制方面,需要解决的问题,仅从机械结构和液压系统角度来考虑很难使产品有质的飞跃,必须引入具有良好控制性能和信息处理能力的电子、传感器和电液转换技术等。因此,现代工程机械的控制系统同时融合了控制技术、电子技术、计算机技术、通信技术、网络技术及传感器技术等几乎所有门类的信息技术(图1-2)。

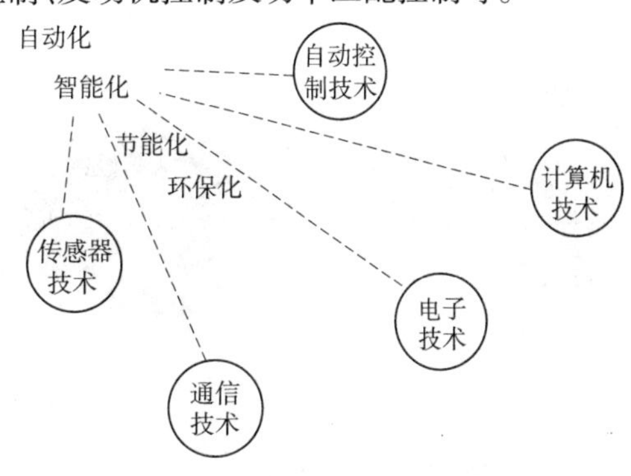

图1-2　工程机械自动化与信息技术

3)形成了工程机械的专用控制装置

随着功能与可靠性要求的提高,作为控制系统硬件载体的控制器也逐步得到发展,带有CAN总线接口的高性能专用控制器、配套的显示设备与特殊功能模块等成为高性能工程机械产品的首选。

1.3 现代工程机械控制领域的新技术

目前,工程机械自动化技术的研究目标主要集中在两个方面:一是简化操作员操作,提高车辆动力性、经济性及作业生产率;二是提高作业质量。以此为目的形成了以机、电、液一体化为特征的控制技术。

1.3.1 电液比例控制技术

借助电液比例控制技术,可实现对液压传动系统的精确控制,通过对变量泵、变量马达等元件的比例调节,可将动力源的能量连续高效地传送到行驶系统及作业装置,转化为有效行驶及作业功率,并实现各种特殊要求的控制。

控制系统能够自动检测发动机负荷及液压系统的状态参数,根据选定的控制策略,自动对发动机、液压泵、液压马达及其他工作装置参数进行调整,使整机运行在高效节能状态,保证整机的动力性和经济性,发挥最大作业效率,如功率自适应控制、负荷传感控制、行驶驱动与工作装置的功率自动分配控制等。

控制系统能够控制机械完成某些自动或半自动操作,减轻操作员的劳动强度。在降低对操作员技能要求的同时,提高机械的作业效率和作业质量,如自动换挡、无级变速调节、恒速行驶控制、自动找平控制和作业轨迹控制等。

上述控制功能的实现,离不开电液比例控制装置和技术。随着工程机械逐步向智能化、节能化及环保化的未来方向发展,电液比例控制技术也必然结合这一要求,融入更多“智能”与“节能”的因素。

1.3.2 专用控制器技术

在专用控制器出现之前,早期工程机械的控制系统多采用通用控制器作为硬件,如PLC(Programmable Logic Controller)、单片机及DSP等都有应用(图1-3)。从20世纪90年代起,工程机械专用控制器及其配套设备得到不断发展和应用,并逐渐取得统治地位。

图1-3 工程机械专用控制器

采用数字化集成电路封装而成的专用控制器,具有较高的防护等级,高速运算能力能够满足各种复杂控制功能的需要。与其配套的设备有单色/彩色液晶显示器、GPS/GPRS 终端、遥控设备及各种传感器等(图 1-4)。此外,针对不同的特殊应用,还出现了功能独立的专用模块,如集成式面板、自动找平系统、电子称量系统、加速踏板控制系统及电子换挡系统等。

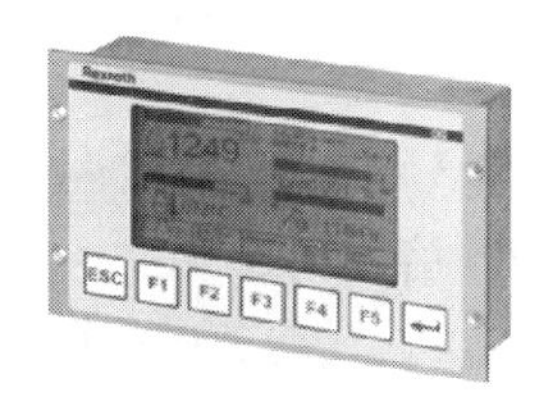

图 1-4　与工程机械专用控制器配套的显示器

1.3.3　总线与网络技术

CAN 总线技术和专用控制器已经成为目前工程机械控制领域的两大主流技术,依托这两大技术,控制系统在具有强大功能的同时,还可以具有简单的结构和高可靠性。

作为具有国际标准协议的总线,CAN 总线在车辆领域广为应用,其主要特点如下:

(1)CAN 网络上的节点信息分成不同优先级,可满足对实时性的不同要求,高优先级的数据最多可在 134μs 内得到传输。

(2)非破坏性总线仲裁技术,多个节点同时向总线发送信息时,优先级低的节点主动退出,高优先级节点可不受影响继续传输数据,节省了总线冲突仲裁时间。

(3)只需通过报文滤波即可实现点对点、一点对多点及全局广播等几种方式传送接收数据,无需专门“调度”。

(4)直接通信距离最远可达 10km(此时通信速率为 5Kbit/s 以下);通信速率最高可达 1Mbit/s(此时通信距离最长为 40m)。

(5)CAN 上的节点数主要取决于总线驱动电路,目前可达 110 个;报文标识符可达 2032 种(CAN2.0A),而扩展标准(CAN2.0B)的报文标识符几乎不受限制。

(6)采用短帧结构,传输时间短,受干扰概率低,具有良好的检错效果。

(7)CAN 节点中均有错误检测、标定和自检能力。检错的措施包括发送自检、循环冗余校验、位填充和报文格式检查等,保证了低出错率。

(8)节点在错误严重情况下自动关闭输出,使总线上其他节点的操作不受影响。

(9)CAN 的通信介质可为双绞线、同轴电缆或光纤,选择灵活。

(10)CAN 器件可被置于无任何内部活动的睡眠方式,相当于未连接到总线驱动器,可降低系统功耗。睡眠状态可借助总线激活或系统的内部触发条件被唤醒。

图 1-5 为一个典型的基于 CAN 总线的工程机械控制网络。

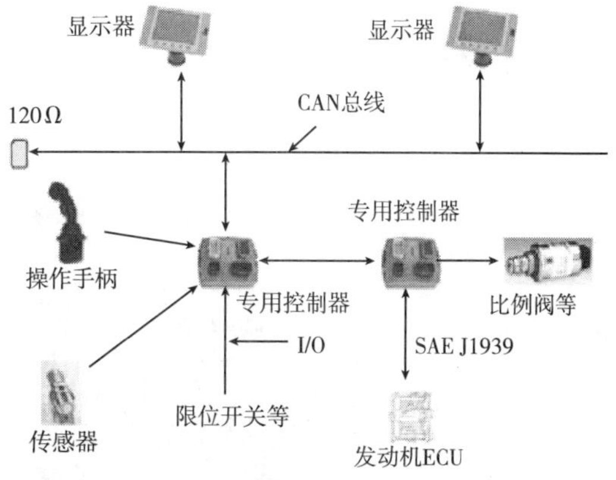

图 1-5　基于 CAN 总线的工程机械控制网络

1.3.4 GPS 技术

GPS 即全球定位系统(Global Positioning System),是一个由覆盖全球的 24 颗卫星组成的卫星系统。此系统可保证在任意时刻,地球上任意一点都能同时观测到 4 颗卫星,以保证卫星采集到该观测点的经纬度和高度,实现导航、定位与授时等功能,具有高精度、高效率和低成本的优点。

GPS 全球卫星定位系统由 3 部分组成:空间部分,即 GPS 星座;地面控制部分,即地面监控系统;用户设备部分,即 GPS 信号接收机。

采用 GPS 定位技术,机主可通过服务中心随时确定设备所在地,便于管理和售后服务。该技术可实现:

(1)方便地从网上地图发现机器的位置,一旦有故障即可报警。

(2)监测发动机冷却水温、机油温度、机油压力、液压油温度及工作时间是否工作等。

(3)当设置的保养时间到达时,发出提示。

(4)可提供离施工现场最近的闲置设备信息,发挥设备的最大作用。

(5)防盗。设备被非法移动时进行报警,快速发现被盗设备,减少保险费用,误差在 20m 范围内。

GPS 技术在工程机械领域应用广泛,图 1-6 为工程机械 GPS 服务中心,图 1-7 为带有 GPS 定位系统的压路机。

图 1-6 工程机械 GPS 服务中心

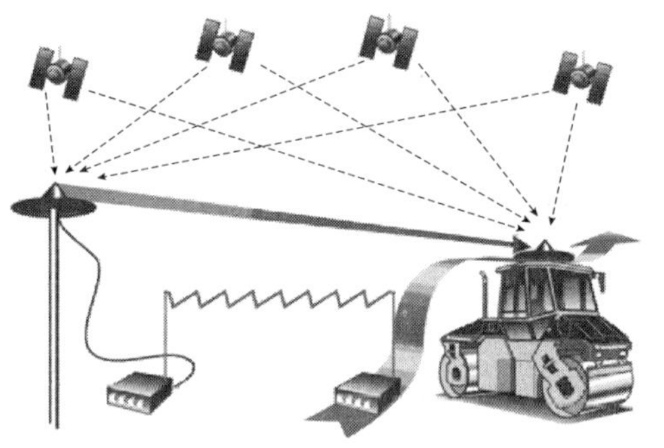

图 1-7 带有 GPS 定位系统的压路机

我国"863"计划项目——"机群智能化工程机械",将 GPS 和计算机、无线电子通信、网络/协议、优化调度管理及软件集为一体,除了能合理分配摊铺机、自卸载货汽车、压路机、搅拌站及转运车等设备的作业外(图 1-8),系统还能为管理人员提供多种辅助功能以提高施工效率。

图 1-8 摊铺机、转运车与压路机等机群联合作业

1.3.5 远程通信技术

远程通信技术,以 GPRS 技术的应用为代表(图 1-9)。GPRS 是通用分组无线业务(General Packet Radio Service)的简称,是一种以全球手机系统(GSM)为基础的数据传输技术,可以说是 GSM 的延续。和以往连续在频道传输的方式不同,GPRS 以封包(Packet)式来传输,因此使用者所负担的费用以其传输资料单位计算,并非使用其整个频道,理论上较为便宜。

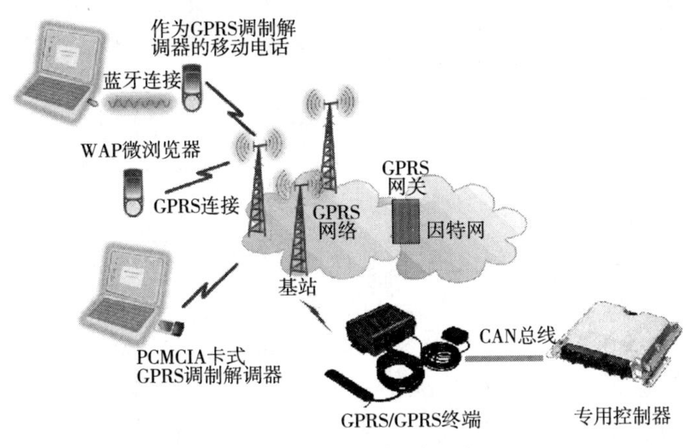

图 1-9 GPRS 远程通信系统

采用 GPRS 技术,可实现远程故障信息发送、远程诊断及远程数据采集与分析等功能,可减少售后服务成本,同时也可为产品性能提升采集实验数据,利用此技术还可实现远程锁机管理等特殊服务。

1.3.6 状态监测与故障诊断技术

以电子显示设备为平台,对发动机及机器运行的各状态参数进行实时监测、故障诊断及查询(图 1-10),使用户及时了解机器的使用状态,并实现所需的人机交互和系统参数设置。

图 1-10 工程机械状态监测与故障诊断设备

1.3.7 作业装置 3D 控制技术

3D 控制技术是对传统施工方法的革命性改进,采用这一技术,可直接将整个施工场地的表面信息通过软件进行设计,并存储在机载计算机系统中。在机械作业过程中,通过动态 RTK GPS 或 TPS(全站仪)技术实时采集工作装置(如铲刀)的三维坐标,并与存储的三维坐标数据进行比较,发现偏差,系统会通过阀控制模块对工作装置进行自动调整,短时间内即可精确达到设计位置,确保整个场地地形能按照设计者的要求进行精确修正。

由 3D 控制系统对工作装置进行控制,可真正实现无桩施工,省去测量人员的大量现场打桩放样工作,减少了机器闲置时间,操作员只需关心机器的行进方向和自动控制系统的状态,就能实现较高精度的工作,对其工作强度和技能的要求大大降低,彻底改变了传统的施工程序,提高了施工效率,显著缩短工期。目前在欧美很多地区的大型场地土方施工中,这一技术得到了广泛应用(图1-11)。

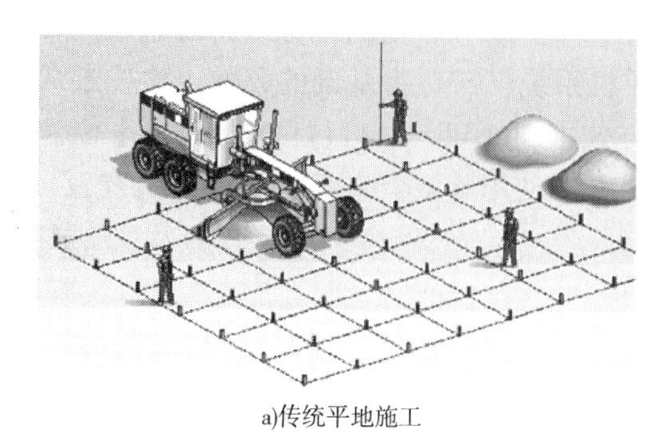
a)传统平地施工

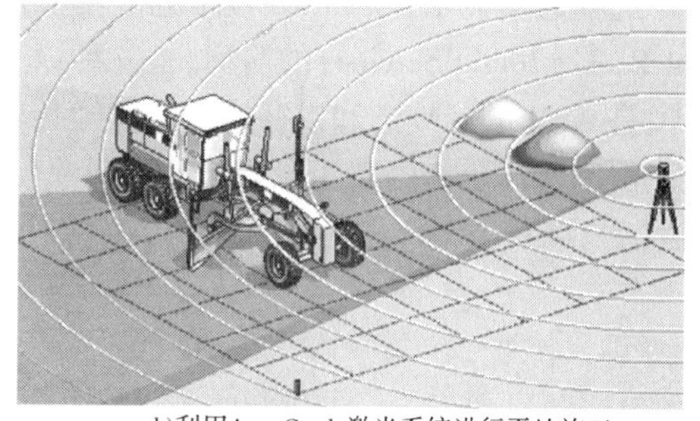
b)利用AccuGrade激光系统进行平地施工

图1-11 传统打桩放样与采用3D控制技术的施工作业

3D控制系统由定位设备、通信设备、机载计算机及控制设备4部分组成。

(1)定位设备。定位设备采用GPS或自动TPS。3D GPS主要用于土方工程,如推土机、平地机或挖掘机作业等(图1-12);3D TPS主要用于精度要求较高的公路面层或机场工程,如平地机、摊铺机或铣刨机作业等(图1-13)。3D GPS定位设备由GPS基站和安装在机器上的GPS接收器组成,基站通常安装在一个固定的、半永久性的位置上,覆盖范围可达10km左右。

图1-12 采用3D控制技术的平地作业

图1-13 采用3D控制技术的沥青混凝土摊铺作业

(2)通信设备。通信设备由无线电发射装置和调制解调器组成,实现定位设备和机载计算机间的数据传输。

(3)机载计算机。机载计算机把输入的工程设计数据生成三维数字地形模型,根据收到的测量数据计算出机器的实际位置和方向,与设计值进行比较,把校正信息输出到控制设备,对机器工作装置进行调整。

(4)控制设备。控制设备由一系列控制器和传感器组成,测量控制机械自身和铲刀的横坡、纵坡与倾斜度等,并根据机载计算机传来的校正信息对工作装置进行控制,最终达到施工的设计位置。

采用GPS作为定位设备时,精度上可能稍逊于激光技术和全站仪技术,但由于GPS技术以卫星信号作为工作基准,能够实现全天候施工,不受天气和光线的影响,GPS基站和施工机械之间不需要保持通视,特别适合大型土木工程项目,系统一次设置就可保证连续施工,一个基站能够同时控制多台设备,控制范围达10km,毫米GPS精确度可达到3mm。

随着工程计算机辅助设计(CAD)技术的广泛应用和数字地形模型(DTH)技术的发展,工程设计工作也在向无图纸、数字化的方向发展。3D控制技术正是顺应了这一发展趋势,是将来数字化施工的基础,将对工程施工产生深远的影响。

1.3.8 自动控制方法

在工程机械采用的控制方法方面,除一般的直接动作控制和简单逻辑控制外,经典的PID控制方法仍占有统治地位。实际应用,如行驶恒速控制、直线纠偏控制、发动机恒转速控制、加热系统恒温控制及PWM恒流控制等。

由于对工程机械控制系统进行建模、分析、仿真和设计的技术手段不成熟,大部分PID控制在设计阶段采用现场调定参数的方法,部分PID控制结合了专家控制的思想,对PID参数采用分况设定,以达到更优的性能指标。如摊铺机的自动找平和输、分料控制等均采用了这一方法。

此外,模糊控制(Fuzzy Control)等智能控制技术独立或与PID控制相结合,也已进入应用;而其他先进的控制理论与方法,由于对数学模型有要求等原因,目前在工程机械中应用较少。

1.3.9 节能控制技术

节能环保是工程机械未来的发展方向,近年来,作为动力源的柴油机在降低油耗、减少排放与降低噪声方面有了长足的进步。尤其是电子喷油装置的出现,不仅标志着柴油机向高性能、低排放的方向发展,而且为整机节能提供了更有效的途径。依托自动控制技术,以进一步提高发动机效率、改善发动机工作状态和减少传动系统功率损失为目标的节能控制技术受到越来越多的关注。

工程机械采用节能控制技术,不仅可以节约燃油,还可以改善发动机和液压元件的工作状态,延长设备的使用寿命。在节能控制方面,有以下新技术。

1)分工况的参数匹配与节能控制技术

工程机械发动机功率通常按照最大负荷工况进行配置,即在设计时选择等于或略大于最大功率需求的发动机(或底盘)。而机器在实际作业时,很多时间处于非满负荷工况,如一台摊铺宽度为14m、摊铺速度最大为20m/min的摊铺机,大多数情况下,在摊铺宽度9m左右、摊铺速度5m/min左右的工况作业。在这种非满负荷甚至轻负荷工况下,会出现功率的“富余”,即发动机工作处于效率较低、油耗较高的欠负荷状态。

针对不同的作业机械,提取其关键施工工况的负载特征,分类分工况进行动力学与运动学参数匹配和控制,是工程机械实现节能的基本措施。根据发动机与传动系匹配理论,结合机械的应用特点,对发动机与传动系的工作点或参数进行动态调整,使发动机工作在效率较高的理想负荷区域,是工程机械节能控制的一个研究方向。这方面的研究,包括功率自适应控制、加速踏板自动调节及自动怠速控制技术等,这些成果最终将形成工程机械动态参数匹配理论与方法。

2)电喷发动机变功率控制技术

电喷发动机的喷油系统,由电子装置进行控制,发动机厂家可根据用户的前期设计,在其发动机上用多功率(转矩)特性代替单一功率(转矩)特性,每一工作特性曲线均对应不同的最大输出功率(转矩)。所谓变功率控制,实际上就是指这样一种对电喷发动机的合理使用方法:用户根据机械的实际工况与使用要求,设计出一组所需的功率(转矩)曲线,由发动机厂家实

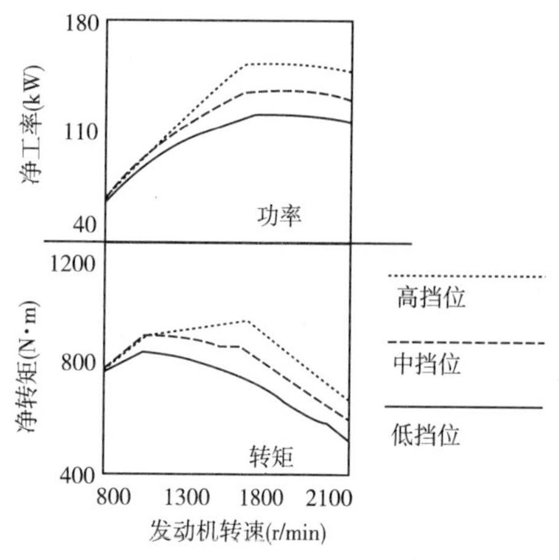

图 1-14 变功率发动机的多功率(转矩)特性

现,用户只需通过 CAN 总线向发动机 ECU 发出指令,就可选择和切换至发动机的最佳工作曲线(图 1-14)。

采用变功率控制后,发动机的工作状态更加合理,动力与传动系统参数匹配更佳,与其他控制目标结合,可实现整机的最佳动力性与经济性指标。

发动机变功率控制具有实施简单、不改变发动机转速范围等优点,因而适用范围较广,有以下作业特点的工程机械均可采用这一技术以实现降低油耗的目标。

(1)有低速大负荷作业要求的机械。这类机械设有低速大负荷作业挡,输出作业速度受到挡位的限制,输出的最大牵引力也受到机器质量与地面附着条件的限制,因此输出功率的最大值有限,甚至显著低于发动机的最大功率输出能力,此时可在低速挡采用发动机变功率控制,这类机械的代表为采用多挡位变速器直传动的平地机。目前,国外平地机已经广泛采用了这一技术。

(2)循环作业,频繁起步的机械。这类机械起步时惯性负载较大,所需的发动机功率较大,而起步后匀速作业过程需要的功率则较小。这类机械典型代表如双钢轮振动压路机,其起步与起振过程同时进行,峰值功率明显较平均功率大,而频繁起步的循环作业特点要求,在选择发动机功率时必须满足最大功率需求,因此可采用变功率发动机。

(3)载重运输型车辆。对载重运输型车辆而言,满载工况与空载工况交替出现,可以采用发动机变功率控制技术,如水泥混凝土运输车。

3)冷却风扇节能控制技术

冷却风扇担负着发动机、液压系统等的冷却工作,其节能化控制也常常被称为智能风扇技术。对传统的风扇控制方式而言,在机器使用全过程中,无论外界环境温度、系统自身温度以及实际需要的散热量大小如何改变等,风扇总是处于全速运转状态。风扇节能控制技术的关键是使风扇转速能够随温度的变化无级调节,从而将温度控制在理想的范围内,受控温度主要包括发动机冷却水温、进气温度及液压油温等。

冷却风扇节能控制的具体实现方式有多种,可专门为风扇设计一套独立的液压驱动装置,或利用机器中其他油路驱动风扇马达,为风扇提供动力(图 1-15)。

图 1-15 独立的冷却风扇驱动系统

风扇系统工作时消耗的功率占整机总功率的百分比很小,靠转速可调带来的油耗减小有限,特别是采用液压驱动后,风扇系统传动效率降低(若采用节流调速则效率损失更大),即效率降低带来的影响与节约的油耗相比存在一定程度的抵消。

实际上,通过风扇无级调速使系统工作温度受控,对改善系统工作温度与排放带来的益处是相当可观的。

现代柴油机采用涡轮增压技术后,对中冷温度的控制要求更加苛刻,进气温度每升高

10℃,都会造成发动机功率下降3%,因此,中冷温度必须严格控制;而冷却水温欠冷却与过冷却都会造成发动机工作状态不佳,降低其工作效率,不但油耗增加,而且对排放也不利;此外,液压系统的工作温度也影响整机工作效率。因此,合理的发动机工作温度与液压系统工作温度必将有益于发动机与液压系统工作效率的提高。从这一意义上讲,风扇转速实现无级可调显得更为重要。

单一的风扇要做到全面的温度控制较为困难,采用分布式风扇不仅布置灵活,而且可以实现发动机冷却水温、中冷温度(进气温度)与液压系统温度的独立控制,这一技术将是未来冷却风扇控制的发展方向。

本章思考题

1. 浅谈现代工程机械控制系统的发展趋势与特点。
2. 工程机械控制系统交叉融合了哪些新技术?各有什么应用?请举例说明。
3. 工程机械常见的节能控制方法有哪些?原理如何?
4. 何为发动机变功率控制?该技术有何优点?适用于哪些类型的机械?

第2章　工程机械典型控制器

目前,工程机械采用的控制器及配套电子设备呈现出多样化,既有通用控制器件,如单片机、PLC等,也有依据功能和可靠性要求而开发的专用控制器。在这些控制器件中,为工程机械量身打造的专用控制器,以可靠性高、功能强大、使用方便以及能将开发人员从繁杂的电子电路设计中解放出来等优势,逐渐发展壮大。

2.1　工程机械使用的通用控制器

2.1.1　可编程逻辑控制器PLC

在自动化控制领域,PLC(Programmable Logic Controller)是一种重要的控制设备,目前世界上有200多个厂家生产300多种PLC产品,应用在车辆、建筑、工业自动化生产、粮食加工、化学/制药、金属/矿山及造纸等各个行业。

PLC具有通用性强、使用方便、适应面广、可靠性高、抗干扰能力强及编程简单等特点,在顺序控制中占有统治地位。

PLC分为固定式和组合式(模块式)两种。固定式PLC包括CPU板、I/O板、显示面板、内存块及电源等,这些元素组合成一个不可拆卸的整体。模块式PLC包括CPU模块、I/O模块、内存、电源模块及底板或机架,各模块可按照一定规则组合配置。

目前,市场上应用较多的PLC有西门子(Siemens)、三菱(Mitsubishi)、欧姆龙(Omron)、ABB、罗克韦尔(Rockwel)和施耐德(Schneide)等品牌,如图2-1所示。

a)西门子(Siemens)PLC

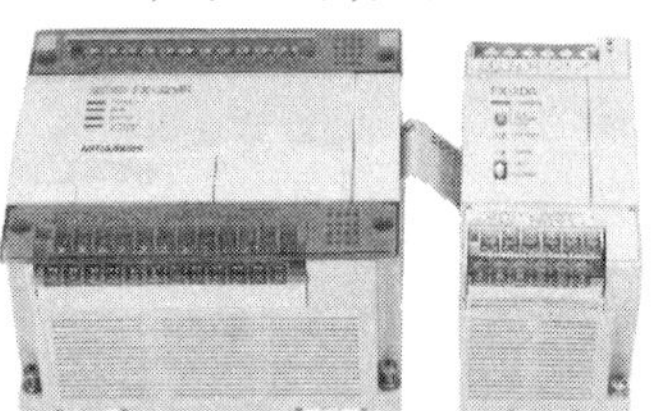

b)三菱(Mitsubishi)PLC

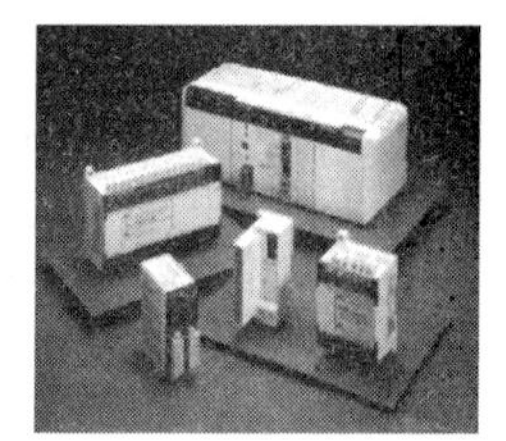

c)欧姆龙(Omron)PLC

d)ABB PLC

e)罗克韦尔(Rockwel)PLC

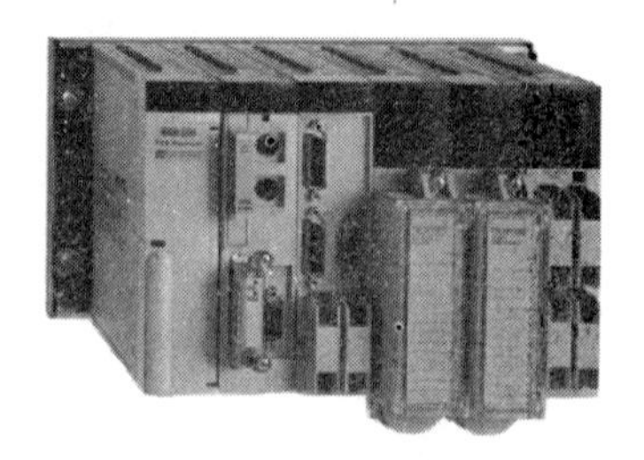

f)施耐德(Schneide)PLC

图2-1　国外品牌的PLC

工程机械最初没有专用控制器，可靠性好、编程简单的 PLC 受到开发者的青睐，在控制功能、运算速度及网络通信要求相对简单的工程机械上广泛应用。目前，由于 PLC 的成本相对专用控制器低，所以在工程机械，尤其是小型工程机械上的应用仍然占有一定的比例。

PLC 的用户基础广泛，对编程者的开发水平要求较低，通常只需增加简单的保护或放大电路就可投入使用，但由于其处理复杂算法的能力及网络通信能力有限，输入输出配置也并非专门针对工程机械设计，所以在高性能工程机械产品中使用较少。

2.1.2 嵌入式工控机

嵌入式工控机（Embedded Industrial Computer）是一种加固的增强型工业计算机，它可以作为一个控制器在工业环境中可靠运行（图 2-2）。由于嵌入式工控机性能可靠、体积小巧、结构紧凑、价格低廉，在风力发电、智能交通、数控机床、设备监控、医疗设备、仪器仪表、工厂自动化及车载信息系统等各领域广泛应用。

PC/104 是一种专门为嵌入式控制而定义的工业控制总线，ISA（IEEE－996）标准的延伸。其小型化的尺寸（90mm×96mm）、极低的功耗（典型模块为 1～2W）和堆栈的总线形式（决定了其高可靠性），受到了众多从事嵌入式产品生产厂商的欢迎。目前，全世界已有 200 多家厂商生产和销售符合 PC/104 规范的嵌入式板卡（图 2-3）。

图 2-2　研华 ARK－1388 嵌入式工控机

图 2-3　PC/104 总线与板卡

图 2-4 为一套采用 PC/104 工控机的起重机力矩限制器系统。该系统能自动检测出吊载质量及起重臂所处的角度，并显示出额定载质量和实际荷载、工作半径、起重臂所处的角度等信息，通过报警防止因操作员操作不当造成的事故。

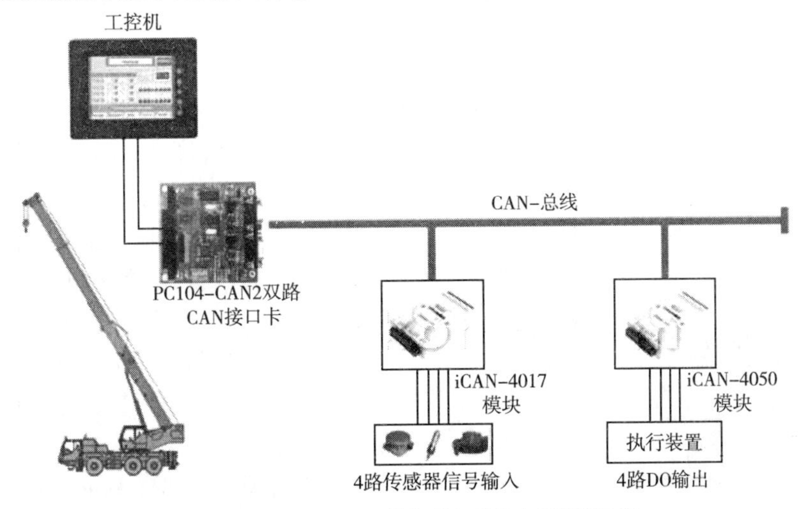

图 2-4　采用 PC/104 工控机的起重机力矩限制系统

2.1.3 单片机等集成电路芯片

目前,部分工程机械的控制系统也直接采用单片机或 DSP 等控制器件直接进行开发(图 2-5),这类器件品种丰富,设计灵活、自主性强,成本相对较低,但由于缺少专业的封装技术与检测手段,自行开发设计的电子电路在短期内的可靠性难以保证,因此,多用于作业环境相对良好的养护机械等。

图 2-5 集成电路芯片

采用基础芯片自行设计开发控制系统,无论硬件还是软件,开发、测试与调试的周期都相对较长,因此,主机生产企业一般不选择这种开发方式,而生产操作台、专用控制模块等配套设备的专业厂商则更倾向于选择这一方式。

2.2 工程机械专用控制器的特点

工程机械专用控制器是随着工程机械自动化要求的提高而逐年发展起来的,在国外已有 30 多年的历史。考虑到使用领域和适用对象的要求,工程机械专用控制器一般具有如下特点:

(1)可靠性好、防护等级高。工程机械的作业环境通常较为恶劣,专用控制器具有防水、抗振及防尘等功能,有较宽的温度工作范围及良好的电磁兼容性能;所有针脚都具有防误接保护功能,包括电源短路保护、电源反接保护、输出短路保护、通信线短路保护及通信线反接保护等。

(2)将 A/D 转换、D/A 转换、接口控制及接口驱动等外围电路都集成在控制器内部。省去了对放大、隔离等外围硬件电路的开发设计工作,使用者可将主要精力集中在对主机关键控制功能的实现上,节省了开发时间,提高了开发效率。

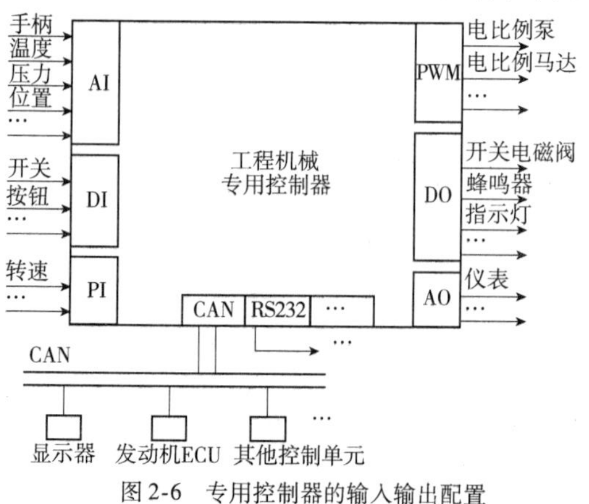

图 2-6 专用控制器的输入输出配置

(3)提供工程机械控制所需的各类输入、输出和通信端口(图 2-6):

输入端口:

①开关量输入 DI(Digital Input):操作面板上各种开关或按钮;各开关量传感器信号,如行程开关或压力开关等。

②脉冲输入 PI(Pulse Input):通常为各种转速信号,如发动机转速或马达转速;振动体频率信号等。

③模拟量输入 AI(Analog Input):连续变

化的信号,如手柄电位计开度信号、倾角传感器信号、温度或压力信号等。

输出端口:

①脉宽调制输出 PWM(Pulse Width Modulation):用于驱动各类比例电磁阀。

②开关量输出 DO(Digital Output):用于驱动开关电磁阀、蜂鸣器及故障指示灯等。

③模拟量输出 AO(Analog Output):0 ~5V 模拟电压,用于驱动仪表等。

④5V 固定电压输出:用于为传感器或其他电子设备供电。

(4)便于组成数字控制网络。提供 CAN 和其他类型的通信端口(如 RS232/485 等),能够接入各种智能型或总线型传感器,支持 CAN Open 协议、电喷发动机 J1939 协议及常用的串行通信协议。

(5)运算速度较快。采用高速微处理器作为内核,循环扫描速度可达到 10ms 及以下,能满足工程机械各种复杂控制运算的要求。

(6)提供各种封装好的软件功能模块(库函数)。工程机械门类丰富,不同机械的主要功能、适用场合与负载特征等均不相同。尽管如此,由于各机械均具有将动力源通过传动系转换为输出速度与转矩的共同特性,在发动机功率利用、行驶系统调速、冷却系统控制、操作装置与传感器标定及恒量控制算法等诸多功能上存在共同特征与功能需求。

专用控制器厂商不仅提供适用于工程机械自动控制系统的硬件,而且在软件技术上尽力为使用者提供便利性。为避免重复开发,将工程机械典型控制功能制作成函数模块形式的应用程序库,用户在开发不同主机应用程序时,可根据需要调用这些典型应用函数,调用时只需要针对不同机型设置相应参数即可,能够缩短用户在复杂功能与重复功能上的开发时间,并缩短开发周期。

2.3 工程机械专用控制器的主要品牌

2.3.1 力士乐(Rexroth)行走机械专用控制器

德国博士力士乐行走机械专用控制器,在工程机械尤其是行走机械中被广泛使用,其 RC 系列控制器各型号配置不同的输入输出引脚,以满足不同机械的需求;能够不通过占空比形式直接输出恒定的 PWM 电流,便于对电磁比例阀进行控制;同时配套有 CAN 总线显示器、各类传感器、手执式监控与参数设置仪,以及用于监控与波形记录的软件 Bodem 等;其软件开发环境 BODAS 支持 IEC61131 -3 的语言集,使用方便。产品如图 2-7 所示。

a)RC系列控制器

b)彩色液晶显示器

c)BB3手持式监控仪

d)软件平台BODAS

图 2-7 力士乐行走机械专用控制器与配套器件

表 2-1 为力士乐 RC 系列行走机械专用控制器型号与主要技术参数。

力士乐行走机械专用控制器型号与主要技术参数 表 2-1

系列	总输入	输入					输出				通信接口
	端口数	AI	DI	PI	DSM	TEMP	PWM	DO	AO	RS232	CAN
RC2－2/21	16	8	16	8	2	4	3	2	—	1	1
RC4－4/20	18	15	18	3	—	—	4	4	1	1	2
RC4－6/22	21	10	17	8	2	2	4	6	1	—	2
RC6－9/20	25	20	25	5	—	—	6	9	1	1	2
RC8－8/22	27	12	21	10	4	2	8	8	2	—	2
RC12－8/22	33	15	27	10	4	2	12	8	2	—	2
RC28－14/30	75	55	74	10	5	4	28	14	5	—	4
RC36－20/30	67	59	67	10	6	4	36	20	1	—	4
RCE12－4/22	33	15	31	2	2	2	12	4	2	—	1
供电电压:12～14V DC											
温度:－40～＋85℃											

图 2-8 所示为力士乐行走机械专用控制器的内部结构。

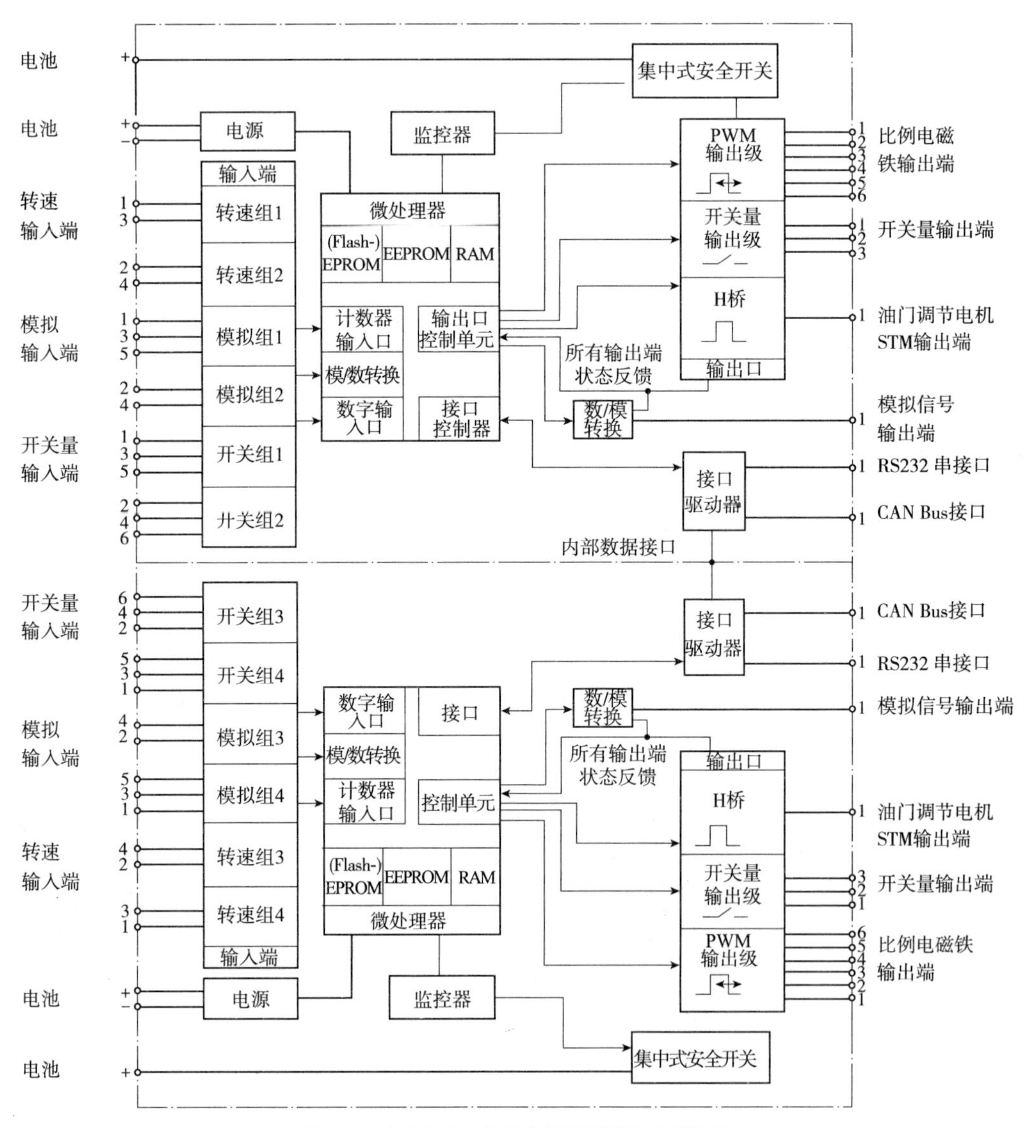

图 2-8 力士乐行走机械专用控制器的内部结构

力士乐控制器为使用者提供了较为丰富的专用库函数，如极限荷载调节、电子防滑、摊铺机双同步轨迹控制及压路机振动驱动控制等，如表 2-2 所示。

力士乐行走机械专用控制器提供的功能函数模块　　表 2-2

SPC	速度控制 在泵转速变化下，确定液压马达的输出转速	AFC	自动风扇控制 根据温度控制风扇转速
VAC	电控阀控制 操纵杆信号的调节和设定，针对阀控制	AGS	自动变速器换挡 功率换挡变速器的控制
LLC	负载限制控制 在柴油发动机和液压件之间的智能化功率管理，带安全功能	ASR	防滑控制 光滑地面的牵引控制
DRC	驱动控制 综合驱动管理，包括倒车、速度控制和安全功能	ECO	电控驱动 在部分负载工作时，降低发动机转速，降低油耗、噪声和磨损
DPC	双履带控制 针对履带车辆的驱动管理	EDP	电子驱动踏板 发动机控制通过 CAN 总线
CEM	CAN 总线扩展模块 通过 CAN 总线，进行数字信号和模拟信号读取，开关输出和比例输出的控制	CBC	协调大臂控制 两个工作功能的协调控制
ADC	汽车驱动控制 车辆速度和发动机转速的直接连接	DDI	显示—数据接口 通过 CAN 总线给 D12 显示器提供显示数据

2.3.2　芬兰 EPEC Oy 2023/2024 系列专用控制器

芬兰 EPEC Oy 系列专用控制器进入中国市场较早，有相当的市场份额。应用于路面、建筑、伐木、凿岩和破碎等各类工程机械，以及农用机械、军工设备和工业设备等其他领域，其产品、应用方案及技术参数如图 2-9、图 2-10 及表 2-3 所示。

a)2024控制器

b)2038控制器

c)2029 I/O模块

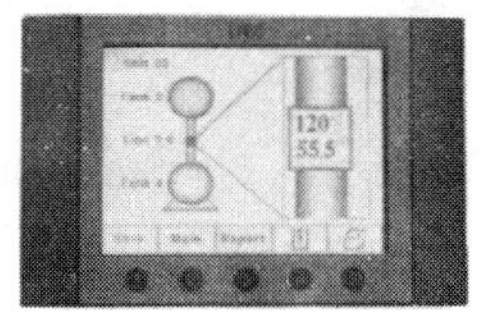

d)2025显示器

图 2-9　EPEC Oy 2023/2024 系列专用控制器、I/O 模块及配套显示设备

EPEC 2023/2024 控制器主要技术参数　　表 2-3

处理器	C167 40MHz	工作温度	-40 ~ +70℃
防护等级	IP67	存储空间	256kB
尺寸大小	147mm ×113mm ×3mm	接插件	3 ×AMP23，1 ×AMP8
质量	0.7kg	I/O 针脚总数	52
工作电压	11.3 ~30V DC	通信端口	2 ×CAN
额定电压	24V DC	支持的 CAN 协议	CAN Open 和 CAN2.0B 总线协议
程序时钟周期	10ms	保护	高压和过载保护，过热保护，输出短路保护

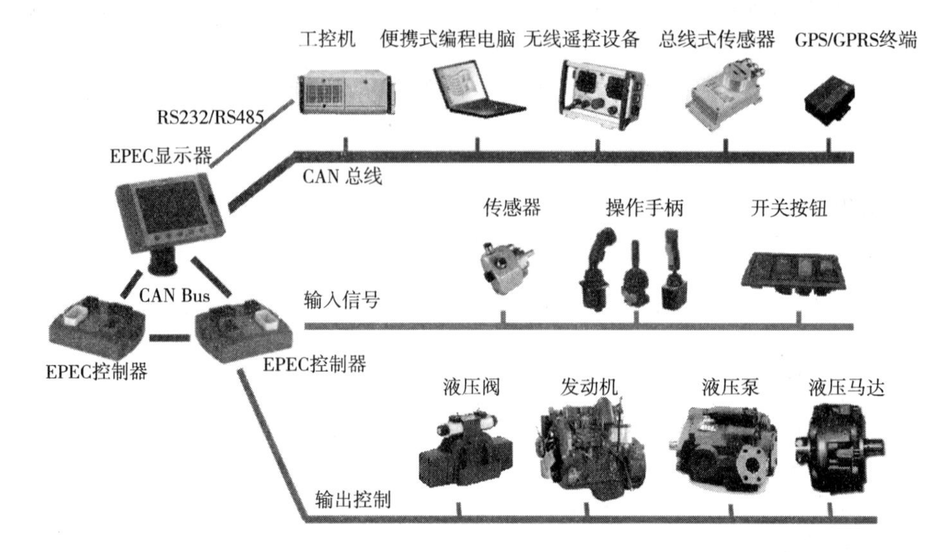

图 2-10　采用 EPEC 控制器件的工程机械控制系统

2.3.3　德国 Inter Control Digsy 系列专用控制器

德国 Inter Control 是一家专门从事控制器研发与应用的公司，在欧美已有 20 多年的产品生产与应用经验，2008 年进入中国市场，逐渐在路面机械、土方机械及消防机械等领域获得应用。图 2-11 ~ 图 2-13 所示为 Inter Control Digsy Compact 系列专用控制器及配套显示设备的产品及应用案例。

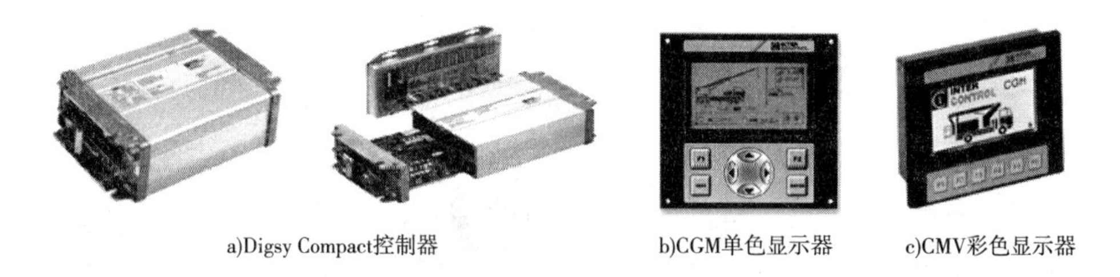

图 2-11　Inter Control Digsy 系列专用控制器及配套显示设备

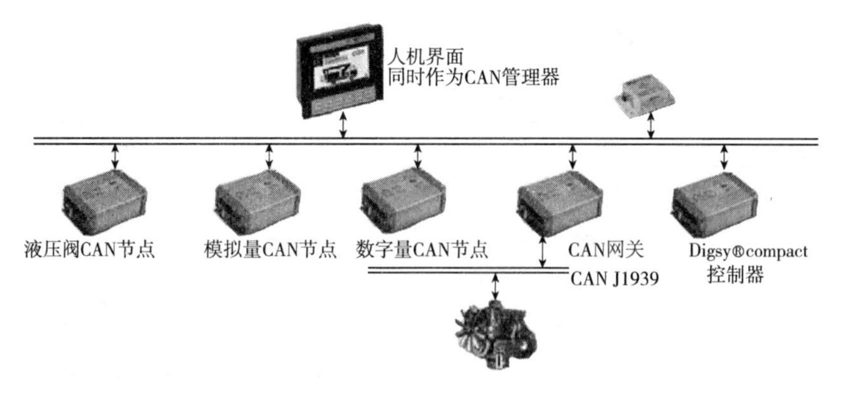

图 2-12　采用 Inter Control 控制设备的工程机械控制网络 1

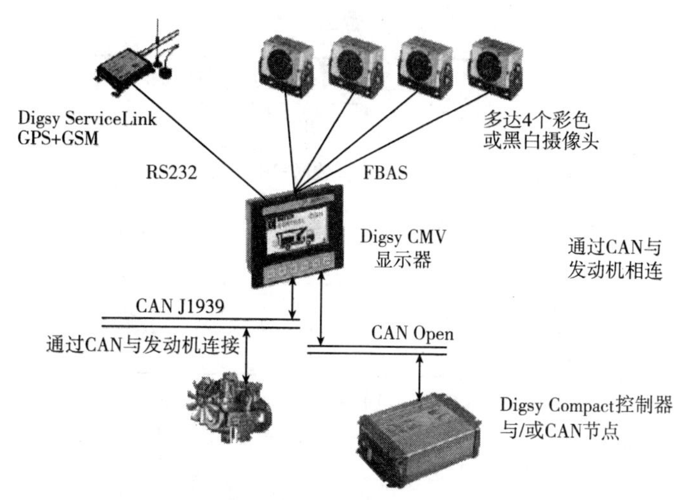

图 2-13　采用 Inter Control 控制设备的工程机械控制网络 2

表 2-4 所示为 Inter Control Digsy 系列控制器的主要技术参数。

Inter Control Digsy 系列控制器主要技术参数　　表 2-4

项　目		型号:Digsy Compact					
		E Ⅰ	E Ⅱ	E Ⅲ	F Ⅰ	F Ⅱ	F Ⅲ
功能配置	微处理器 1	80C167	80C167	80C167	80C167CS	80C167CS	80C167CS
	微处理器 2	80C164		80C167	80C167CS		80C167CS
	RAM	128KB + 512KB	512KB	512KB + 512KB	128KB + 1MB	1MB	2 × 1MB
	Flash EPROM	128KB + 1MB	1MB	1MB + 1MB	128KB + 1MB	1MB	2 × 1MB
	Nonvolatile FRAM				8192Word	8192Word	2 × 8192Word
	时钟	1	1	2	1	1	2
	CAN	2	1	2	3	2	4
	RS232	1	1	2	2	2	4
	55 针接头	2	1	2	2	1	2
输入	开关量①	18(8 + 8) = 34	10(2) = 12	20(4) = 24	18(8 + 8) = 34	10(2) = 12	20(4) = 24
	模拟量 0 ~ 10V/0 ~ 20mA	8⑥	4⑥	8⑥	4⑥ + 4⑦ + 4⑧	4⑦ + 4⑧	8⑦ + 8⑧
	计数 30kHz②	8 单/3 双	2 单	4 单	8 单/3 双 (AB 计数)	2 单	4 单
输出	开关量 1.8A③	8(8) = 16	—(8) = 8	—(16) = 16	8(8) = 16	—(8) = 8	—(16) = 16
	模拟量 0 ~ 20Ma④	4	—	—	5	1	2
	PWM1.8A⑤	8	8	16	8	8	16
编程语言		IEC61131,C 语言					
协议		CAN Open 协议或 CLLI 底层协议					
网关		J1939 协议(发动机参数存取)和 CAN Open 转换					

续上表

项目	型号:Digsy Compact					
	E I	E II	E III	F I	F II	F III
故障诊断	实时时钟的历史故障记录,操作数据和服务数据监测在线诊断功能					
掉电保护	掉电数据及程序保护功能					
封装	防高压水的无缝处理铝壳封装					
工作电压	8～32V(瞬间电压波动保护)					
工作温度	-40～+85°C					

注:①高位或者低位开关,4个一组定义。CPU端和IO端均仅有8个低位开关。

②可以作为开关量输入。双为AB计数,8单/3双为8单,其中有6个可做3个双。

③含短路、过载和反馈等保护,也可以开关量输入。

④作为手柄的参考电源。

⑤可以作为开关量输出。

⑥可用于0～10V或0～20mA模拟量输入。

⑦只可用于0～10V模拟量输入。

⑧只可用于0～20mA模拟量输入。

⑨"—"表示没有专用引脚,只有复用的,后面括号的数字就表示可复用的数量。

2.3.4 Sauer Danfoss Plus1系列专用控制器

Sauer Danfoss是世界著名的液压元件制造商,其液压元件及配套的电控设备在工程机械领域大量使用。Plus+1系列电控设备包括MC系列控制器、DP系列显示器、手柄和电子加速踏板等操纵装置及各种传感器。图2-14～图2-16所示为Plus+1系列电控产品外观及应用案例;表2-5为Sauer Danfoss Plus+1控制器的主要技术参数。

a)Plus+1控制器

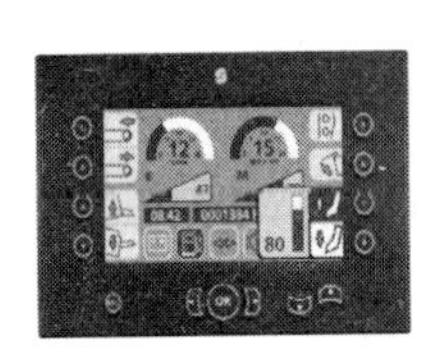

b)DP600显示器

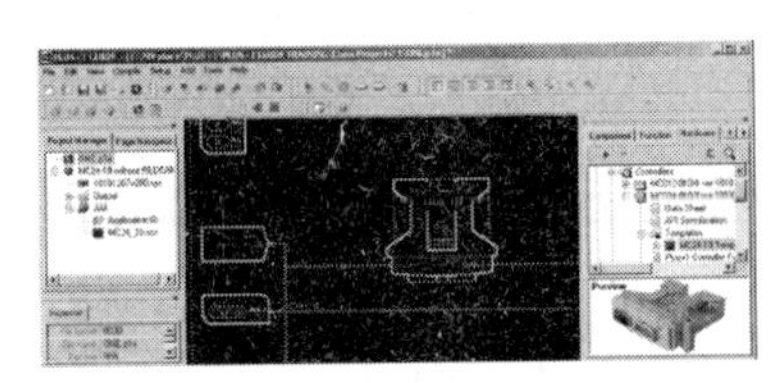

c)GUIDE开发软件

图2-14 Sauer Danfoss Plus+1系列电控产品

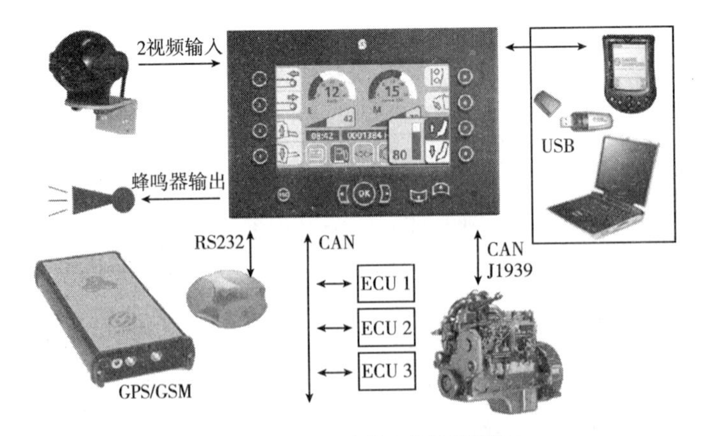

图2-15 DP600为核心的控制网络

图 2-16　Sauer Danfoss Plus + 1 控制系统

Sauer Danfoss Plus + 1 控制器主要技术参数　　表 2-5

处理器	TMS320F2810 DSP,150MHz 工作频率;128K/256K 内部 flash
防护等级	IP67
I/O	可选输出类型:0 ~ 3000mA PWM 信号输出/DO 输出/PVG 阀控制信号输出 可选输入类型:上拉电阻,下拉电阻或 2.5V 为中位的三位 DI 输入/零到电源电压模拟量输入(电压范围可选择)/频率信号输入/电阻值信号输入 MC012 - 010 - 00000　12 针控制器(4 输入,2 输出) MC024 - 010 - 00000　24 针控制器(14 输入,4 输出) MC024 - 020 - 00000　24 针控制器(8 输入,8 输出) MC050 - 010 - 00000　50 针控制器(22 输入,16 输出) MC050 - 020 - 00000　50 针控制器(24 输入,14 输出) MC088 - 015 - 00000　88 针控制器(42 输入,32 输出)
编程语言	GUIDE 图形化语言/IEC61131 - 3 语言集
通信协议	CAN Open 协议/J1939 协议
故障诊断	2 个 LED 指示灯用于可视诊断
工作电压	9 ~ 36V DC
工作温度	- 40 ~ + 70°C

2.3.5　德国 IFM 专用控制器

德国 IFM 专用控制器与配套显示设备见图 2-17,其主要技术参数见表 2-6。

a)R360 安全控制器

b)经济型模块

c)显示通信模块

图 2-17　德国 IFM 控制器与配套显示设备

IFMR360 安全控制器主要技术参数　　表 2-6

参　数	CR7021 型	CR7506 型	CR7201 型
封装	金属密封外壳,法兰安装		
接插件	AMP 端子,55 针,自锁,反接保护		
防护等级	IP67		
操作电压(V) DC	10 ~ 32		
电流消耗(mA)	≤160	≤160	≤320
温度范围(℃)	-40 ~ 85		
指示	RGB LED		
处理器	C167CS		
最多同时可用输入输出端口	40	24	80
安全输入	28/16	20/16	2 ×28/2 ×16
安全输出	24/12	8/4	2 ×24/2 ×12
通信端口	2 ×CAN,1 ×RS232		
支持的 CAN 协议	CAN Open (DS 301 V4),CAN Safety (DS 304),SAE J1939		
程序存储空间(MB)	1.5		
数据存储空间(kB)	256		
数据闪存(非易失)(kB)	128		
数据存储空间(非易失)(kB)	16		
数据自动存储空间(kB)	1		
编程软件	CoDeSys V2.3		
认证	EN ISO 13849 -1 (PL d, cat. 3) ,EN 62061 (SIL CL 2)		
标准和检测	CE,e1 (RL 2006/28/EC)		

2.3.6 国产专用控制器

近年来,国产专用控制器也在不断发展进步中,尤其是大的工程机械主机生产商,为降低产品成本,提高自主研发水平,纷纷着手开发自己的专用控制器,如三一重工自行开发的 SYMC 系列专用控制器(图 2-18),已批量用于其混凝土泵送设备、路面设备及挖掘设备等。

图 2-18　三一重工自主研发的 SYMC 控制器

SYMC 控制器采用 32 位 CPU 内核,程序最小扫描周期达 1 ~ 2ms;IP67 防护等级;提供超过 90 个独立输入输出;具有 PWM 电流反馈功能及直接恒流输出模式;内置工业以太网供程序下载及调试;集成两个 CAN2.0B 接口和 RS232/485 接口。

控制器支持 IEC61131 -3 标准开发语言,可使用 ICS 公司的 ISaGRAF 或 KW 公司的 MultiProg 编程环境进行软件开发。

10.3 工程机械专用控制器的开发语言集 IEC61131 –3

工程机械专用控制器采用的软件开发语言绝大部分为 IEC61131 –3 标准支持的语言，只有极少数采用非标准图形化语言。

IEC61131 –3 是第一个为工业自动化控制系统软件设计提供标准化编程语言的国际标准，是在合理吸收、借鉴世界范围各可编程序控制器（PLC）厂家的技术和编程语言的基础上定义的一系列文本和图形化语言。IEC61131 –3 标准给系统集成商和开发工程师编程带来了很大的方便，极大地改进了工业控制系统的编程软件质量，提高了软件开发效率。

IEC61131 –3 最初主要用于 PLC 的编程系统，目前也适用于过程控制领域、分散型控制系统、控制系统的软逻辑及 SCADA 等，正受到越来越多国内外公司、厂商的重视和采用。本书第 11 章将具体介绍 IEC61131 –3 的语言、编程环境及其在工程机械控制系统中的应用。

2.5 工程机械控制系统的开发流程

控制系统的开发是工程机械产品设计的重要环节，为正确实现各项控制功能，缩短开发周期，节约开发成本，控制系统的开发应遵循一定的流程，该流程如图 2-19 所示。

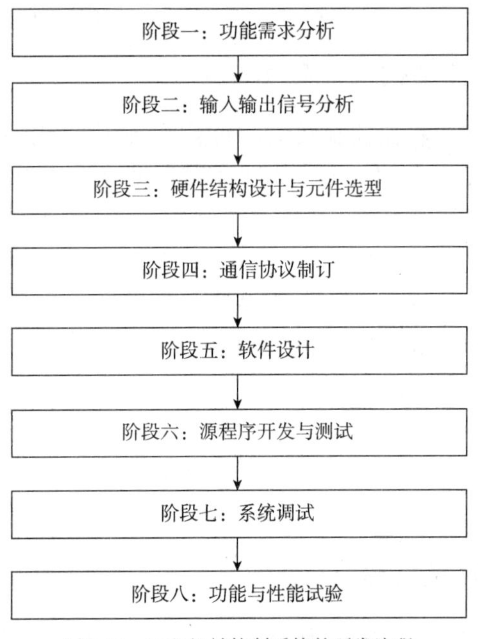

图 2-19　工程机械控制系统的开发流程

2.5.1 阶段一：功能需求分析

功能需求分析是指对控制系统所要实现的功能要求进行分析、整理和分解，并将其文档化，使之成为后续设计和开发的目标。需求分析实质上是将设计思想实物化的过程，各种需求被翻译成技术语言，体现了创造能力对客观物质的作用，即完成了控制系统功能和性能的定位。需求分析所要进行的工作如下：

(1)被控对象作业工况分析。对被控对象的作业工况进行分析，常见工况有转场、不同负载下作业、采用不同作业装置作业，以及不同作业模式或作业参数下作业等。

(2)被控对象负载特性分析。依据同类参考机型的实验数据，采用统计方法，对被控对象的负载特性进行分析，作为制订生产率控制与节能控制等方法的依据。

(3)控制系统功能需求分析。根据机器的作业工况与负载特性，确定控制系统所要完成的各项控制任务，必要时，根据控制系统的规模划分出子系统与各个功能模块，列出每一条控制功能的操作指令来源、发生条件及执行机构动作方式等。功能需求是控制算法和程序设计的依据和基础，因此应尽可能详尽。

2.5.2 阶段二：输入输出信号分析

对控制系统涉及的所有输入、输出及通信信号进行统计分析并整理归类，作为控制器选型的基础。

(1)输入信号。输入信号包括来自操作面板各指令元件的信号，以及来自各传感器的信号，主要类型有开关量输入 DI、模拟量输入 AI 及脉冲频率量输入 PI。

(2)输出信号。输出信号是指控制器向执行机构输出的驱动信号、向非总线显示器及仪表输出的信号等。主要类型有开关量输出 DO、脉宽调制信号 PWM 及模拟量输出 AO。

(3)通信信号。通信信号是指与编程电脑、发动机 ECU、总线式显示器、总线式仪表或总线式执行元件通信的信号。常见的有 CAN 总线信号和串行信号等。

2.5.3 阶段三：硬件结构设计与元件选型

(1)控制硬件组成方案。根据控制系统功能需求，确定采用的硬件结构形式，例如是否采用数字控制器、采用数字显示设备还是模拟仪表、是否采用总线结构、采用何种总线标准等。

(2)元件选型。元件选型直接影响控制系统的性能、可靠性和成本，应当根据机器的功能需求，综合考虑可靠性、安全性、开发周期、成本、可升级性、可扩展性及安装布置尺寸等因素后进行选择。需要选型的元件包括主控制器、扩展 I/O 模块、显示器、操作面板组件、特殊功能模块、传感器及 GPS/GPRS 终端等。

通常，简单元件可以独立选型，而功能较为复杂的操作面板组件，如摊铺机的操作面板，与一些特殊功能模块，如起重机力矩限制器、挖掘机加速踏板执行器等可以通过专业配套件生产商集成定制。

2.5.4 阶段四：通信协议制订

对采用总线网络的控制系统，需要制订各节点之间的通信协议，除电喷发动机 ECU 遵循 J1939 国际标准协议以外，其余数据包 ID 号均需开发者根据相应的总线标准(如 CAN 标准)自行定义。

2.5.5 阶段五：软件设计

(1)关键控制算法的设计。根据负载特性与控制任务，针对每一项具体的控制功能，确定合适的控制逻辑或算法。

(2)控制程序流程图。对关键控制算法设计流程图,或其他示意图,清楚地表示出控制逻辑与控制时序等。

(3)软件结构设计。工程机械控制系统的软件设计过程可参考软件工程中所规定的流程,适当精简,有选择地进行概要设计与详细设计;对复杂的程序可采用自底向上或自顶向下的设计方法。

2.5.6 阶段六:源程序开发与测试

(1)源程序开发。采用可移植性强的标准语言进行源程序开发,对程序中符号名称、编码规范及注释等进行定义;开发过程中要考虑程序的可读性、可扩展性及异常情况的保护处理;做好版本管理工作。

(2)测试。模拟各种工况,对编制好的源程序进行功能测试,保证程序逻辑的正确性,测试应覆盖所有功能。

2.5.7 阶段七:系统调试

控制系统的调试,包括试验室模拟调试和现场调试。调试与测试采用的手段不同,调试必须采用实际的物理信号,而非软件仿真信号。

试验室模拟调试是指采用能够模拟真实输入输出信号的调试实验台(图2-20、图2-21),将各信号与控制系统相连接,模拟各个工况下的信号输入,对输出信号进行观察和分析,进一步验证硬件与软件功能的正确性。

图2-20 力士乐TB3模拟调试台

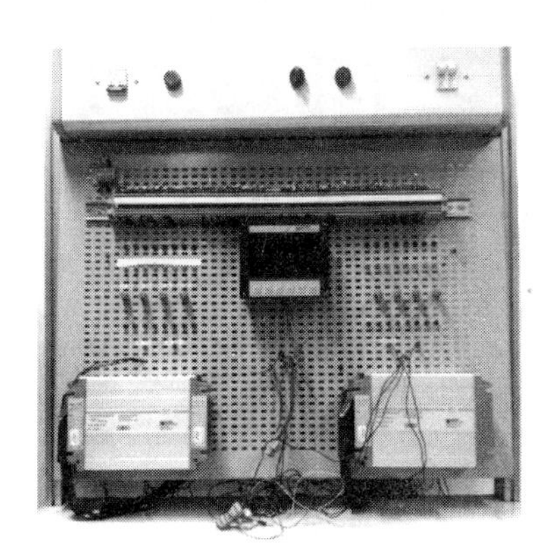

图2-21 Inter Control控制系统调试台

现场调试是指将控制系统安装于样机上之后,进行现场调试,样机工作于各个工况,采用人工观测或仪器记录的方式对控制系统功能响应进行调试,同时对重要参数,尤其是需要现场整定的控制参数进行确定。

2.5.8 阶段八:功能与性能试验

控制系统功能与性能试验一般与样机试验一起完成,在对样机整机性能进行试验的过程中,同时对控制系统的功能与性能进行验证。

以上8个阶段为工程机械控制系统的一般开发流程,对正规产品而言,开发流程中还应包括阶段评审、改进与控制系统参数优化等环节。

本章思考题

1. 工程机械专用控制器有什么特点？有哪些代表品牌？

2. 什么是控制器的 IP 防护等级？举例说明防护等级 IP67 的含义？一般工程机械专用控制器的防护等级可达到多少？

3. 工程机械专用控制器通常都有哪些形式的输入输出端口？用实际信号举例说明。

4. 工程机械专用控制器通常都有哪些形式的通信端口？作用如何？

5. 登录力士乐、Inter Control 及 Sauer Danfoss 的官方网站，介绍其控制器产品的特点。

6. 简述工程机械控制系统的一般开发流程。

7. 说明控制系统需求分析的重要性，并阐述需求分析应如何进行？

8. 在进行工程机械控制系统硬件元件选型时，应考虑哪些因素？

第3章 沥青混凝土摊铺机控制系统与控制技术

图3-1 沥青混凝土摊铺机施工作业

沥青混凝土摊铺机是进行沥青摊铺作业的主要设备，用来将拌制好的混合料按照路面形状和厚度要求均匀地摊铺在已修筑好的路基或路面基层上，并给予初步的捣实和整平，形成满足一定宽度、厚度、平整度和密实度要求的路面基层或面层（图3-1）。

沥青混凝土摊铺机广泛应用于高速公路、城市道路、机场、码头及大型停车场等的沥青摊铺作业中，是工程建设中不可缺少的机种之一。

3.1 沥青混凝土摊铺机的作业特点与性能要求

沥青混凝土摊铺机属于连续式作业机械，由于其主要用于道路面层的铺筑，因此对作业质量有较高的要求。

沥青混凝土摊铺机的主要技术参数，包括基本摊铺宽度、最大摊铺宽度、最大摊铺厚度、最高摊铺速度、最高行驶速度、振捣频率和冲程、振动频率及拱度调节范围等；其作业质量指标，包括摊铺平整度、摊铺密实度、摊铺密实度均匀性及铺层混合料的离析指标等。

3.2 沥青混凝土摊铺机的发展历史与技术现状

20世纪30年代以前，沥青路面铺设主要由人工完成，铺设时需要大量劳动力，质量难以保证。1931年圣路易斯道路展览会上首次展出由美国Barber－Greene公司研制的沥青混合料摊铺设备，其使用螺旋输送混合料，用刮板进行刮平，在预先铺设的轨道上由一台路拌设备牵引；1933年，该公司生产出了具有牵引装置和熨平机构的自行式摊铺机，是现代摊铺机的雏形；其后又生产了BG系列机型，并首次采用浮动熨平板。

20世纪60年代，随着液压技术及机电液一体化技术的发展，自动找平系统逐渐普及，液压驱动的工作装置，如熨平板振动机构、振捣梁及刮板输料系统等逐渐得到应用；液压驱动的行驶系统刚刚起步，行驶系统机械传动仍占主导地位。20世纪80年代，全液压驱动的履带式和轮胎式摊铺机得到广泛应用。

20世纪90年代末期，摊铺机快速发展，在全球形成ABG、福格勒（VöGELE）、布鲁诺克斯（BLAW－KNOX）、戴纳派克（DYNAPAC）、德马格（DEMAG）、玛连尼（MARINI）、比特利（BITELLI）及卡特彼勒（Caterpillar）8大制造商；其后，各跨国公司通过收购和兼并进行重组，又形成了新格局（图3-2）。

目前，国内生产沥青混凝土摊铺机主要厂商有徐工、三一重工、中联重科、西安筑路机械厂、陕西建设机械厂、镇江华晨华通、柳工、厦工、陕西中大、天津鼎盛及新筑等（图3-3）。

a)戴纳派克(DYNAPAC)

b)福格勒(VÖGELE)

c)玛连尼(MARINI)

d)ABG TITAN

e)德马格(DEMAG)

f)卡特彼勒(Caterpillar)

g)比特利(BITELL)

h)沃尔沃(VOLVO)

i)布鲁诺克斯(BLAW-KNOX)

图 3-2　国际知名品牌沥青混凝土摊铺机

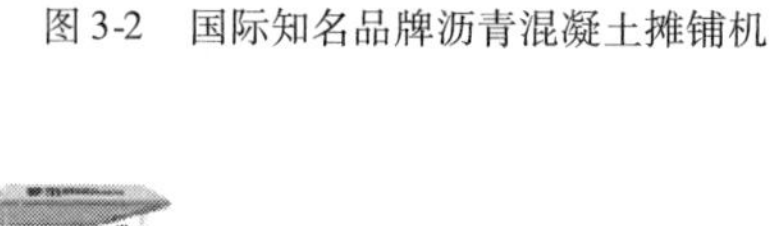

a)西筑LT1200沥青混凝土摊铺机

b)徐工LT1200沥青混凝土摊铺机

c)三一重工LTU120沥青混凝土摊铺机

d)中联LTU120沥青混凝土摊铺机

图 3-3　国内知名品牌沥青混凝土摊铺机

现代沥青混凝土摊铺机的技术特点与发展趋势如下：

(1)规格向大型化与小型化两极发展。一方面，为满足高等级公路平整度要求，减少路面纵向接缝，沥青混凝土摊铺机向大型化发展，功率(牵引能力)较大的大型摊铺机不断出现，常见的有12～14m，有的机型最大摊铺宽度达16m；另一方面，用于市政建设、景区道路铺筑及路面养护的小型摊铺机也得到了快速发展。

(2)行驶系统的新结构与新技术。全液压、全自动的先进摊铺机逐步替代各型号老产品；前桥悬挂方式及前后桥双驱动等新结构不断出现；同时，提高行驶系统性能的电液控制技术也得到发展，如采用比例控制技术对摊铺机作业速度进行恒速控制，提高行驶速度的稳定性；通过自动纠偏控制技术提高摊铺机行驶直线性能等。

(3)自动找平系统的形式多样，性能不断提高。采用超声波、激光等非接触式找平装置和技术，以及激光、高精度GPS定位的3D作业控制技术，使摊铺平整度进一步提高，系统对作业环境条件的适应性更强。目前自动找平装置的最小分辨率已达到纵向高度不大于±0.3mm，横向坡度不大于±0.02%。同时，自动找平系统的频率响应和控制精度也在不断提高，已达到较理想的摊铺平整度。

(4)输、分料系统的新技术。输、分料系统的研究集中在料位控制模式的改进和系统工作稳定性的提高方面。通过料位传感装置连续监测混合料的位置；刮板输料器的液压驱动系统由传统的定量系统发展为变量系统；刮板和螺旋的速度均能实现无级调速，达到均匀、稳定和连续地供料，同时减少螺旋转速突变可能带来的混合料成分离析，系统工作稳定性不断提高。

(5)熨平板加工制造水平与相关技术不断发展。熨平板箱体加工制造与热变形抑制技术得到发展，旨在进一步提高熨平板刚度，改善摊铺平整度；同时，与之相关的振动与振捣参数优化设计也得到更为深入的研究和应用。

(6)自动化程度越来越高。采用CAN总线与专用控制器，结合先进的操控方式及状态监测与故障诊断技术，现代摊铺机的自动化程度与智能化程度越来越高(图3-4)。

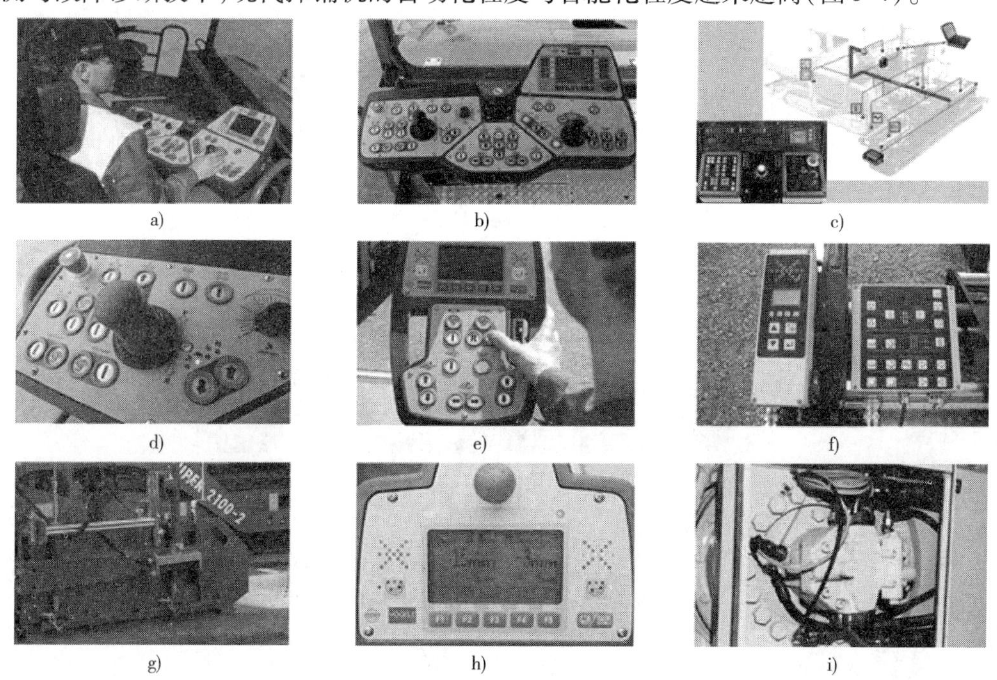
a) b) c) d) e) f) g) h) i)

图3-4 现代沥青混凝土摊铺机控制与操作系统

(7)新品种与新工艺不断发展。新品种的沥青摊铺机不断涌现,如带乳化沥青喷洒装置的快速薄层摊铺机(图3-5)及双层摊铺机(图3-6)等。

a)

b)

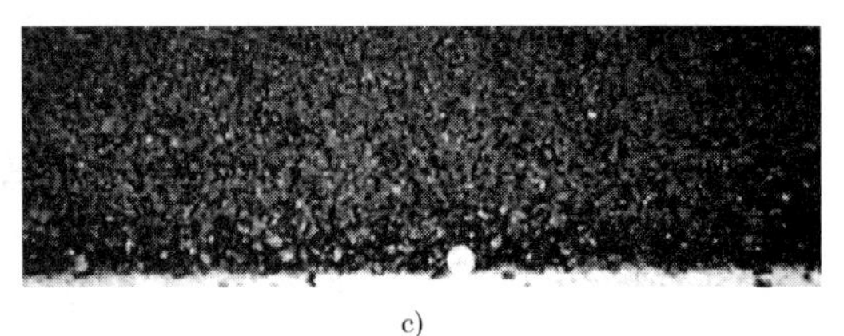
c)

图3-5 薄层摊铺机

图3-6 双层摊铺机

3.3 沥青混凝土摊铺机的组成与工作原理

沥青混凝土摊铺机主要由发动机、传动系统、行走机构、供料系统、操纵控制系统、车架、熨平板及自动找平系统等组成,如图3-7所示。沥青混凝土摊铺机的各主要组成部分见图3-8。

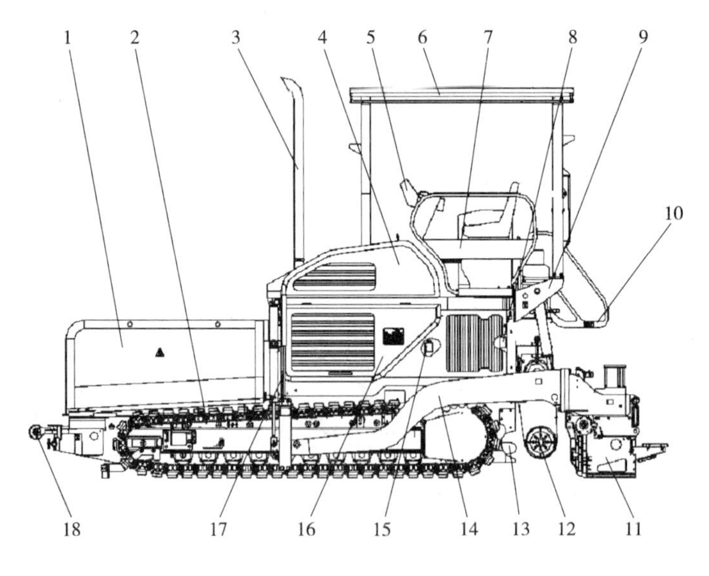

图3-7 沥青混凝土摊铺机的组成

1-料斗;2-行走机构;3-动力系统;4-发动机罩;5-操作台;6-顶篷;7-围栏;8-集中润滑系统;9-机身;10-扶梯;11-熨平板;12-螺旋分料系统;13-刮板输料系统;14-大臂;15-液压系统;16-侧门;17-找平液压缸(找平系统);18-推辊

图 3-8　沥青混凝土摊铺机的各主要组成部分

沥青混凝土摊铺机的工作原理如图 3-9 所示。作业时,摊铺机的前推辊顶推着载料自卸车的后轮前进,料斗接收沥青混合料。卸于料斗内的沥青混合料由斗底左右两个独立驱动的刮板输送器送至螺旋摊铺室,螺旋摊铺室有左右两个螺旋分料器,同时将料向左右两侧均匀输送,亦能左右各自独立驱动。随着摊铺机的向前移动,振动、振捣和熨平装置按一定的宽度、厚度和拱度对铺层进行初步振实和整平。有些摊铺机的熨平板连同振捣器制成伸缩式,螺旋分料器可接长或缩短,以铺筑不同宽度的路面。

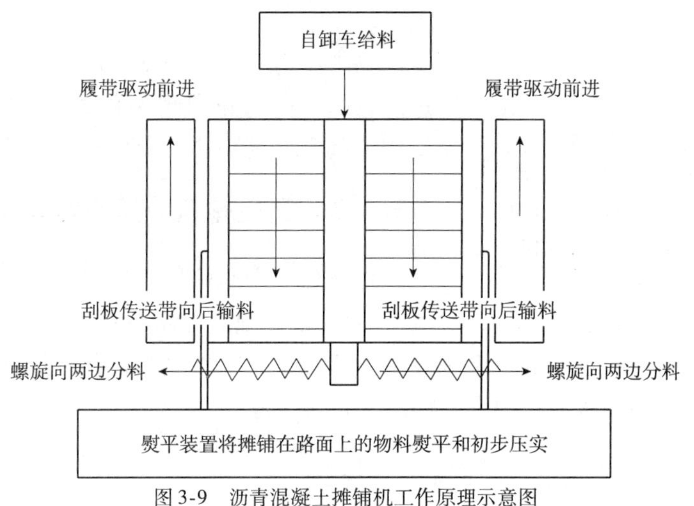

图 3-9　沥青混凝土摊铺机工作原理示意图

熨平板具有浮动特性,作业过程中,浮动熨平板能减少路基或路面基层高低不平对铺筑平整度的影响,同时通过自动找平系统来改变熨平板底面相对于地面的仰角,以动态调节铺层厚度,达到平整度要求。

熨平板内装有加热装置,在寒冷季节或在作业开始前可对板底进行加热,防止沥青混合料黏附。

3.4　沥青混凝土摊铺机液压系统与电液控制原理

沥青混凝土摊铺机液压系统,包括行驶液压系统、刮板输料液压系统、螺旋分料液压系统、振捣液压系统、振动液压系统、自动找平液压系统、料斗液压系统、熨平板提升液压系统及熨平板伸缩液压系统等几个部分。

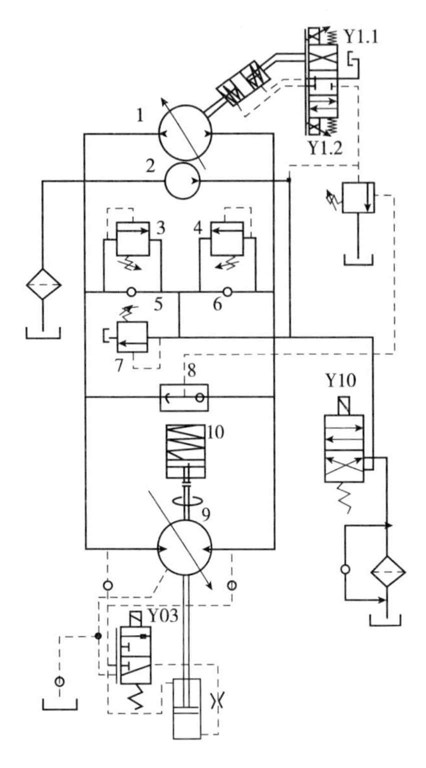

图 3-10　单边行驶液压系统

1-行驶泵;2-补油泵;3、4-安全溢流阀;
5、6-补油止回阀;7-补油安全溢流阀;
8-梭阀;9-行驶马达;10-制动电磁阀

3.4.1　行驶液压系统与控制原理

行驶液压驱动系统为双泵双马达回路,主要由变量泵、变量马达与控制阀组成。图 3-10 为单边行驶液压系统原理图,其控制原理如下。

比例电磁阀 Y1.1/Y1.2 二者之一分别通电实现泵高、低压腔的转换,从而实现摊铺机前进或后退行驶。行驶速度大小依赖于 Y1.1/Y1.2 的 PWM 控制电流的大小。调节左右两侧对应方向的比例电磁阀,使其工作电流大小不同,可产生左右行驶差速,实现转向。当一侧比例阀的 Y1.1 通电,另一侧比例阀的 Y1.2 通电,且电流大小相等,即左右两侧履带速度相反时,实现原地转向。

采用双排量变量马达,马达排量只有最大和最小两种状态,电磁阀 Y03 用于调节马达排量。排量最小为高速小转矩转场行驶工况,排量最大为低速大转矩摊铺作业工况。

油路中压力过高时,安全溢流阀 3 或 4 打开,防止油路过载,保护元件;止回阀 5 和 6 用于向回路补油;补油安全溢流阀 7 调定补油泵最高压力,保证足够补油量。

3.4.2　刮板输料液压系统与控制原理

刮板输料装置安装在料斗底部,有单排和双排两种,单排用于小型摊铺机,双排用于大、中型摊铺机,以便独立控制左右两边的供料量。

现代高性能摊铺机刮板输料系统要求无级调速,因此其液压系统多采用双变量泵—双定量马达形式。单边刮板输料原理图如图 3-11 所示。

3.4.3　螺旋分料液压系统与控制原理

螺旋分料装置用于将刮板输料装置输送到料槽中部的混合料,左右横向输送到料槽全幅宽度。沥青混凝土摊铺机单边螺旋分料液压系统如图 3-12 所示。两个变量液压泵分别带动两个定量马达驱动左、右螺旋分料装置,可实现左、右螺旋独立旋转,或同时旋转,或正反方向旋转,并实现无级变速,以适应不同摊铺宽度、速度和厚度的要求。为控制料位高度,左右两侧设有料位传感器。

3.4.4　振捣液压系统与控制原理

振捣器也称振捣梁,是摊铺机的关键压实机构,其工作原理是通过一根偏心轴驱动底部为一平面,且具有一定宽度的梁形结构上下往复运动,从而对混合料施加周期性作用力,使铺层具有初步的密实度。采用双振捣梁机构可使路面获得较高的预压密实度。

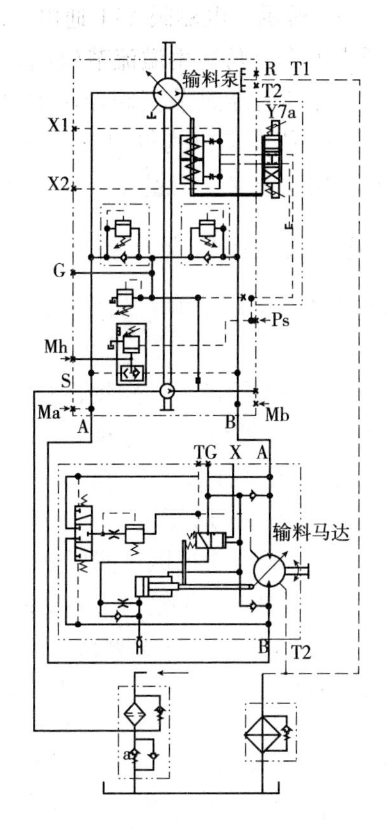

图 3-11　单边刮板输料液压系统

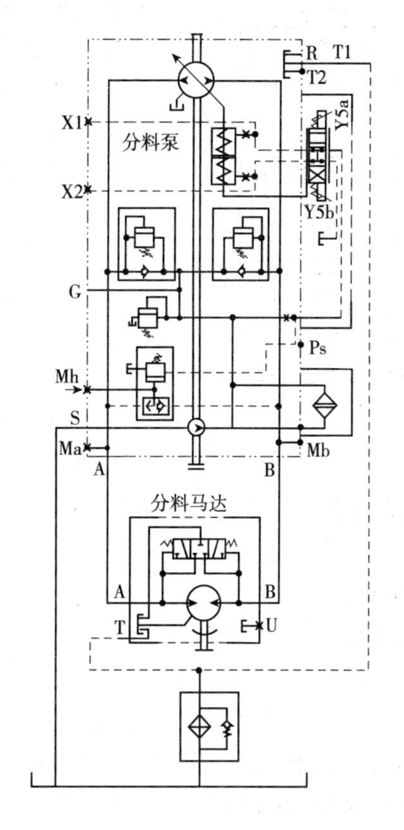

图 3-12　单边螺旋分料液压系统

液压马达通过传动装置驱动偏心轴转动，使振捣梁做往复运动，通过改变变量泵的排量可对振捣频率进行无级调节。振捣器冲程可按照摊铺厚度和密实度等施工要求进行调整。频率可调性和冲程可变性相结合，使压实密度与相应的工况相适应，从而达到需要的密实度。振捣液压驱动系统采用双向变量泵—定量马达组成闭式系统，如图3-13所示。也有部分摊铺机的振捣系统采用定量泵—定量马达—手调流量阀的形式。振捣频率通常与摊铺机的摊铺速度相匹配。

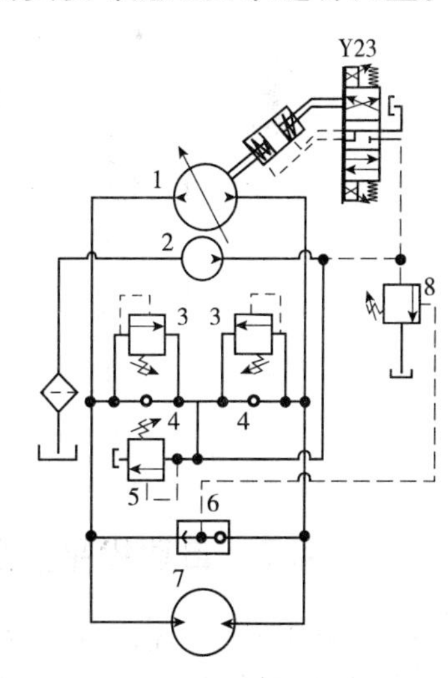

图 3-13　振捣液压系统

1-振捣泵；2-补油泵；3-完全溢流阀；4-补油止回阀；5-补油安全溢流阀；6-梭阀；7-行驶马达；8-过载卸荷溢流阀

3.4.5　振动液压系统与控制原理

振动机构由振动偏心轴、振动座和振动液压系统组成，熨平装置的振动是由做圆周运动的振动器产生的。振动器直接由一个液压马达和V形皮带驱动，振动偏心块采用机加工成型的半轴套，用螺栓固定到振动器轴上。液压马达驱动偏心块，靠高速转动使偏心块产生激振力，通过安装不同质量的偏心块，就可达到改变熨平装置激振力的目的。

振动驱动系统，一般采用由单向定量泵—单向定量马

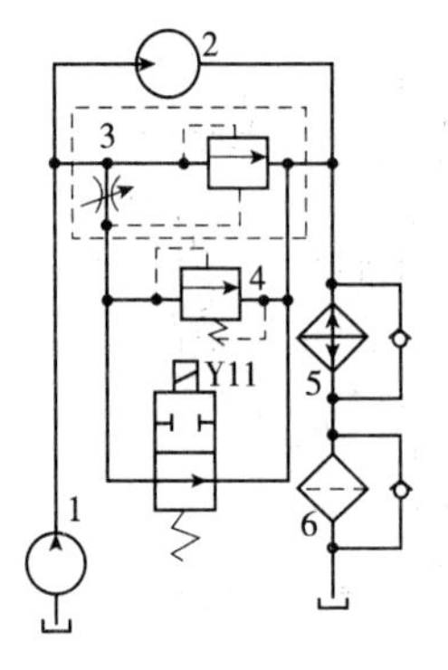

图 3-14 振动液压系统
1-振动泵;2-振动马达;3-溢流节流阀;4-定差减压阀;5-散热器;6-滤油器

达组成开式系统,如图 3-14 所示。电磁阀 Y11 通电时,振动马达工作;断电时,马达停止工作。马达由溢流节流阀 3、定差减压阀 4 及开关电磁阀 Y11 控制,通过节流阀控制振动泵的流量,来改变振动马达的转速,使振动机构得到不同的频率。现代摊铺机振动系统也有采用变量泵—定量马达形式的。

3.4.6 熨平板提升液压系统与控制原理

熨平板提升液压系统通过对提升液压缸的操作,完成熨平板的提升与下降,如图 3-15 所示。

熨平板提升液压回路上一般设液压防爬锁、防降锁和平衡锁,改善摊铺机的工作性能。摊铺机停机待料时,如果熨平板提升液压缸仍为工作时状态,熨平板由于自重将会有一定程度下降,在重新起步工作后,熨平板下方会出现一个台阶,有时通过碾压也不会消除。防降锁就是在提升液压缸油路上设置一套装置,当摊铺机前进时,能自动将提升液压缸锁死,使停机过程中熨平板高度固定在停机前瞬间的位置,防止台阶现象。若摊铺机等料时间较长,熨平板前后挡料板间堆积的混合料温度下降很快,在气温较低的季节更为明显。混合料温度下降,流动性降低,对熨平板的支反力增加,从而造成摊铺机重新起步后,熨平板"上爬",即使自动找平装置的调节非常有效,但由于要有一个延时和渐进的过程,在熨平板后方不可避免地留下一道横向的"鱼脊"。液压防爬锁的工作原理就是对熨平板提升缸的油路设置另一套控制装置,当摊铺机由静止重新起步后,立即将提升缸锁死,使熨平板在数秒钟内高度固定在起步时的位置,以便将熨平板前后挡板间堆积的那部分"冷料"铺完而不致使熨平板出现"上爬"的现象,从而消除或减轻"鱼脊"的形成。

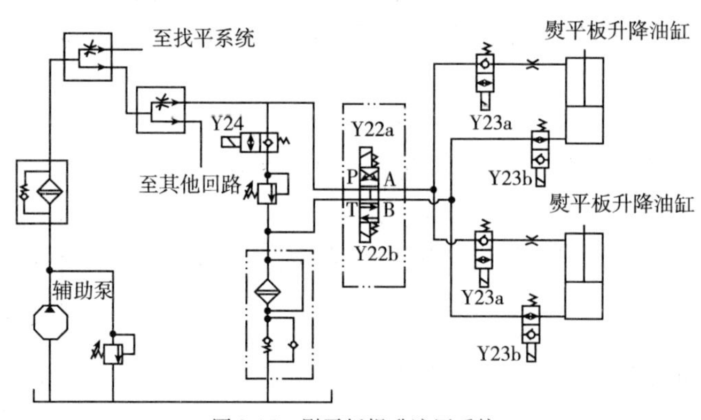

图 3-15 熨平板提升液压系统

3.4.7 自动找平液压系统与控制原理

自动找平装置,由找平系统油源、电磁阀、找平液压缸、溢流阀等液压元件及纵坡传感器、横坡传感器和自动找平控制器等控制元件组成。

自动找平装置的控制液压缸装在牵引大臂和机架的接点位置,通过改变熨平板的仰角自动调整熨平板的高低位置。工作时,熨平装置于铺层上呈浮动状态,其移动的轨迹使路基波动变得平缓,起到一定的滤波作用,因此称为浮动熨平板的自找平特性。

自动找平液压系统原理图如图3-16所示。定量泵1泵出的高压油经节流阀2分成两路,一路进入不需稳流的熨平板提升和料斗回路中,另一路经稳流进入滤油器3,过滤后的油流入同步阀组4,将其一分为二,保持两找平液压缸调节和工作同步。

当三位四通电磁换向阀5处于中位,液压锁锁住,保持熨平板提升液压缸当前位置。当Y13.1与Y14.1通电时,找平液压缸提升;当Y13.1与Y14.1失电后,电磁阀5回中位。Y13.2与Y14.2通电时,找平液压缸下降;Y13.2与Y14.2失电后,电磁阀5再次回中位。截止阀7关闭后可起到阻止熨平板下沉的作用。

图3-17所示为现代摊铺机找平液压系统的另一种形式,为保证找平系统流量的稳定,为找平系统单独设置一个定量泵3供油,同时增加了止回节流阀8和溢流阀9。节流阀8可实现对无杆腔的节流,通过调节节流阀的开度,保证无杆腔动作速度与有杆腔相同,多余流量经阀9溢流。

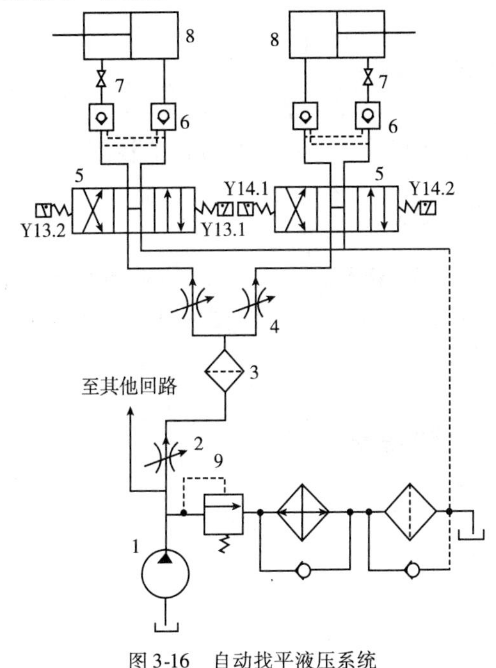

图3-16 自动找平液压系统

1-定量泵;2-节流阀;3-滤油器;4-同步阀组;5-电磁换向阀;6-找平液压锁;7-截止阀;8-找平液压缸;9-溢流阀

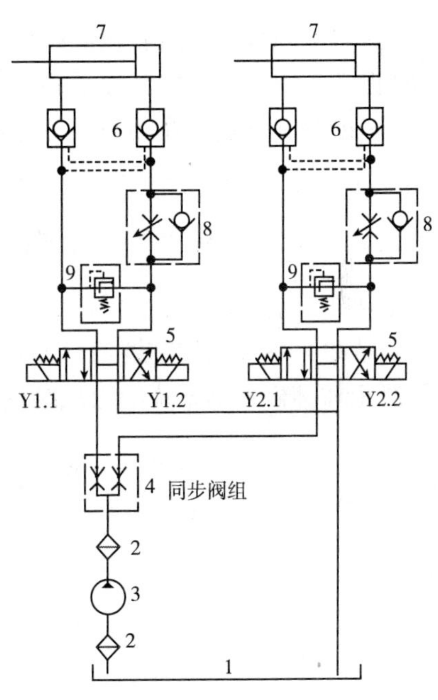

图3-17 具有独立油源的摊铺机找平液压系统

1-油箱;2-滤油器;3-定量泵;4-同步阀组;5-电磁换向阀;6-找平液压锁;7-找平油缸;8-止回节流阀;9-溢流阀

3.4.8 其他部分液压系统

除上述主要液压回路外,摊铺机液压系统还包括料斗液压系统及熨平板伸缩液压系统等,本书不一一详述。

3.5 沥青混凝土摊铺机控制系统的组成与功能

控制系统是摊铺机的重要组成部分,直接影响摊铺机的综合性能、施工质量及作业效率。因此,控制系统的品质是衡量摊铺机整机水平的一个重要标志。目前,随着机电液一体化控制、传感器及总线技术的广泛应用,摊铺机控制系统的功能更强,精度更高,响应速度更快,路面施工的质量也因此得到更大程度的改善与提高。

3.5.1 沥青混凝土摊铺机控制系统功能

以某 LTU120 沥青混凝土摊铺机为例,其控制系统组成与功能如下:

(1)行驶控制系统。对摊铺机的行驶速度与方向、行驶直线性、作业过程中的速度恒定性及起步和停机过程等进行控制。

(2)刮板输料控制系统。根据料位传感器信号对刮板输料速度进行控制,实际输料速度与摊铺速度、摊铺宽度及厚度等有关。

(3)螺旋分料控制系统。根据料位传感器信号对螺旋分料器转速进行控制,实际分料速度与摊铺速度、摊铺宽度及厚度等有关。

(4)自动找平控制系统。根据路基不平度的变化,调节熨平板的仰角,使铺设路面的平整度符合技术要求。

(5)振捣控制系统。控制振捣频率与起振、停振时机等。

(6)振动控制系统。控制振动频率与起振、停振时机等。

(7)辅助控制系统。控制熨平板加热、料斗开合、履带自动张紧及中央润滑系统等。

以上为按照摊铺机主要控制功能划分的子系统,还可进一步细分为具体的控制单元。

3.5.2 沥青混凝土摊铺机控制系统硬件组成

摊铺机工作装置较多,控制系统功能相对较为复杂,输入输出信号多,因此现代摊铺机的控制系统多采用专用控制器通过 CAN 总线组成控制网络。图 3-18、图 3-19 为 LTU120 型沥青混凝土摊铺机控制系统的组成结构图。

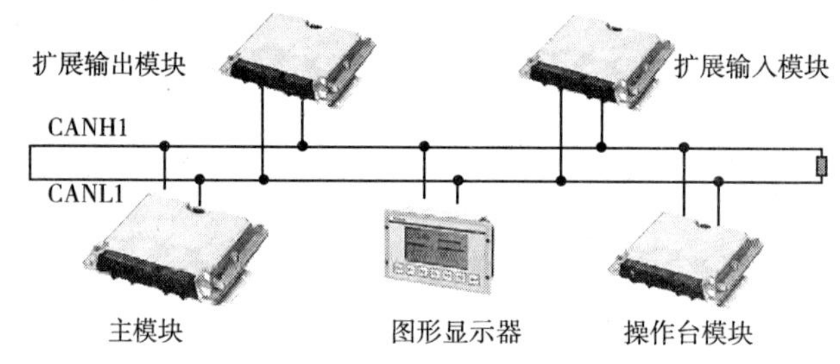

图 3-18 LTU120 沥青摊铺机控制系统组成(控制网络 1)

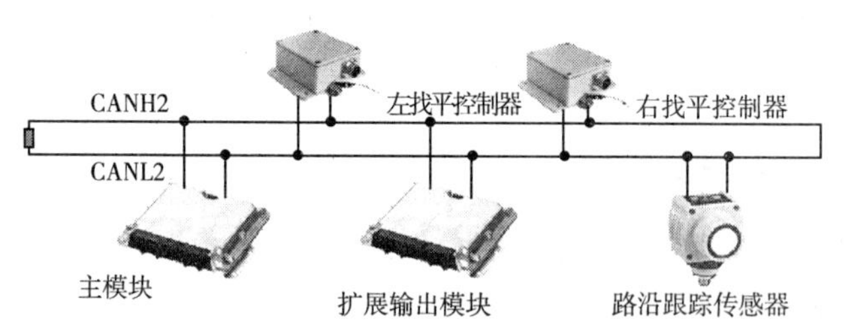

图 3-19 LTU120 沥青摊铺机控制系统组成(控制网络 2)

图 3-18 为控制网络 1,包括显示数据发送单元、故障诊断单元、发动机控制单元、行驶控制单元、大臂控制单元、振动与振捣控制单元、操纵台信号接收单元、熨平板伸缩控制单元、料斗控制单元、喇叭控制单元和清洗泵及润滑泵控制单元等。

图 3-19 为控制网络 2,包括输料控制单元、分料控制单元、找平手动控制单元、电加热控制单元及远程控制盒单元等。

摊铺机主操作台面板如图 3-20 所示。

远程控制盒:远程控制盒分左右两个,分别布置在熨平板左右两侧,作为分料传感器和找平仪的转接盒,同时对左右分料、熨平板仰角调整等进行现场干预操作。远程控制盒如图 3-21所示。

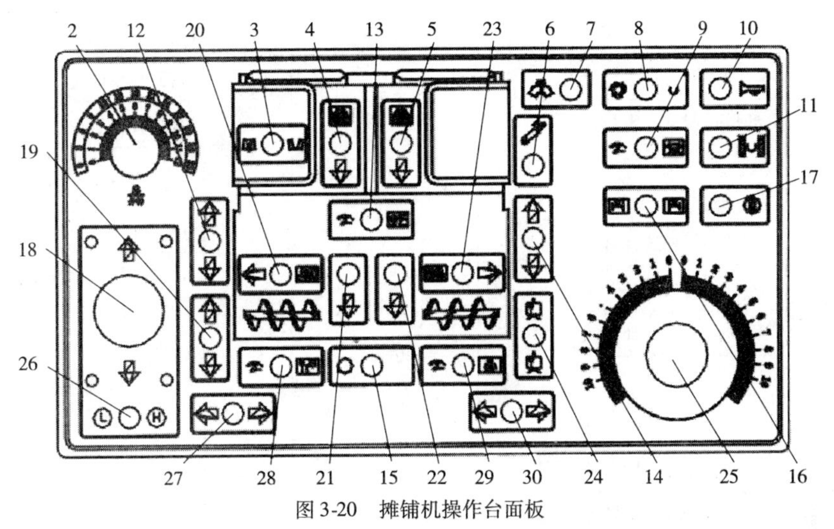

图 3-20　摊铺机操作台面板

1-图形显示器(图中略);2-行驶速度设定电位器;3-料斗开合选择开关;4-左刮板停止/自动/手动选择开关;5-右刮板停止/自动/手动选择开关;6、15、17-保留;7-清洗装置启动开关;8-行驶方式闭环/开环选择开关;9-润滑系统手动/停止/自动选择开关;10-喇叭按钮;11-原地转向方向选择开关;12-左侧熨平板仰角上升/下降选择开关;13-找平系统手动/自动/停止选择开关;14-右侧熨平板仰角上升/下降选择开关;16-路沿距离左/右标定;18-行驶手柄(前进/后退);19-大臂上升/下降选择开关;20-左螺旋手动/自动/停止选择开关;21-左螺旋反向开关;22-右螺旋反向开关;23-右螺旋手动/自动/停止选择开关;24-大臂加载/减载/卸载状态选择开关;25-转向电位器;26-行驶系统工作/行驶选择开关;27-左侧熨平板液压伸/缩开关;28-振捣手动/自动/停止选择开关;29-振动手动/自动/停止选择开关;30-右侧熨平板液压伸/缩开关

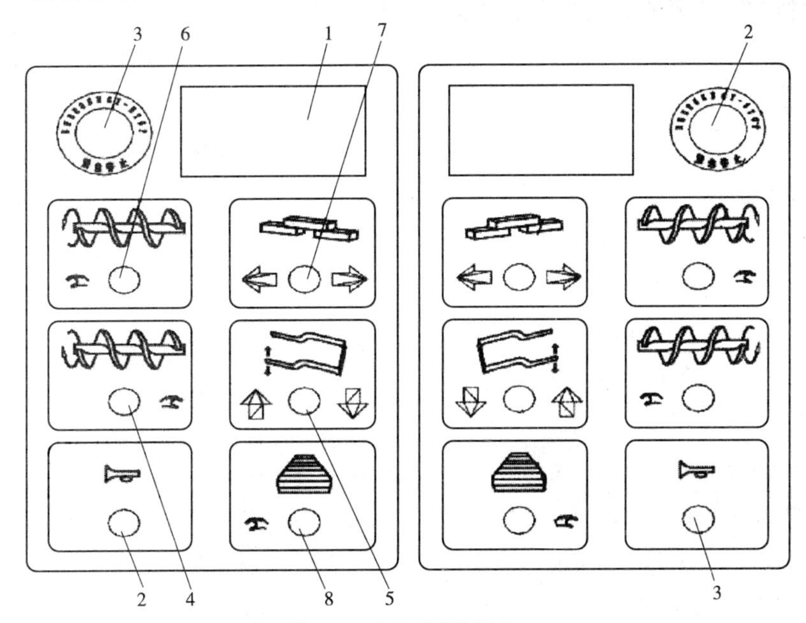

图 3-21　左右远程控制盒

1-伸缩熨平板动作/输分料紧急停止的报警灯;2-喇叭按钮;3-左/右刮板/螺旋急停按钮;4-左/右螺旋反向手动开关;5-左/右侧熨平板仰角预调开关;6-左/右螺旋手动干预开关;7-左/右熨平板伸/缩开关;8-左/右刮板手动干预开关

3.5.3 行驶控制单元

行驶控制单元的输入输出信号如图3-22所示。

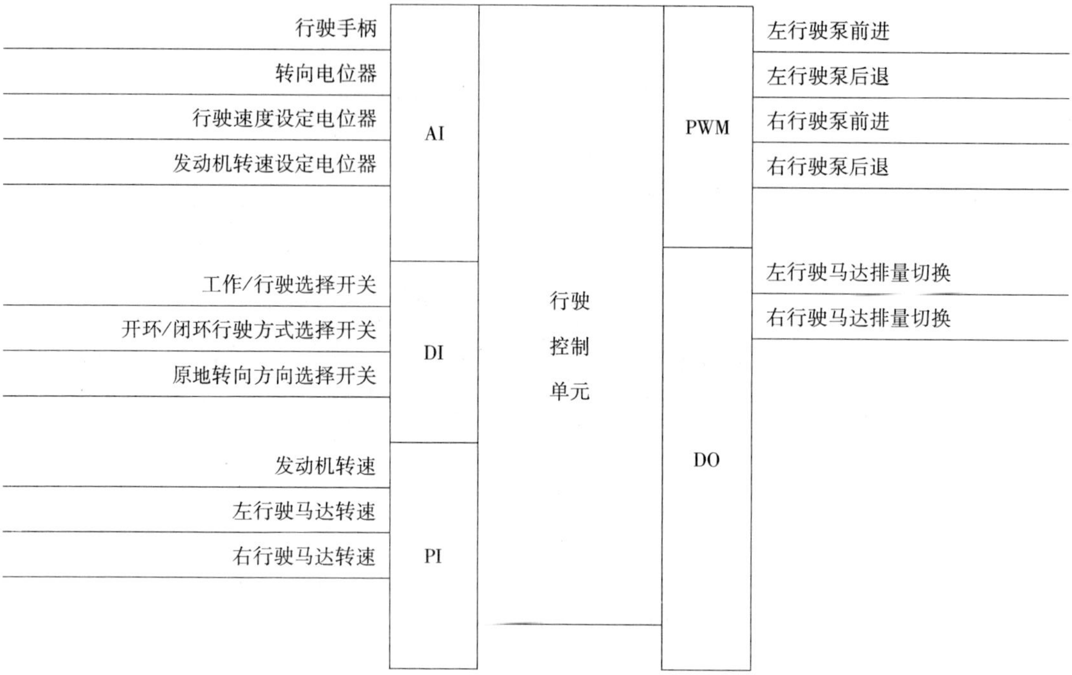

行驶手柄
转向电位器
行驶速度设定电位器
发动机转速设定电位器
AI
工作/行驶选择开关
开环/闭环行驶方式选择开关
原地转向方向选择开关
DI
发动机转速
左行驶马达转速
右行驶马达转速
PI
行驶控制单元
PWM
左行驶泵前进
左行驶泵后退
右行驶泵前进
右行驶泵后退
DO
左行驶马达排量切换
右行驶马达排量切换

图3-22　行驶控制单元输入输出信号

3.5.4 刮板输料控制单元

刮板输料控制单元的输入输出信号如图3-23所示。

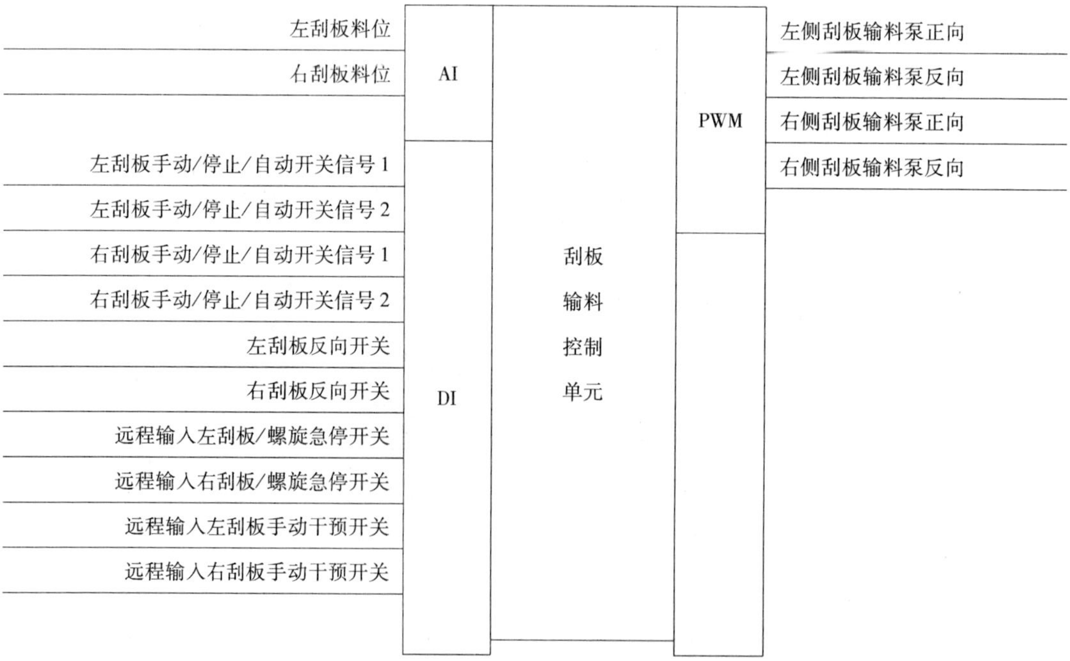

左刮板料位
右刮板料位
AI
左刮板手动/停止/自动开关信号1
左刮板手动/停止/自动开关信号2
右刮板手动/停止/自动开关信号1
右刮板手动/停止/自动开关信号2
左刮板反向开关
右刮板反向开关
远程输入左刮板/螺旋急停开关
远程输入右刮板/螺旋急停开关
远程输入左刮板手动干预开关
远程输入右刮板手动干预开关
DI
刮板输料控制单元
PWM
左侧刮板输料泵正向
左侧刮板输料泵反向
右侧刮板输料泵正向
右侧刮板输料泵反向

图3-23　刮板输料控制单元输入输出信号

3.5.5 螺旋分料控制单元

螺旋分料控制单元的输入输出信号如图 3-24 所示。

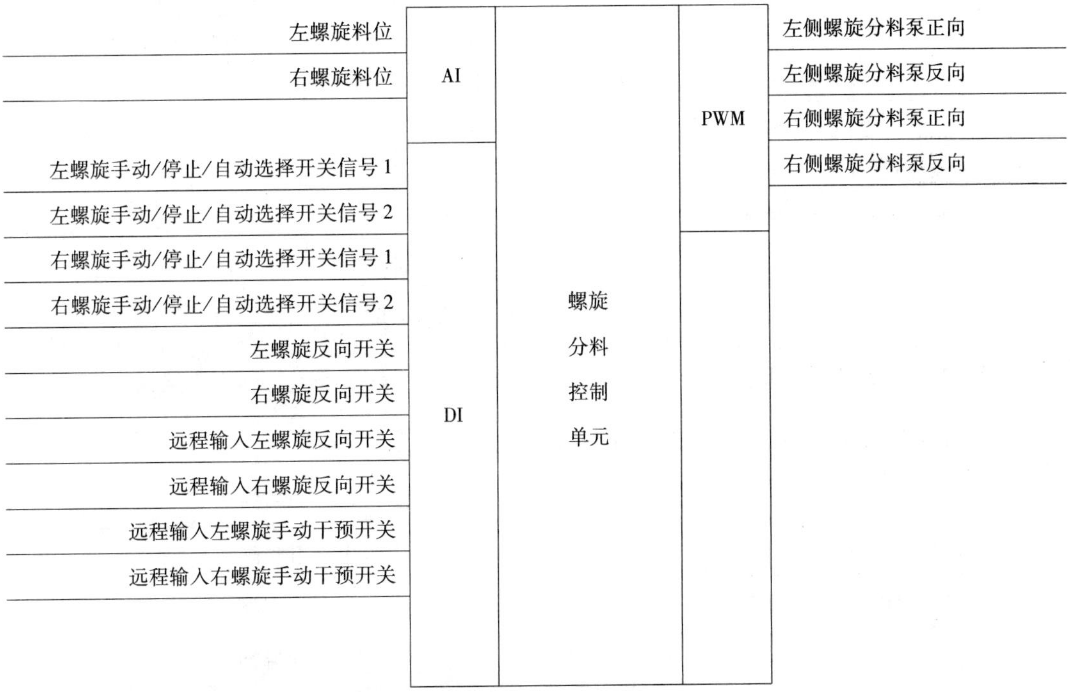

左螺旋料位
右螺旋料位
AI
左螺旋手动/停止/自动选择开关信号 1
左螺旋手动/停止/自动选择开关信号 2
右螺旋手动/停止/自动选择开关信号 1
右螺旋手动/停止/自动选择开关信号 2
左螺旋反向开关
右螺旋反向开关
远程输入左螺旋反向开关
远程输入右螺旋反向开关
远程输入左螺旋手动干预开关
远程输入右螺旋手动干预开关
DI
螺旋
分料
控制
单元
PWM
左侧螺旋分料泵正向
左侧螺旋分料泵反向
右侧螺旋分料泵正向
右侧螺旋分料泵反向

图 3-24　螺旋分料控制单元输入输出信号

3.5.6 振捣控制单元

振捣控制单元的输入输出信号如图 3-25 所示。

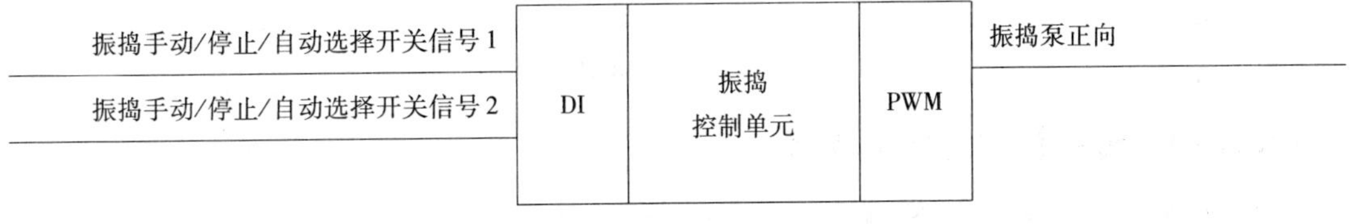

图 3-25　振捣控制单元输入输出

3.5.7 振动控制单元

振动控制单元的输入输出信号如图 3-26 所示。

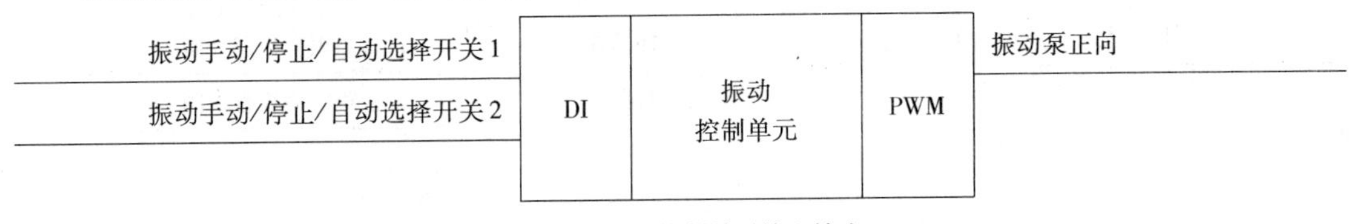

图 3-26　振动控制单元输入输出

3.5.8 自动找平控制单元

自动找平控制单元的输入输出信号如图 3-27 所示。

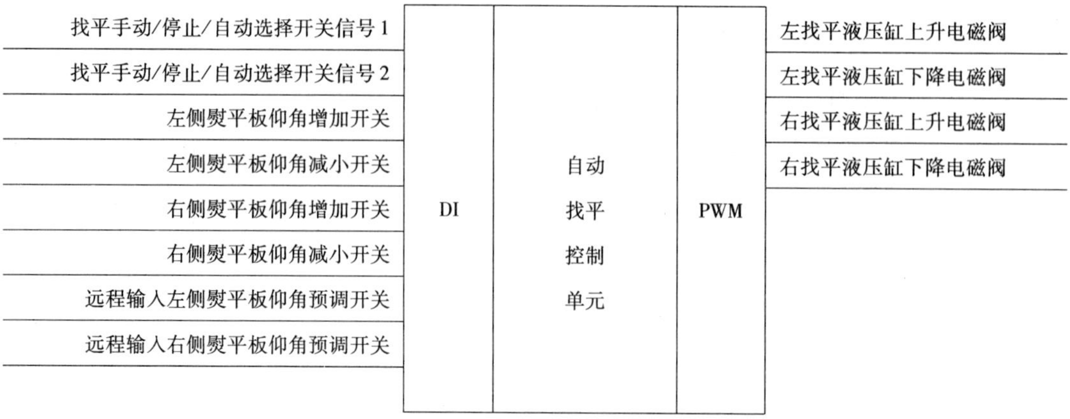

找平手动/停止/自动选择开关信号 1
找平手动/停止/自动选择开关信号 2
左侧熨平板仰角增加开关
左侧熨平板仰角减小开关
右侧熨平板仰角增加开关
右侧熨平板仰角减小开关
远程输入左侧熨平板仰角预调开关
远程输入右侧熨平板仰角预调开关
DI
自动
找平
控制
单元
PWM
左找平液压缸上升电磁阀
左找平液压缸下降电磁阀
右找平液压缸上升电磁阀
右找平液压缸下降电磁阀

图 3-27　自动找平控制单元输入输出

3.5.9 大臂控制单元

大臂控制单元的输入输出信号如图 3-28 所示。

大臂上升/下降开关
液压缸加载/浮动/卸载选择开关信号 1
液压缸加载/浮动/卸载选择开关信号 2
DI
大臂
控制
单元
DO
提升阀
下降阀
防爬阀
防降阀
加载阀
减载阀
浮动阀

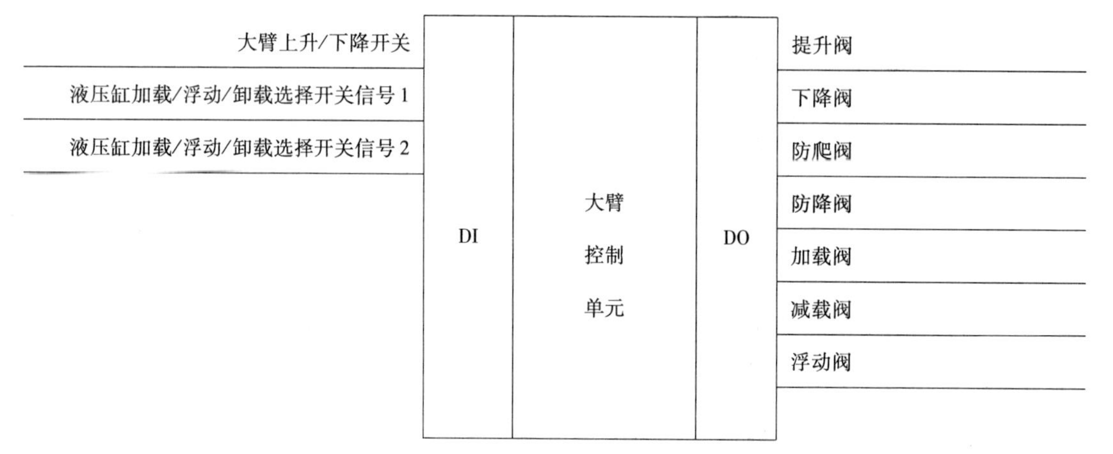

图 3-28　大臂控制单元输入输出

3.5.10 熨平板伸缩控制单元

熨平板伸缩控制单元的输入输出信号如图 3-29 所示。

左侧熨平板伸缩开关
右侧熨平板伸缩开关
远程输入左侧熨平板伸缩开关
远程输入右侧熨平板伸缩开关
DI
熨平板
伸缩控
制单元
DO
熨平板伸缩阀
左侧熨平板伸开阀
左侧熨平板收缩阀
右侧熨平板伸开阀
右侧熨平板收缩阀

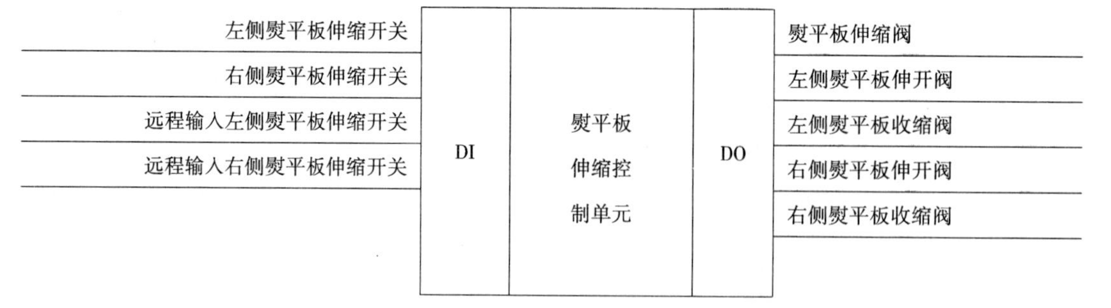

图 3-29　熨平板伸缩控制单元输入输出

3.5.11 发动机加速踏板控制单元

发动机加速踏板控制单元的输入输出信号如图 3-30 所示。

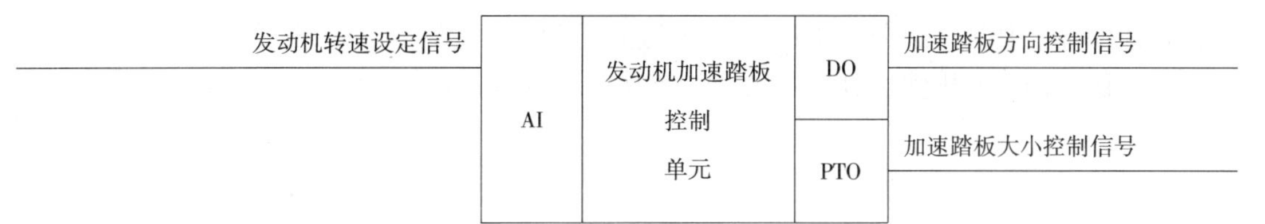

图 3-30　发动机加速踏板控制单元输入输出

3.5.12　辅助控制单元

辅助控制单元的输入输出信号如图 3-31 所示。

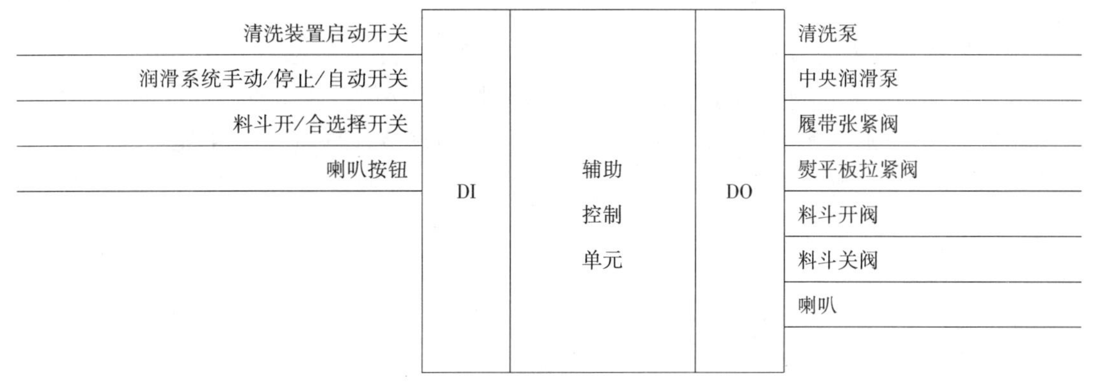

图 3-31　辅助控制单元输入输出

3.5.13　加热控制单元

为防止沥青与熨平装置底板黏结,并更好地对沥青混合料铺层进行熨平,必须对熨平装置有关部件进行加热。加热方式主要有燃气加热和电加热两种。丙烷气燃烧加热方式加热时间短、热量多;电加热方便、无污染、加热均匀,操作简单,易于掌握。加热控制单元的输入输出信号如图 3-32 所示。

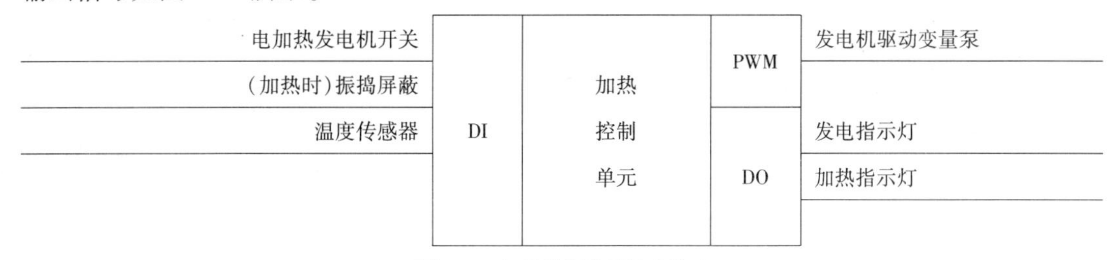

图 3-32　加热控制单元输入输出

3.6　沥青混凝土摊铺机的控制目标与控制策略

沥青混凝土摊铺机对铺层平整度、密实度、密实度均匀性及离析等作业质量指标的要求非常严格,因此,其主要控制目标实质上是摊铺质量的控制,而相应的控制策略也应当围绕这一控制目标制订,策略中包含的最重要的控制功能为作业恒速控制、直线纠偏控制及螺旋转速稳定性的控制。

其中,作业恒速性能与熨平板受力状态、振动振捣效果密切相关,最终决定了平整度、密实度和密实度均匀性;直线纠偏控制则是为了保证路面形状符合基本要求;螺旋分料器转速的稳定性保证了混凝土成分离析达标。除上述3项关键控制技术外，其余控制功能的主要任务是保证机器的使用性、操作性、维护性及其他辅助功能的实现。

3.7 沥青混凝土摊铺机关键控制技术

摊铺机关键控制技术，包括行驶速度与方向控制、作业恒速控制、直线行驶纠偏控制、发动机恒转速控制、自动找平控制、输分料系统料位控制及振捣和振动控制等。

3.7.1 行驶方向与速度控制技术

摊铺机的行驶方向与速度控制是其基本控制功能之一，控制原理在3.4.1节已经述及。对双泵双马达驱动的行驶液压系统而言，通过对两侧电比例泵共4个电磁阀线圈电流通断与大小的控制，分别实现两侧泵高、低压腔的转换与排量调节，即对应马达的正、反转和转速的无级调节，从而完成摊铺机前进、后退、普通转向与原地转向控制。而通过两侧双速变量马达的大、小两个排量的切换，可实现行驶挡与作业挡的切换。

行驶变量泵和行驶变量马达的控制逻辑如表3-1所示。

行驶变量泵和行驶变量马达的控制逻辑　　表3-1

左泵前进电磁阀电流	左泵后退电磁阀电流	右泵前进电磁阀电流	右泵后退电磁阀电流	马达排量	摊铺机行驶状态
i_a	0	i_a	0	大	作业挡 前进
				小	行驶挡 前进
0	i_a	0	i_a	大	作业挡 后退
				小	行驶挡 后退
i_b	0	i_a	0	大	作业挡 前进左转向
				小	行驶挡 前进左转向
i_a	0	i_b	0	大	作业挡 前进右转向
				小	行驶挡 前进右转向
0	i_b	0	i_a	大	作业挡 后退左转向
				小	行驶挡 后退左转向
0	i_a	0	i_b	大	作业挡 后退右转向
				小	行驶挡 后退右转向
0	i_a	i_a	0	大	不允许
				小	行驶挡 原地左转向
i_a	0	0	i_a	大	不允许
				小	行驶挡 原地右转向

注：i_a、i_b为有效控制电流，且其取值范围满足$i_{dead} < i_b < i_a < i_{max}$，其中$i_{dead}$为比例阀死区电流，$i_{max}$为比例阀电流上限。

摊铺机只有处于“行驶挡”时，才能执行原地转向功能。原地转向时要求行驶手柄必须回到中位，通过操作原地转向开关，控制摊铺机两侧履带分别向前和向后转，实现原地转向，而此时“转向电位器”的旋转方向决定具体执行“原地左转”还是“原地右转”。

3.7.2 行驶恒速控制技术

早期的摊铺机依靠熨平板自身的浮动性能，即自找平原理，经多次摊铺减少路基的不平整度误差，达到当时所要求的平整度标准。随着路面施工标准的提高，现代摊铺机均采用了自动找平系统，依靠纵坡、横坡传感器参考其各自的基准，随时自动调节熨平板的仰角，基本上满足了路面平整度要求。但采用了自动找平系统并不意味着摊铺平整度能够得到完全保证，摊铺速度的稳定性，即恒速摊铺，也是保证摊铺平整度的重要因素之一。

摊铺机作业时要求恒速行驶，主要原因如下：

（1）行驶速度不稳定直接影响单位面积的实际振捣次数与振动次数，导致铺层密实度不均匀，从而影响最终成型路面的平整度。

（2）行驶速度不稳定会导致熨平板的受力状态发生变化，使铺层出现波浪。现代摊铺机采用浮动式熨平板，靠熨平板受力平衡来保证摊铺层厚度。当行驶速度发生变化时，熨平板受力发生变化，在此过程中，熨平板有不断寻求并重新达到力平衡的趋势，导致摊铺厚度发生变化，从而影响摊铺平整度。

速度刚度是反映速度稳定性的指标，速度刚度定义为速度柔度的倒数，而速度柔度定义为行驶速度随负载的变化率。因此，摊铺机行驶速度刚度可表示为

$$T = \frac{\partial M_k}{\partial v} \tag{3-1}$$

式中：M_k——负载力矩，N·m；

v——摊铺机行驶速度，m/min。

速度刚度越大，表明摊铺机速度受负载变化影响越小，速度的稳定性越好。理论速度刚度与非溢流状态下系统总容积效率及超载引起的发动机转速下降量有关；实际速度刚度则由理论速度刚度与滑转率共同决定。

摊铺机行驶恒速控制原理如图 3-33 所示，控制器通过比较设定转速与实测转速之差，采用 PID 控制算法对行驶变量泵排量进行调节，从而使行驶速度维持在设定值。

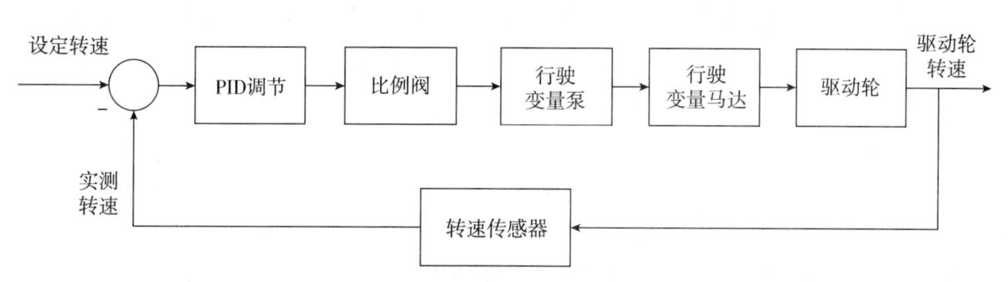

图 3-33 摊铺机行驶恒速控制原理

3.7.3 发动机恒转速控制技术

对摊铺机进行发动机恒转速控制，主要有以下两个目的：

（1）采用发动机恒转速控制后，当负载发生变化时，发动机转速能够维持恒定，有利于保证摊铺机各子系统工作速度的稳定，尤其是振捣冲击频率及振动频率的稳定准确，从而进一步保证作业性能与作业质量。

(2)采用发动机恒转速控制,可减小行驶恒速控制的调节负担,使行驶恒速控制效果更理想。采用这一措施相当于消除了影响行驶速度刚度诸因素当中“发动机转速波动”这一项,使行驶系统更易获得良好的速度刚度。

若采用电喷发动机,控制器通过 CAN 总线向发动机 ECU 输出转速指令即可实现发动机恒转速控制,其控制原理如图 3-34 所示。

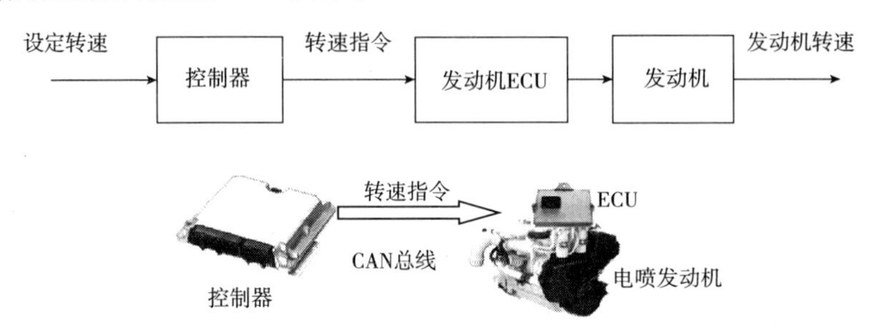

图 3-34　电喷发动机恒转速控制原理

对非电喷发动机,须将发动机加速踏板拉杆与控制执行机构(如步进电机)固连,根据给定的发动机转速指令,通过执行机构对加速踏板开度进行闭环控制,从而实现转速恒定,其控制原理如图 3-35 所示。

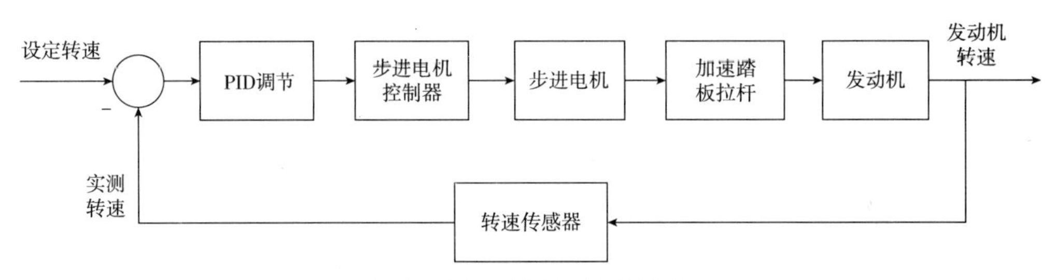

图 3-35　非电喷柴油机恒转速控制原理

3.7.4　直线行驶纠偏控制技术

双泵双马达驱动的履带式全液压摊铺机,通过调节左右两侧履带的速度来实现行驶方向的控制。需要直线行驶时,控制系统给左右两侧液压泵以相同的控制量,使两侧履带有相同的行驶速度;而需要转向时,则根据所需的转向角度给两侧液压泵以不同的控制量,使两侧履带形成差速而实现转向。

由于液压元件加工制造精度的限制、比例电磁阀的非线性、负载对容积效率的影响及左右履带附着条件与张紧程度存在差异等各种因素的综合影响,当摊铺机需进行直线行驶时,即使在相同的给定控制条件下,左右两侧的行驶速度仍会产生不一致而造成“跑偏”。

摊铺机发生跑偏时,会不断调整方向,这种突然的方向调整不同于连续转向,会使熨平板摆动,发生一侧向前、另一侧向后的扭转,对摊铺平整度和密度均匀性均产生不良影响。

摊铺机对作业质量有严格要求,其允许跑偏量规定为 0.5m/50m。若希望摊铺机有良好的直线行驶性能,必须通过控制技术实现。直线行驶控制常见的方法有以下两种:

(1)对两侧行驶变量泵的排量进行调节,使两侧驱动轮转速一致。

此方法的调节原理如图 3-36 所示。

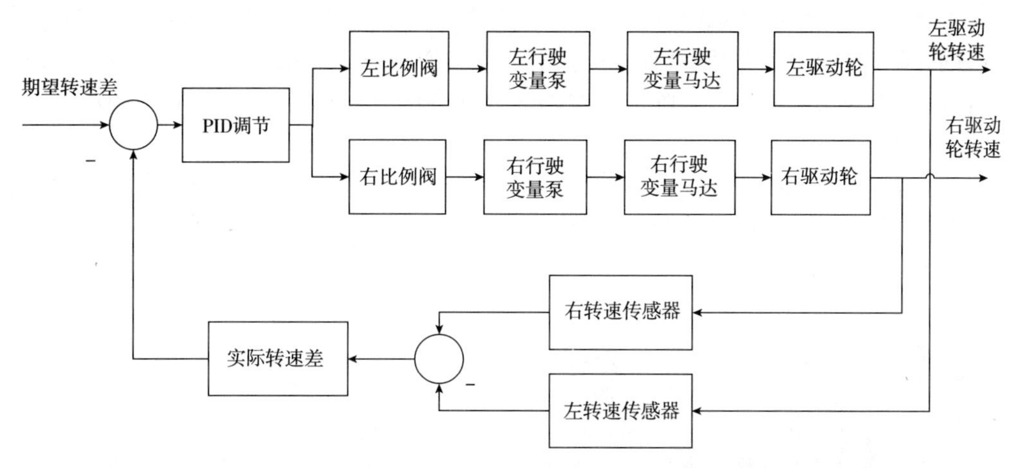

图 3-36　基于转速控制的直线行驶控制原理

（2）对两侧行驶变量泵的排量进行调节，使两侧驱动轮转过的总转数一致。

此方法的调节原理如图 3-37 所示。

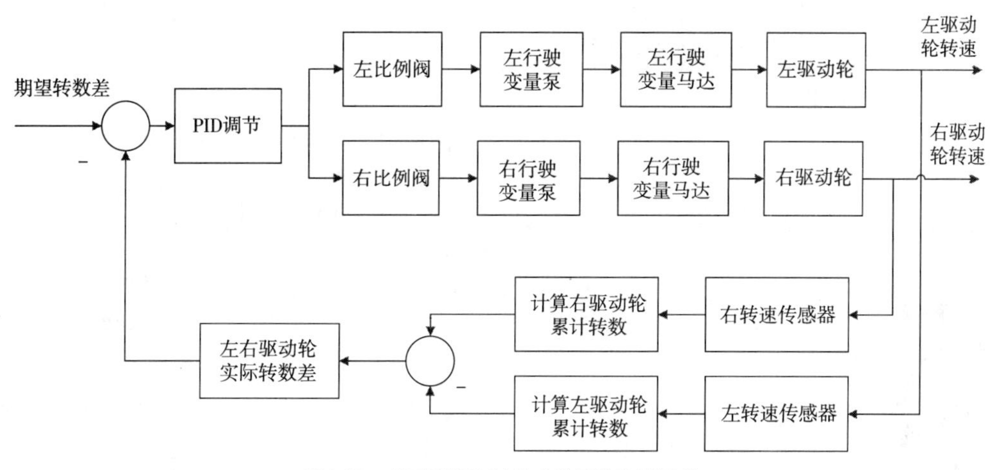

图 3-37　基于转数控制的直线行驶控制原理

上述两种控制方法中，方法（2）通过调节两侧行驶泵的排量，使两侧驱动轮转过的总转数保持相等，相对于方法（1）而言，可得到更高的控制精度。

3.7.5　自动找平控制技术

1）自动找平控制系统的分类与工作原理

为提高摊铺作业的平整度，现代摊铺机一般都装有自动找平系统（Auto Leveling System）。自动找平系统是现代摊铺机的特征之一，也是机电液一体化技术的一个典型应用。

20 世纪 80 年代，自动找平控制系统以模拟电路为主，结构简单，成本低廉，但控制精度不高且系统工作不够稳定。

20 世纪 90 年代后，出现了数字式自动控制系统，此类系统结构较为复杂，成本也相对较高，但操作方便、控制精度高且工作稳定可靠，不易受外界环境影响，因此在大型高性能摊铺机中得到广泛应用。

从工作方式上分，摊铺机的自动找平系统主要有接触式和非接触式两类；根据找平参考基准不同，又分为固定参考基准（如弦线式基准或与摊铺带相邻的成形面基准等）和移动式参考基准；非接触式自动找平系统根据检测原理和方法不同，有激光、红外线、3D TPS 和超声波自动找平系统等。

由于自动找平控制系统功能相对独立，目前国内外摊铺机使用的自动找平控制系统大多由专业厂商生产开发，如德国 MOBA、美国拓普康（TOPCON）、荷兰 ROADware 及德国Leica 等（图 3-38 ~ 图 3-41）。

图 3-38　MOBA G176M 纵坡传感器

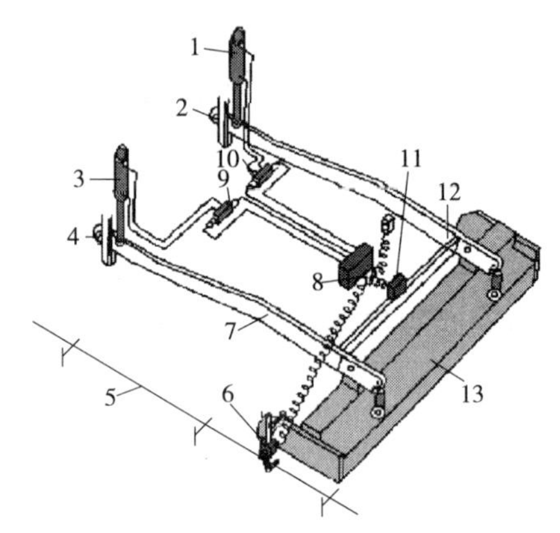

图 3-39　MOBA“一纵一横”方案

1-右调平液压油缸；2、4-牵引铰点；3-左调平液压油缸；5-调平基准；6-纵坡传感器；7-牵引臂；8-主控制器；9-左电磁阀；10-右电磁阀；11-横坡传感器；12-横杠；13-熨平板

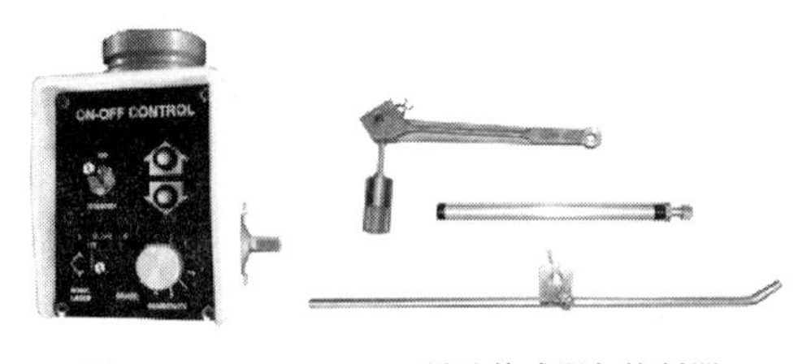

图 3-40　MOBA G176M 纵坡传感器与控制器

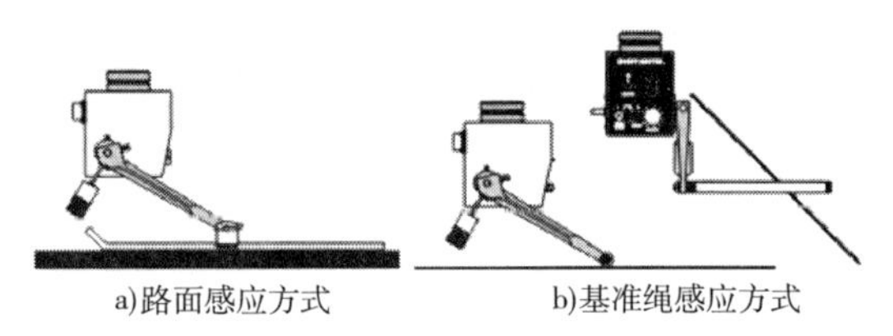

a)路面感应方式　　b)基准绳感应方式

图 3-41　MOBA 纵坡控制器感应基准

（1）接触式自动找平系统。接触式自动找平系统根据不同面层的施工有“接触式传感器 + 钢丝绳”及“接触式传感器 + 机械式浮动平衡梁”两种形式。

①接触式传感器 + 钢丝绳。作为基准的张紧钢丝按铺层设计高程预先测量架设，纵坡传感器装在熨平装置上，其探臂压在基准线上，使铺层高程严格受控于基准高程。可采用“两纵”或“一纵一横”方案。由于纵坡控制器的控制效果较横坡控制器更好，因此采用“两纵”方案的较多，在摊铺宽度较小（一般小于 6m）的情况下才用“一纵一横”方案。

基准钢丝绳的架设质量会受到人为因素影响，如测量和挂线的准确性、钢丝绳的张紧程度，以及振动和风力等，找平精度不高、高等级公路的面层摊铺一般不采用这种方案。

②接触式传感器 + 机械式浮动平衡梁。机械式浮动平衡梁是一种随摊铺机一起运动的基准，它以较大范围内多点高度的平均值来控制摊铺厚度，通常用于在高程已精确校正后的下面层上摊铺上面层。

机械式浮重平衡梁组成有下承层基准梁、前连接梁、跨越梁、铺层基准梁及附件等。下承层基准梁和铺层基准梁分别通过弹簧支承在滑靴板或滚轮上；纵坡传感器固定在跨越梁上，其探杆搭在前连接梁上；前连接梁前端自由地搭在固定在下承层基准梁上的立架上，后端通过枢轴点与跨越梁相连；跨越梁通过枢轴点焊在摊铺机大臂的横杆上，后端搭在铺层基准梁的立架上。图3-42为采用机械式浮动平衡梁找平的摊铺机施工作业。

图3-42　采用机械式浮动平衡梁找平的摊铺机施工作业

工作原理：工作过程中，下承层基准梁通过若干个弹簧和滑靴板(或滚轮)作用于下承层上，下承层的不平整将通过下承层基准梁的倾斜来反映，并通过前连接梁的上下动作控制纵坡传感器触杆的位置；同理，铺层基准梁的倾斜受接触范围的铺层表面状况控制，其倾斜将改变跨越梁的倾斜，最后改变纵坡传感器的位置。下承层基准梁检测下承层，使纵坡传感器探杆获得下承层的平均信号；铺层基准梁检测新铺层，使纵坡传感器获得铺层的平均信号，纵坡传感器最终获得一个缓和的基准，从而为摊铺机自动找平系统提供一个较稳定的基准(图3-43)。

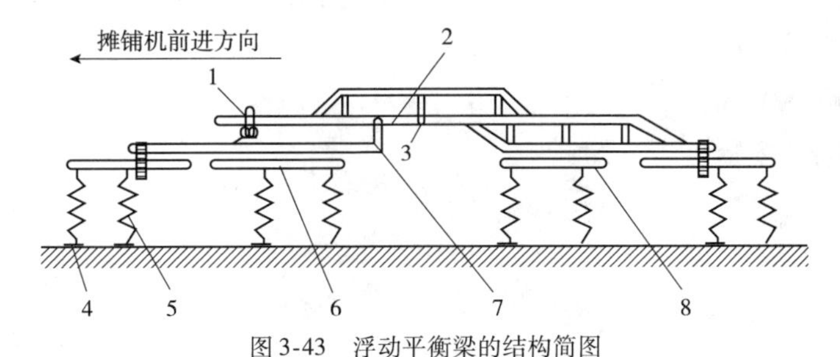

图3-43　浮动平衡梁的结构简图

1-纵坡传感器；2-跨越梁；3-枢轴点；4-滑靴板；5-简化弹簧；6-下承层基准梁；7-前连接梁；8-铺层基准梁

(2)非接触式自动找平系统。非接触式自动找平系统主要指找平传感器与找平基准之间不相接触，尤其当找平基准为路面时，非接触式传感器与路面没有接触，不会发生与沥青料的黏连，所以无需拆卸清洗，使用方便。按传感器类型不同可分为超声波、激光及3D TPS等形式。

①超声波自动找平系统。超声波自动找平系统采用超声波测距原理。常见的工作方式为超声波传感器+平衡梁。在路面以上一定高度处，每侧牵引大臂上固定有平衡梁，朝下布置多个超声波传感器；摊铺作业时，超声波传感器向作为参考基准的地面发射超声波信号并接收返回信号，计算出距地面的均值，以此来控制摊铺机牵引大臂的升降，达到光滑平整的摊铺效果。

超声波传感器的工作原理：在摊铺机的每一侧设置有一根铝合金梁，每根梁上悬挂有3个超声波靴式传感器，每个传感器内有5个测距探头和1个补偿探头，测距探头以每秒40次的频率发射超声波，每次发射结束后立即转入接收状态，声束遇到目标物体后产生回声，控制器根据发射/接收时间差来计算出目标的距离。

5 个发射束测量数据，数据处理单元能自动去除 2 个离基准值较远的信号数据，保留 3 个离基准值较近的信号数据。在工地现场随机出现的小障碍物(如石子、工具和人脚等)产生的影响会自动消除，提高了测量精度。平衡梁上的 3 个超声波传感器以地面为基准测量数据，并计算出平均值，小的障碍物被单个超声波传感器去除，可以不加考虑，系统计算 3 个超声波传感器共 9 个测量值的平均值，大的障碍物被平均值滤除。所以摊铺时，可以达到快速精确的控制效果(图 3-44)。

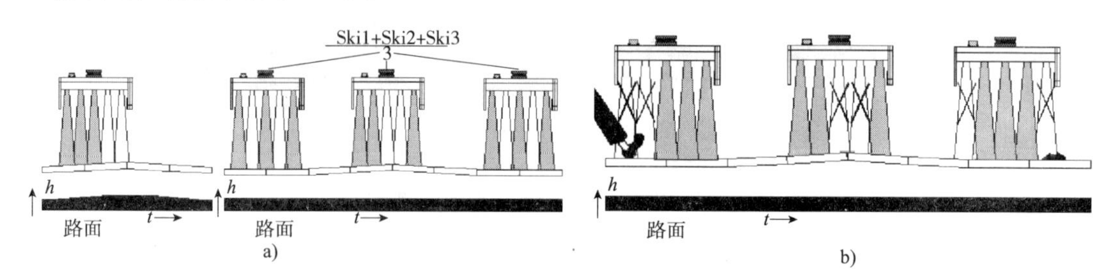

图 3-44　超声波传感器工作原理示意图

这种找平方式的优点是：安装简单方便，不与混合料接触，无须清洗维修；无论道路多弯曲都能连续摊铺，摊铺机掉头方便；铺层平整度好。缺点是：空气成分与温度对超声波的传播速度影响较大，需加设温度补偿。超声波平衡梁探头少，长度也不如机械式浮动平衡梁，故实际铺层平整度并不比机械式浮动平衡梁 + 纵坡控制器好多少。此外，非接触式超声波平衡梁采用的是相对基准，对作为参考基准的原有路面的平整度要求较苛刻，因此只能在面层摊铺时使用。图 3-45 ~ 图 3-50 为超声波自动找平系统。

图 3-45　超声波传感器与钢丝绳基准

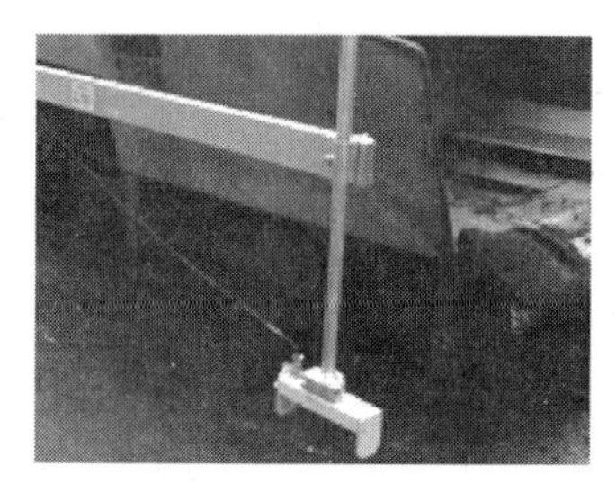

图 3-46　超声波平衡梁

图 3-47　采用超声波平衡梁作业

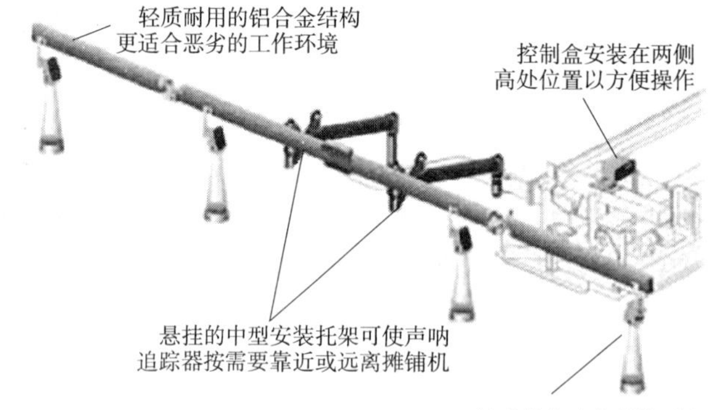

图 3-48　TOPCON 超声波平衡梁

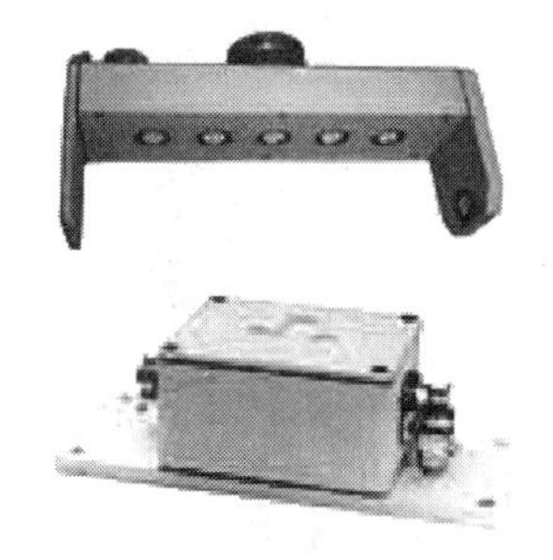

图 3-49　MOBA 超声波传感器

图 3-50　MOBA 数字控制器

②激光自动找平系统。激光自动找平系统发射出多束不可见激光波到路面上，激光波从路面反射回扫描器，扫描器安装高度离地 2～2.5m，位于熨平板前方（螺旋分料器前面）。扫描器内的电子装置计算出从发射到接收激光波所经过的时间，从而测量出激光波所运行的距离，时间越长，距离越大。图 3-51 为 ROADware 的 RSS 激光扫描系统。

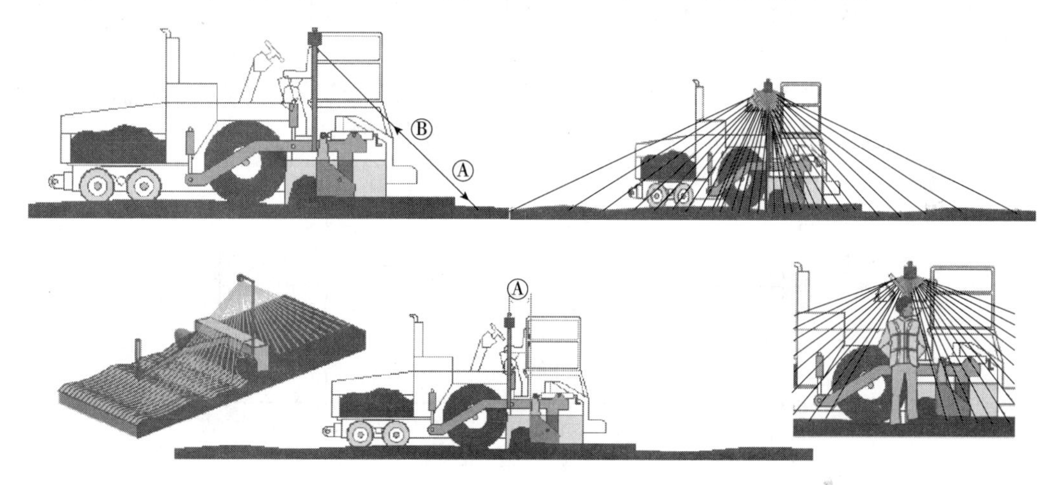

图 3-51　RSS 激光扫描系统

机器工作时，通过安装在扫描器上的旋转镜头，从扫描器到路面各个角度的距离都可以测量，所有数据从扫描器送入计算机，对路面详细信息进行处理。首先会将进入系统的大物体（如人体、熨平板等部件）信号进行过滤，筛选出有用信息（筛选物的尺寸可预先设定），根据路面轮廓计算出其平均值，将该高度值传送到控制单元进行比较处理，然后输出 PWM 信号驱动电磁换向阀工作，带动熨平板动作。

③3D 自动找平系统。摊铺机 3D TPS（全站仪）控制系统可预先把工程数据输入机载电脑，直接对摊铺机厚度和高度进行控制，无需打桩拉线放样，减少施工环节（图 3-52）。全站仪自动跟踪并测定安装在摊铺机上棱镜的三维位置，将数值无线传输到机载计算机内，结合其他传感器数据，对摊铺机的位置和方向进行不间断的刷新调整。然后，机载计算机对机器的设计位置和实际位置进行不断比较，相应调整熨平板的高度和坡度。

2）自动找平控制系统的性能影响因素

自动找平系统综合性能好坏不仅与元件性能有关，也与各元件性能参数的合理匹配有关，既包括找平控制参数的合理设定，也包括找平控制参数与找平液压系统参数的合理匹配。影响找平控制系统性能的主要因素包括：找平液压系统参数（找平液压缸最大操作力、找平液压缸缸径、找平液压系统匹配压力、找平液压缸行程及找平液压系统供油流量）；找平

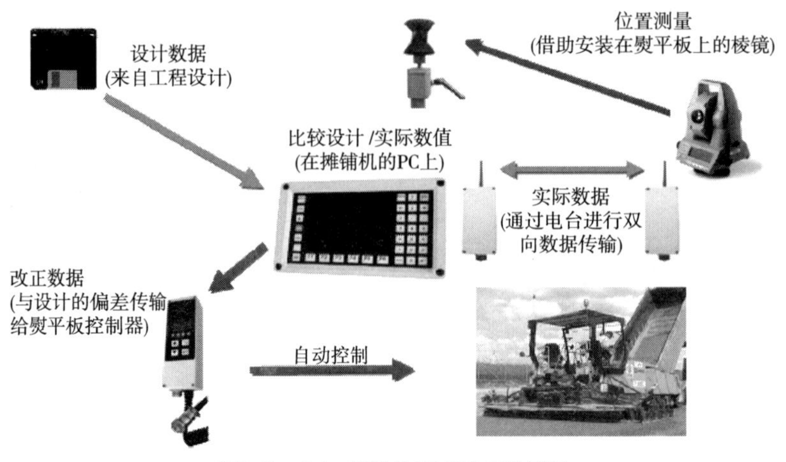

图 3-52　Leica 摊铺机 3D TPS 工作原理

控制阀响应速度;找平传感器安装位置与角度;找平控制器死区、比例区间和灵敏度的设置。

下面对关键因素进行讨论:

(1)自动找平控制器的死区与比例区间。在某一灵敏度设置下,找平控制器输出控制量与地面高度变化量的关系如图 3-53 所示,可分为 3 个控制区段。

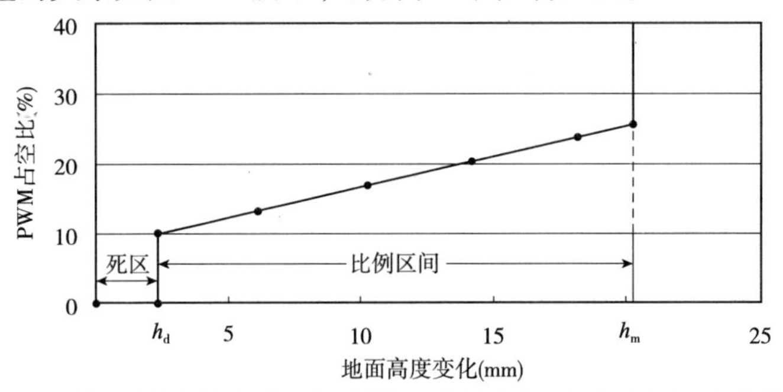

图 3-53　某一灵敏度设置下找平控制器输出信号占空比与地面高度之间的关系

①死区,即图中地面高度变化位于 $0\sim h_d$ 的区段。这一区段表示:当地面高度变化量小于 h_d 时,找平控制器输出电控信号为零。

②比例控制区间,即图中地面高度变化位于 $h_d\sim h_m$ 的区段。这一区段表示:当地面高度变化量大于控制器死区边界点 h_d 而小于某临界点 h_m 时,控制器输出信号随地面高度变化量的增加而线性增加。

③饱和区间,即图中地面高度变化大于 h_m 的区段。这一区段表示:当地面高度变化量大于控制器比例区间终点值 h_m 时,找平控制系统以最快速度进行调节。

死区的表面形式虽然是找平系统对地面高度变化的不敏感区域,但实际上其产生的原因是由于找平控制阀对控制信号不能快速响应的结果。

通常,找平控制方向阀正反两方向均有死区存在,且大小不同。为提高找平控制质量,需设法消除死区,常采用快速斜坡或增加补偿电信号的方法越过死区。

(2)找平控制器灵敏度设置。找平控制器的灵敏度是指单位高度变化所对应的找平控制器输出。找平传感器安装高度一定时,找平控制器死区及比例区间大小均与所设置的灵敏度成反比关系。根据找平控制器的这一特性,只要找平液压缸动作速度设计合理,通过调节找平控制器灵敏度,就可改变控制器死区和比例区间的大小,从而获得理想的匹配关系。

实际应用中,找平控制器灵敏度的调节方法如下:将找平控制器灵敏度调节至最大,给控制器一个大于死区量值的突变位移输入,观察找平液压缸是否发生震荡运动,若发生震荡运动,则适当调低灵敏度,重复上述试验,直到找平液压缸不发生震荡运动为止,此时,设定的灵敏度即为找平控制系统在一般作业工况下较为理想的灵敏度。但在实际工程应用中,还要根据施工对象是基层还是面层、是一级路还是其他等级路以及工程质量要求等因素在上述基础上对灵敏度再进行适当调整。

以 MOBA 找平系统为例,根据实践经验,找平控制器的灵敏度挡位一般设定为 4 挡以上。

(3)找平传感器安装角度。找平控制器死区不仅与灵敏度设定挡位有关,而且与找平传感器的安装角度有关。纵坡控制器采用角度传感器来测量路面高度变化,传感器的安装方式决定了其角度变化不可能直接线性反映路面高度的变化,其角度变化和实际高度变化关系如图 3-54 所示,从图中可以推出传感器安装角度和实际路面高度变化的关系为

$$H = 2R\sin(\theta + \alpha/2)\sin(\alpha/2) = R[\cos\theta - \cos(\theta + \alpha)] \quad (3\text{-}2)$$

式中:H——高度变化,m;

R——找平传感器有效摆动半径,m;

θ——找平传感器安装角度,(°);

α——找平传感器输出角度,(°)。

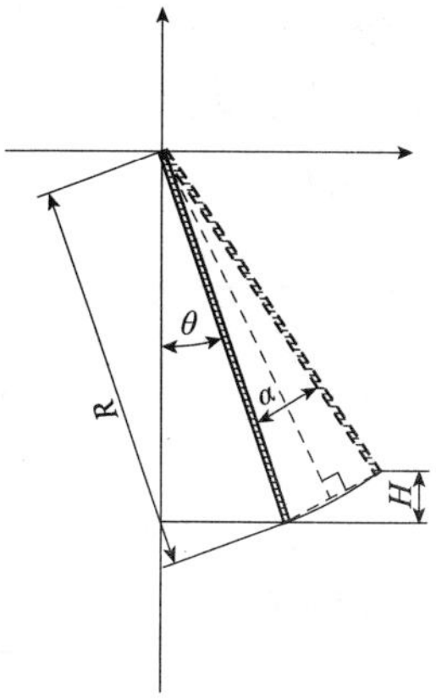

图 3-54 找平传感器安装角度和路面高度变化

传感器安装角度与单位摆臂长度对应的地面高度变化之间的关系为

$$\frac{H}{R} = \cos\theta - \cos(\theta + \alpha) \quad (3\text{-}3)$$

图 3-55 为不同安装角度下找平传感器摆角与地面高度变化的关系,由图可以看出,安装角度过小则找平传感器的输出线性度较差;安装角度过大则有效测量区间过窄。根据实践经验,找平传感器安装角度一般设定为 30°~60°。

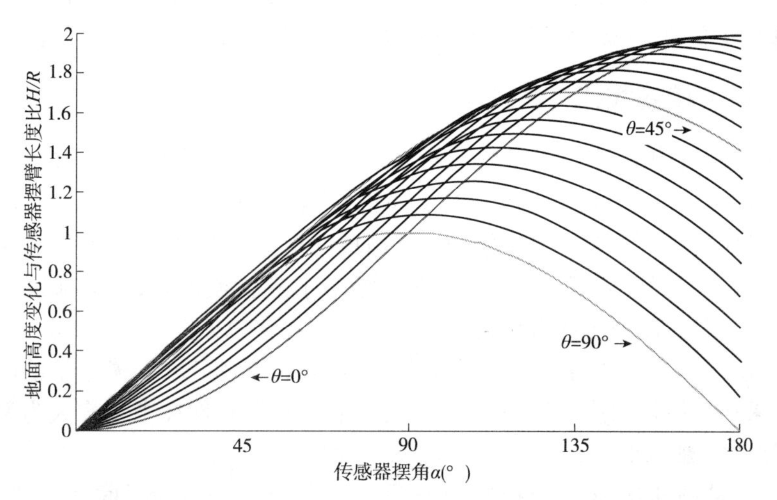

图 3-55 不同安装角度下找平传感器摆角与地面高度变化的关系

(4)找平液压系统控制阀的频率响应速度。影响找平控制精度的另一重要因素是控制阀的频响速度,频响速度达不到要求,则执行机构在实际操作中不能准确按照控制指令动

作,系统达不到控制精度要求。通常要求找平控制阀的频响不低于10Hz。

3.7.6　输、分料系统的料位控制技术

刮板输料与螺旋分料系统的自动控制主要涉及输、分料系统工作速度的控制,无论是刮板还是螺旋,其作业速度仅受控于各自料位传感器组测得的料位高度。

刮板和螺旋料位控制的最终结果都体现在螺旋转速上。若控制过程中料位高度波动量大,则螺旋转速的调节量大,螺旋加(减)速度大,混合料中大粒径骨料随螺旋转速突变发生聚集的概率增加,造成混合料级配离析,使路面摊铺质量下降。因此,螺旋转速的稳定性是摊铺机主要控制目标之一。

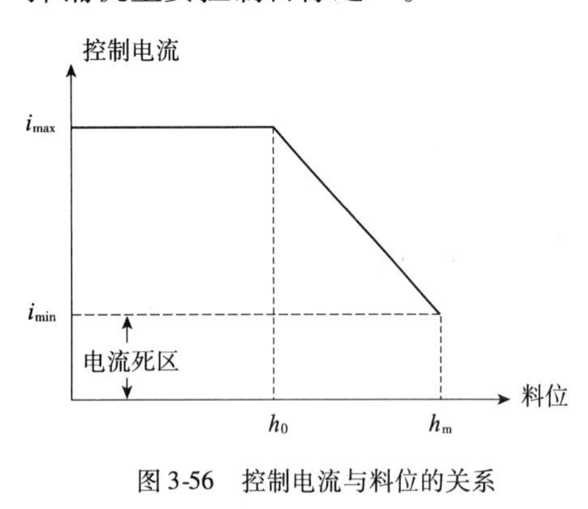

图3-56　控制电流与料位的关系

图3-56为适用于输料及分料控制的比例阀电流与料位的关系曲线,其中i_{min}和i_{max}分别表示最小和最大控制电流;h_0和h_m分别表示起调料位高度和最大期望料位高度。按照这一控制曲线,在调节方法正确和系统频率响应速度足够的前提下,料位高度将保持在$h_0 \sim h_m$。

在刮板和螺旋工作过程中,可以通过操纵台或远程控制盒进行人工手动干预,松开手动开关则自动恢复到自动模式,左、右远程控制盒上的手动开关仅分别控制各自一侧的刮板或螺旋。

3.7.7　振捣与振动控制技术

振捣和振动控制的关键技术包括:

(1)振捣冲击频率和振动频率应与设定值一致,恒定的发动机转速是保证频率稳定的必要条件。

(2)摊铺机行驶起步/停车与振捣和振动的施振/停振顺序对摊铺作业质量有影响,正确的顺序为:先起步后施振(振捣和振动);先停振(振捣和振动)后停车。

3.7.8　斜坡控制技术

在摊铺机使用过程中,各部分液压驱动系统均需要启动与停止,启动和停止过程中如果出现控制信号的突然变化,会造成液压系统冲击,并影响作业质量。为防止这种冲击,在对各执行机构控制过程中,需要对控制信号进行斜坡处理。采用斜坡处理后,控制信号能够以可调的速率无冲击达到目标值,从而实现平稳的启动、转换或停止,进而保证系统的作业性能与作业质量,避免过度冲击和振动。

摊铺机起步、停机过程,输分料系统的启动和停止过程,振动、振捣系统的起振与停振过程等,均需要采用斜坡控制。对于现代数字控制系统,利用软件技术可按人为设计的曲线形式来实现所需的控制斜坡。

所谓的斜坡控制,即给定一个控制指令后,实际控制量用一段时间达到这一给定值,其过程类似于一个"斜坡",目的是避免突变输出造成的系统冲击。

例如:控制器向电比例阀输出一个目标电流,并不是一个扫描周期就给定,而是每一扫描周期增加一定量(步长),根据实际要求,经过若干个周期后逐步达到目标值。

采用数字控制器实现斜坡控制较为容易，下面介绍一种可变步长的斜坡函数，该函数采用有记忆功能的函数模块，其输入输出如图 3-57 所示。其中 iInVal 表示目标输入，iStep 为斜坡步长，iOutVal 为实际输出。控制器每一扫描周期，实际输出以步长叠加的形式跟随输入指令，直至输出与输入的差值为零。

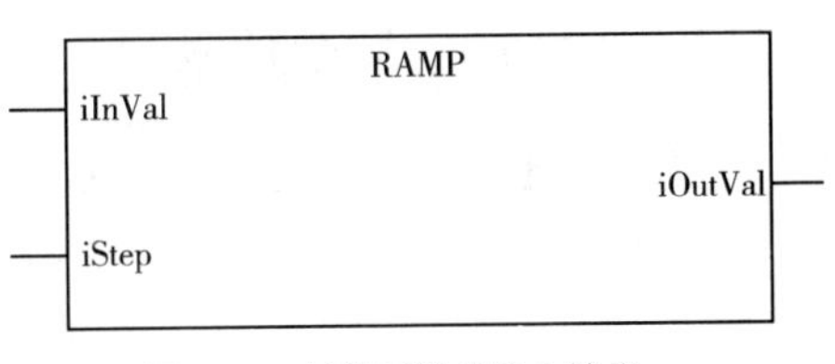

图 3-57　斜坡函数的输入输出

图 3-58 为斜坡函数的具体实现原理，每经过一个控制器扫描周期 T，输出值 iOutVal 便以 iInVal 为目标增加或减少一个步长 iStep，当输出与输入的差值绝对值小于步长时，则增加或减少的量为这一差值而非步长。由图可以看出，突变的目标值经斜坡处理后变为实际输出值，而实际输出值是一个缓变的信号，“缓”的程度由步长决定。

斜坡函数的实现流程如图 3-59 所示。

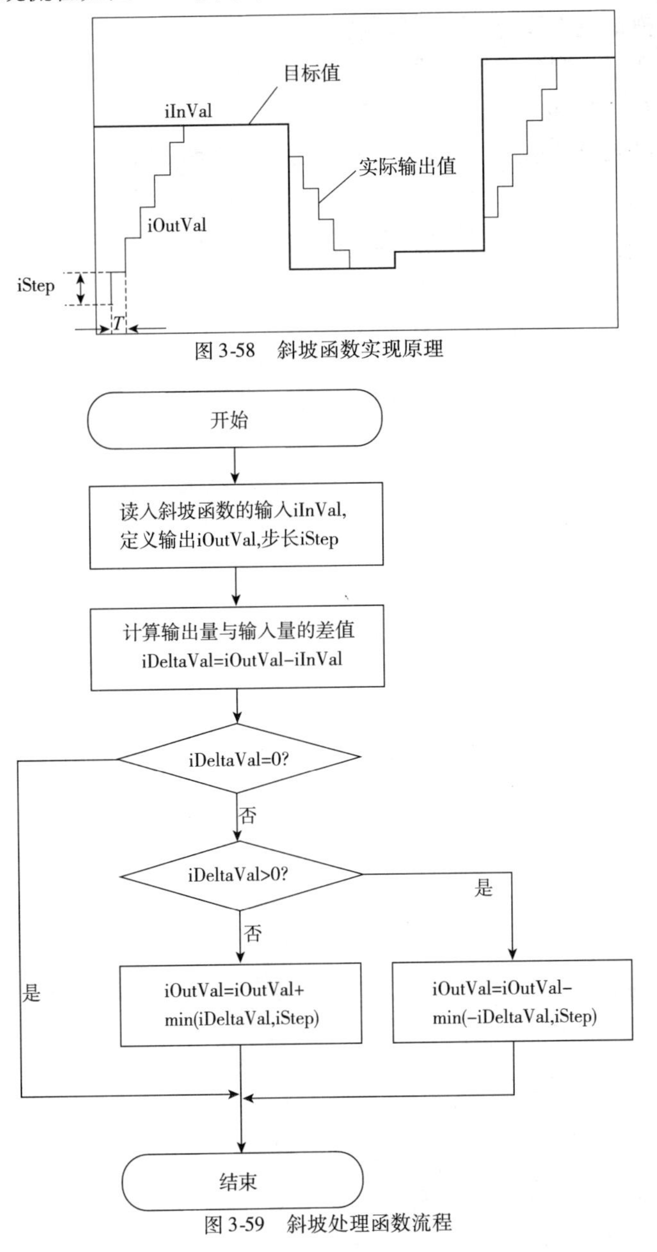

图 3-58　斜坡函数实现原理

图 3-59　斜坡处理函数流程

3.7.9 应急控制技术

为保证电子控制系统出现故障之后，摊铺机仍具有基本的行驶与操作功能，一般会设置应急电路，此时行驶系统处于开环控制、手动操作模式，不能实现恒速行驶。

本章思考题

1. 结合摊铺机的作业特点说明进行恒速作业控制的必要性？
2. 发动机恒转速控制对摊铺机有何意义？如何实现？
3. 现代摊铺机的自动找平系统有哪些形式？各自的工作原理与优缺点如何？
4. 摊铺机行驶控制系统的输入输出信号一般有哪些？
5. 如何实现摊铺机直线行驶纠偏控制？
6. 影响自动找平控制系统性能的主要因素有哪些？
7. 输、分料控制的目标是什么？如何实现？
8. 在对电比例泵或马达进行控制时，为什么需要斜坡处理？如何实现？

第4章　双钢轮振动压路机控制系统与控制技术

双钢轮振动压路机主要用于沥青混凝土、RCC混凝土等路面的压实，也可用于路基和稳定层等的压实，是修筑高等级公路必不可少的设备。新型的全液压双钢轮振动压路机综合了机、电、液与控制技术，是自动化技术在工程机械中的典型应用案例。

4.1　双钢轮振动压路机的作业特点与性能要求

双钢轮振动压路机为循环式作业机械，必在压实作业过程中，必须连续不断地起步与停机、前进与后退，与此同时，振动轮也不断重复起振与停振（图4-1）。

图4-1　双钢轮振动压路机施工作业

双钢轮振动压路机主要用于面层施工，对作业质量要求高。主要作业性能包括：

（1）压实性能。压实性能是反映压路机压实能力大小的主要标志，其评价指标是对铺层材料的压实度和压实深度。这两个指标除与压路机的技术参数有关之外，还与被压实材料的物理力学性能有关。双钢轮振动压路机本身的压实能力主要取决于其静线荷载与振动参数。

（2）路面压实质量。对路面铺层的压实，除要达到规定的压实度以保证路面的强度与刚度外，还对路面的压实平整度、均匀性、稳定性、抗滑性及不产生裂纹等有一定要求。

（3）其他性能。包括牵引性能、制动性能、可靠性、驾驶舒适性、安全性、压实生产效率、燃料经济性及维修性等。

4.2　双钢轮振动压路机的发展历史与技术现状

世界上最早出现的压实方法是踩踏、揉搓和捣实，夯实和冲击压实方法也很早就有应用。压路机作为压实机械中最主要的机种，经历了漫长的发展和演变，1000多年前创造的人力或畜力拖动的石磙，可算是拖式压路机的雏形；1862年，出现了以蒸汽机为动力的自行式三轮压路机；1919年，美国人最先在压路机上用内燃机取代了蒸汽机，并于1940年发明了轮胎式压路机。

振动压路机的出现是压路机发展过程中一个划时代的里程碑，从此，压实效果的增长不再简单地依靠质量或线压力的增加。第一台自行式振动压路机出现在20世纪40年代；20世纪50年代欧洲各国开发了串联式整体车架的振动压路机，其后又推出了铰接式双钢轮振动压路机，由于振动压路机压实效果好，影响深度大，生产率高，而且适用于多种类型的填料压实，因此逐渐成为许多压实工作的标准设备和首选设备；20 世纪 60 年代以来，随着振动压实理论研究的深入，隔振技术与轴承制造技术的日臻完善，出现了各种结构形式的振动压路机；20 世纪 70 年代，压实机械发展史上的一个重要变革是迅速而普遍地推广应用了静液压传动和电液控制技术；到了 20 世纪 70 年代末，在压路机特别是振动压路机上，机械传动绝大多数被液压传动所取代。随着电液控制技术在振动压路机上的应用，对振动参数的调整成为可能，出现了调频、调幅的振动压路机，为压实工作参数的优化和随机监控创造了条件。

目前，世界上生产双钢轮压路机的主要厂家有瑞典戴纳派克（DYNAPAC）、德国宝马格（BOMAG）、沃尔沃英格索兰（Volvo Ingersoll-Rand）及德国维特根悍马（Wirtgen Hamm）等；我国压路机生产厂家主要有徐工、一拖、柳工、厦工、山推、常林、三一重工、中联重科及龙工等。

目前，国内外双钢轮振动压路机的主要技术现状与发展趋势如下。

（1）振动频率提高。振动钢轮的振动频率与振幅是影响铺层密实度和表面质量的主要因素。研究表明，对于沥青混合料而言，振动频率的提高，对其压实效果的改善较其他因素更为显著。近年来，振动压路机的振动频率不断提高，已从过去的 45Hz 左右，提高到目前的 70Hz 以上。

（2）钢轮半径增加。大直径滚轮能减少对铺层材料的推挤，可减少路面的纵向波浪和裂纹，因此，双钢轮振动压路机的钢轮半径也呈增大的趋势。

（3）采用钢轮剖分结构。剖分式钢轮也叫对分式钢轮，采用此种结构可减少转向时搓起材料的现象。钢轮由左、右两个半轮用中间轴“串联”而成。转弯时，两个半轮会自动“差速”而相向滚动，从而减小转向阻力，有效保护压实面层不被搓坏。双钢轮振动压路机的压实钢轮一般宽度较大，剖分式结构显得更加必要。

（4）发动机恒速控制技术。发动机转速的恒定对保证稳定的振动频率及作业质量非常重要，采用电喷发动机的双钢轮振动压路机，设有不同的发动机转速挡，各挡均采用恒转速控制。

（5）柔性起步与停机控制技术。戴纳派克首次在其双钢轮振动压路机上采用“柔性加速”和“柔性减速”控制技术，在作业模式下，可以设定“柔性加速”和“柔性减速”，避免了压路机起步和停机过程中过大的加（减）速度对材料造成的推移，提高路面的平整度，减少裂纹。

（6）自动调幅技术。BOMAG 的“自动调幅压实系统（BVM）”能自动判别和控制所需压实力的大小。主要激振装置由两根反向旋转的轴组成，旋转产生的离心力经几何叠加形成定向振动。在压实过程中，可根据压实面刚度的变化或压路机行驶方向的变化调节施振方向，达到调节振幅的目的。Ingersoll-Rand 的 DD-130 每个振动轮中都具有自动反向的偏心装置，可实现从 0.7 ~ 1.6t 的 8 种不同激振力输出，基本可满足所有土壤类型路面的碾压需要。

（7）减振技术。减振是双钢轮振动压路机发展过程中需要解决的重要问题之一，减振性能制约着压路机结构的改善，也直接决定压路机的使用性能。现代振动压路机的驾驶室与机身间设置多层电子橡胶阻尼元件，振动轮与机身采用柔性连接，使压路机的驱动部分与振动部分处在两个单元上，驱动力靠液压系统传递；振动轮与框架之间装有弹性减振器，驾驶室隔振采用优质橡胶元件，使座椅的振幅大大减小，隔振的作用使振动轮的振动能量绝大部分传递到路面，而尽可能少地传递至驾驶室，解决了既要提高振动效果又要减少有害振动这一矛盾。

(8)智能压实与管理技术。智能振动压路机具有自动检测压实效果、实时调整参数及对压实过程进行管理和决策等特征(图4-2)。利用GPS连续计算和记录压路机的位置,同时连续测量被压材料的刚度,将二者结合之后,得出被压表面的整体刚度分布图,同时还可显示被压材料整体的表面温度和压实遍数等。

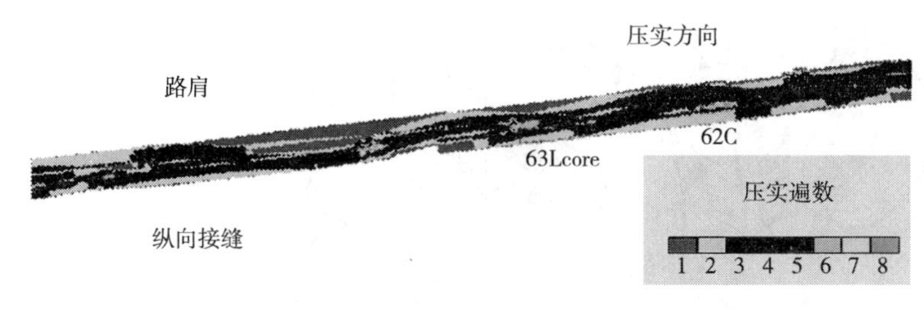

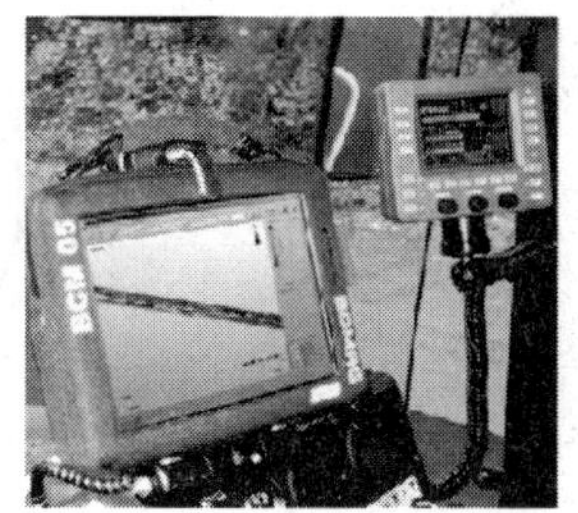

图4-2 智能压路机的实时监测功能

BOMAG公司的密实度检测管理系统,由自动调幅压实系统(BVM)、变幅控制压实系统(BVC)、GPS、Asphalt Manager及压实管理系统(BCM)等部分组成。在对压路机工作状态实施监测的基础上,可按照土质变化情况不断调整参数(振动频率、振幅、碾压速度及遍数)的组合,自动适应外部工作状态的变化,使压实作业始终在最优条件下进行,并可进行诊断、报警及故障分析。

瑞典戴纳派克公司开发的土石方压实(CompBase)和沥青摊铺与压实(PaveComp)施工方案软件具有压实过程预测及智能机型和施工工艺选择功能。CompBase软件中包括戴纳派克压路机在7种土方材料上工作的压实性能。确定土方类型后,选择需要的设备型号,就能获得在一定铺层厚度下达到规定密实度所需碾压的遍数,这样施工单位就能算出在规定时间内完成压实所需要的设备数量。PaveComp软件能根据施工条件提供熨平板、摊铺机和压路机的选型。该软件还能根据材料温度、气温和时间等条件提供碾压速度、频率和振幅,以及碾压遍数的选择,从而有效指导压实。

土质压实综合定位系统(Global Positioning System for Soil Compaction)可精确给出压路机的位置和振动轮的标高,与前一铺层标高相比较,得到土的铺层厚度,更加精确地测定土的压实状况。

(9)基于不同原理的新型振动压路机。传统振动压路机的振动基于偏心质量的圆周运动,目前也出现了基于其他激振原理的振动压路机,如无级调幅、垂直振动及振荡压路机等。

(10)其他新技术。一些新技术,包括新型操控装置、状态监测与故障诊断、节能降噪、驾驶室人性化设计、安全保护及GPS等技术也逐步在压路机中得到应用。

4.3 双钢轮振动压路机的组成与工作原理

4.3.1 双钢轮振动压路机的组成

双钢轮振动压路机的组成结构如图4-3所示。车架由前车架、后车架和中心铰接架3大部分连接成一个铰接整体,支撑整机上半部分;中心铰接架前、后端分别与前、后车架相连,铰接架共有3个液压缸,2个沿车纵向布置,1个沿车横向布置,3个液压缸协同工作,实现转向与蟹行。

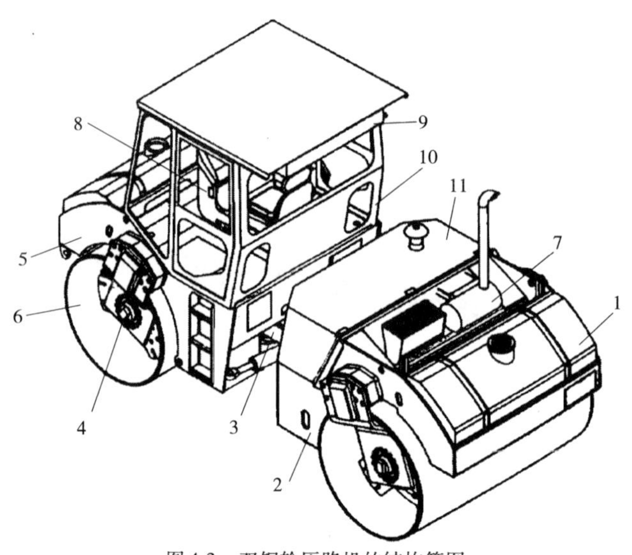

图 4-3　双钢轮压路机的结构简图

1-洒水系统；2-后车架；3-中心铰接架；4-液压系统；5-前车架；6-振动轮；7-动力系统；8-操纵台总成；9-空调；10-驾驶室；11-覆盖件

4.3.2　双钢轮振动压路机的工作原理

1）振动压实原理

振动压实是将固定在物体上的振动器所产生的高频振动传给被压材料，使其发生接近自身固有频率的振动，由于被压材料的振动，其颗粒间的内摩擦力急剧减小，剪切强度下降，只要很小的作用力就能很容易进行压实。同时颗粒的棱角受高频冲击被敲掉，空隙减少。振动轮的重力产生压力，使颗粒重新排列，特别是小颗粒迅速掺入大颗粒之间，挤出空气与水分。振动压实的原理如图 4-4 所示。

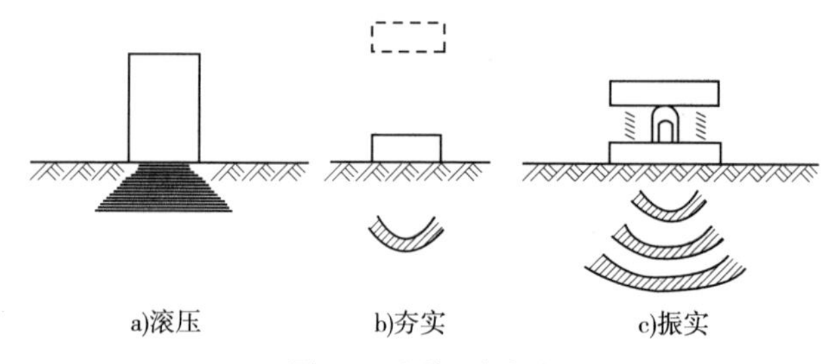

图 4-4　几种压实方法

钢轮压路机的振动轮由轮体、偏心转子、轴承、减振橡胶和振动轴等构成。由发动机提供的动力通过振动液压系统传递到偏心转子，使其产生高速旋转运动及周期变化的离心力，即激振力，带动振动轮上下振动，对地面形成冲击力，从而对材料进行压实。

2）行驶液压系统

全液压双钢轮振动压路机行驶系统采用单泵双马达组成并联闭式回路，其动力传动路线如图 4-5 所示。

行驶液压系统原理图如图 4-6 所示。

压路机在行驶时，通过电液控制阀控制行驶变量泵的斜盘摆角改变液压油的方向和流量，从而控制压路机的行驶方向和行驶速度。行驶泵经过管路与前、后行驶马达相连。前、后行驶变量马达由控制阀控制其斜轴摆角，使行驶马达排量在最小排量和最大排量之间切换，实现不同的行驶速度。当前、后轮马达处于大排量时，车辆处于低速挡；当两个马达分别为一大一小排量时，车辆处于中速挡；当前、后轮马达均为小排量时，车辆处于高速挡。通过三挡可调的行驶速度，使压路机适应不同的行驶与作业工况速度要求。

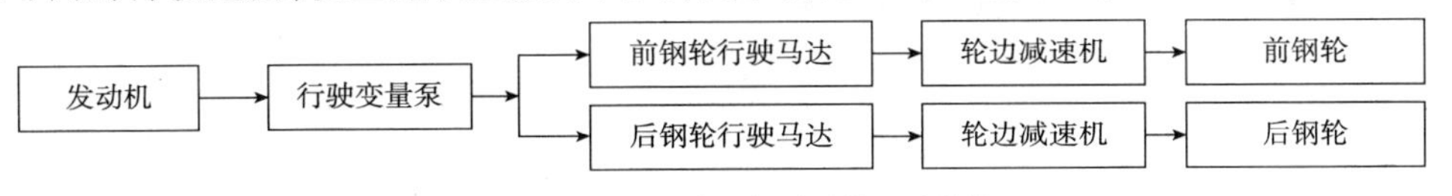

图 4-5　双钢轮压路机行驶系统驱动路线

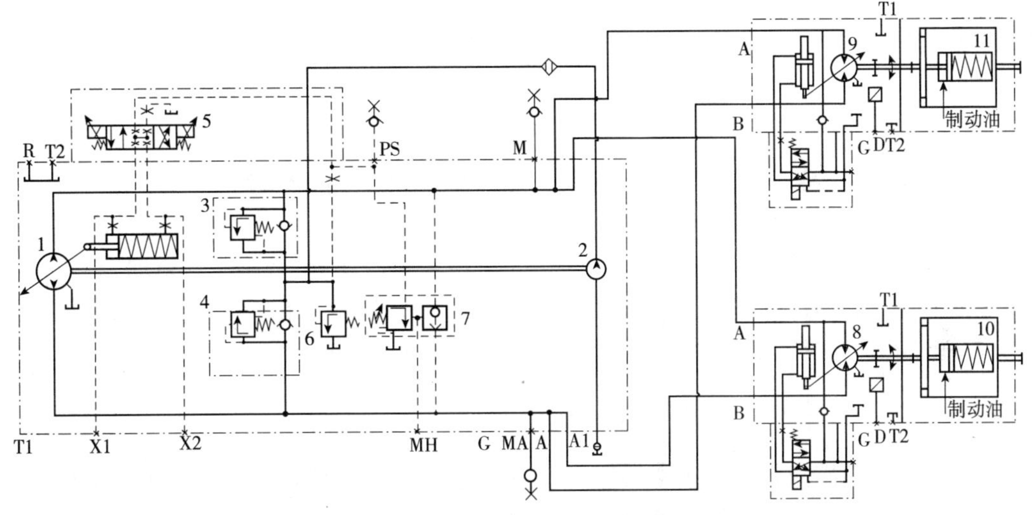

图 4-6　双钢轮振动压路机行驶液压系统原理图

1-行驶泵；2-补油泵；3、4-安全溢流阀 + 止回补油阀；5-电比例阀；6-补油溢流阀；7-压力切断阀；8、9-行驶马达；10、11-制动器

当在行驶或作业过程中出现过载时，行驶泵的输出油压随之上升，若系统工作压力超过最大工作压力限制，安全溢流阀开启。但若长时间溢流则会导致系统温升过高，发热过大，故该系统还设有压力切断阀，强制变量泵的排量回零，进一步确保系统安全。

3）振动液压系统

振动液压系统是由双泵双马达组成的闭式液压回路，其动力传动路线示意图如图 4-7 所示。

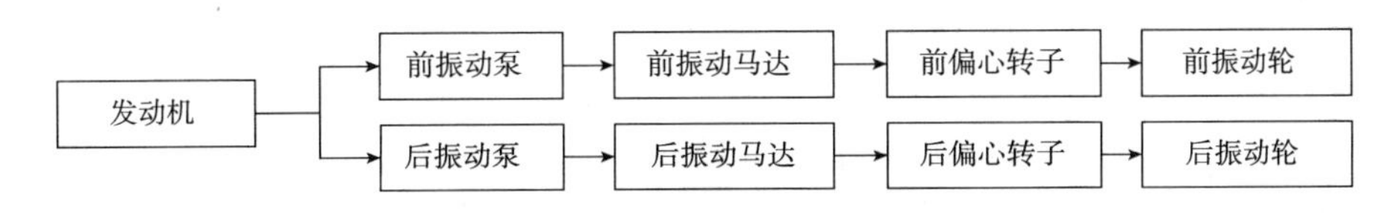

图 4-7　振动系统传动路线示意图

振动液压系统原理图如图 4-8 所示。

两个振动泵分别各自控制一个振动马达。当需要某钢轮单独振动时，只需控制该钢轮振动电磁阀得电即可实现；若需双轮同时振动，则需使前、后轮振动电磁阀均得电。振动泵为双向变量泵，有大小两个排量，可输出不同流量，使前、后振动马达产生不同的转向和转速，实现高、低两种振幅/频率的振动。

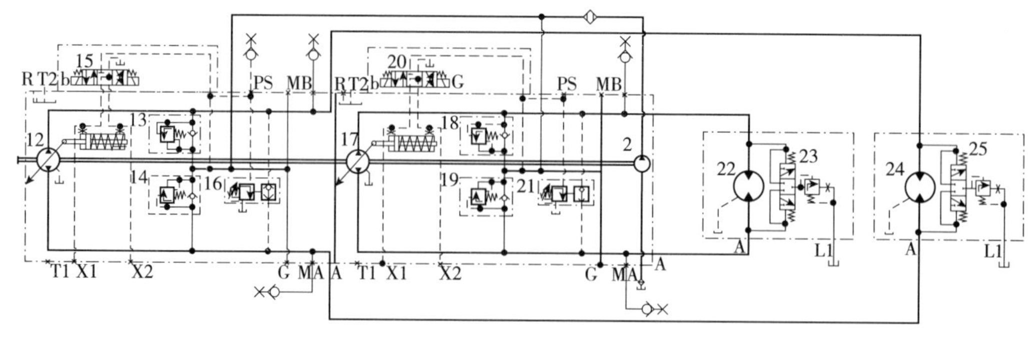

图 4-8　振动液压系统原理图

1、6-振动双联泵；2、3、7、8-安全溢流阀 + 补油止回阀；4、9-电比例阀；5、10-压力切断阀；12、14-振动马达；13、15-冲洗阀；11-补油泵

4.4　双钢轮振动压路机的控制系统

现代双钢轮压路机追求更高的作业质量、作业效率与操作舒适性，需要借助先进的自动控制技术来实现，对控制系统的要求较高，因此，新型压路机多采用高性能的专用控制器，并配有显示设备，与操作台及发动机 ECU 等共同组成 CAN 总线控制网络。

4.4.1　双钢轮振动压路机控制系统的功能要求

双钢轮振动压路机控制系统主要完成的功能包括操作指令输入、发动机转速控制、行驶速度及方向控制、振动控制、洒水控制、蟹行控制及冷却风扇控制等功能，此外，还要进行实时的工作状态监测和参数显示，以及故障判断和报警等。

除上述基本控制功能外，为提高压路机的作业品质，控制系统中还集成了柔性起步与停机及惯性负载控制等技术。

4.4.2　双钢轮振动压路机控制系统的组成

某双钢轮振动压路机的控制系统如图 4-9 所示，由力士乐 RC6-9 控制器、操作台 I/O 扩展模块、彩色液晶显示器和电喷发动机 ECU 共同组成四节点的 CAN 总线网络。

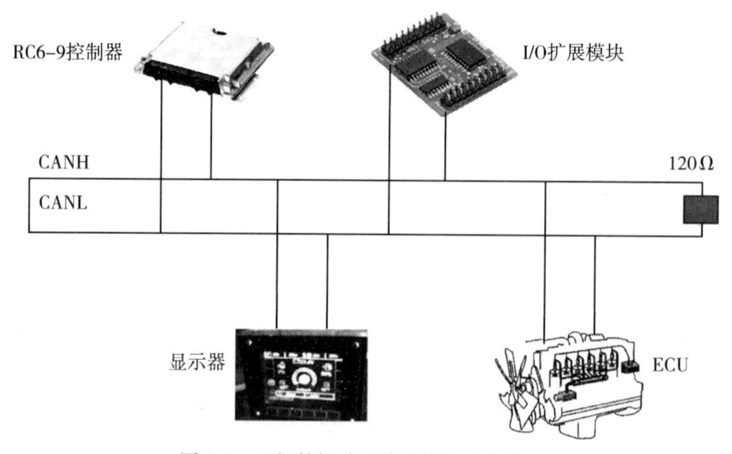

图 4-9　双钢轮振动压路机控制系统组成

4.4.3 双钢轮振动压路机控制系统输入输出信号分析

双钢轮振动压路机控制系统需要处理的输入、输出信号如表 4-1、表 4-2 所示。

双钢轮振动压路机控制系统输入信号 表 4-1

信号类型	信 号 名	所属 CAN 节点	信号制式与范围
AI	行驶系统前进压力	RC6-9 控制器	电压 1～5V
	行驶系统后退压力		
	前轮高频振动压力		
	后轮高频振动压力		
	前轮低频振动压力		
	后轮低频振动压力		
	调速器旋钮位置		电压 0～5V
	行驶控制手柄		电压 4.5～0.5V
	燃油油位	I/O 扩展模块	按阻值对应
	水箱水位		
	液压油温		
PI	后轮振动频率	RC6-9 控制器	
	前轮振动频率		
	行驶马达转速		
DI	驻车制动状态	RC6-9 控制器	电压 0/24V
	蟹行对中开关		
	发动机转速挡位选择信号 1		
	发动机转速挡位选择信号 2		
	马达排量选择信号 1		
	马达排量选择信号 2		
	空滤报警		
	液压油滤报警		
	座椅开关		
	振动指令按钮	I/O 扩展模块	电压 0/5V
	左偏移按钮		
	右偏移按钮		
	应急洒水按钮		
	振幅选择		
	钢轮选择		
	工作模式选择		
	手动/自动振动模式选择		
	蟹行功能按钮		
	手动洒水按钮		
	自动洒水按钮		
	增加洒水量按钮		
	减少洒水量按钮		

双钢轮振动压路机控制系统输出信号　　表4-2

信号类型	信　号　名	所属 CAN 节点	信号制式与范围
DO	行驶后退电磁阀	RC6-9 控制器	电压0/24V
	行驶前进电磁阀		
	前轮高振电磁阀		
	前轮低振电磁阀		
	后轮低振电磁阀		
	后轮高振电磁阀		
	后轮左偏电磁阀		
	后轮右偏电磁阀		
	洒水电磁阀		
	制动电磁阀		
	补水电磁阀		
	倒车警铃		
	报警蜂鸣器		0～700mA
	发动机启动马达继电器		
PWM	风扇比例电磁阀		

双钢轮振动压路机操作控制台和操作控制面板见图4-10、图4-11。

图4-10　操作控制台

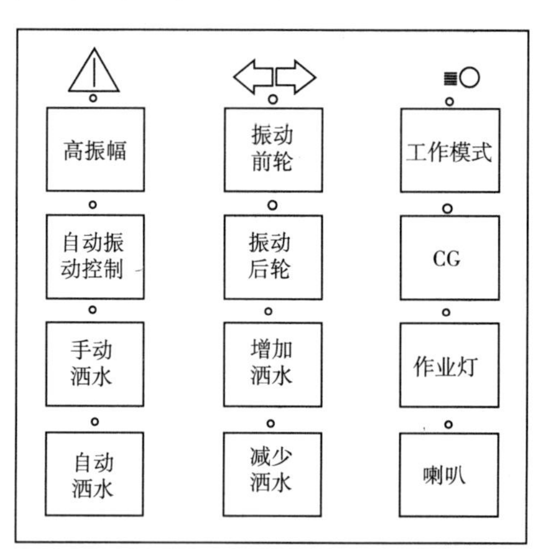

图4-11　操作控制面板

4.4.4　RC6-9 控制器的引脚分配

RC6-9 控制器上的输入输出信号引脚分配如图4-12 所示，其余输入、输出信号均接在I/O扩展模块上。

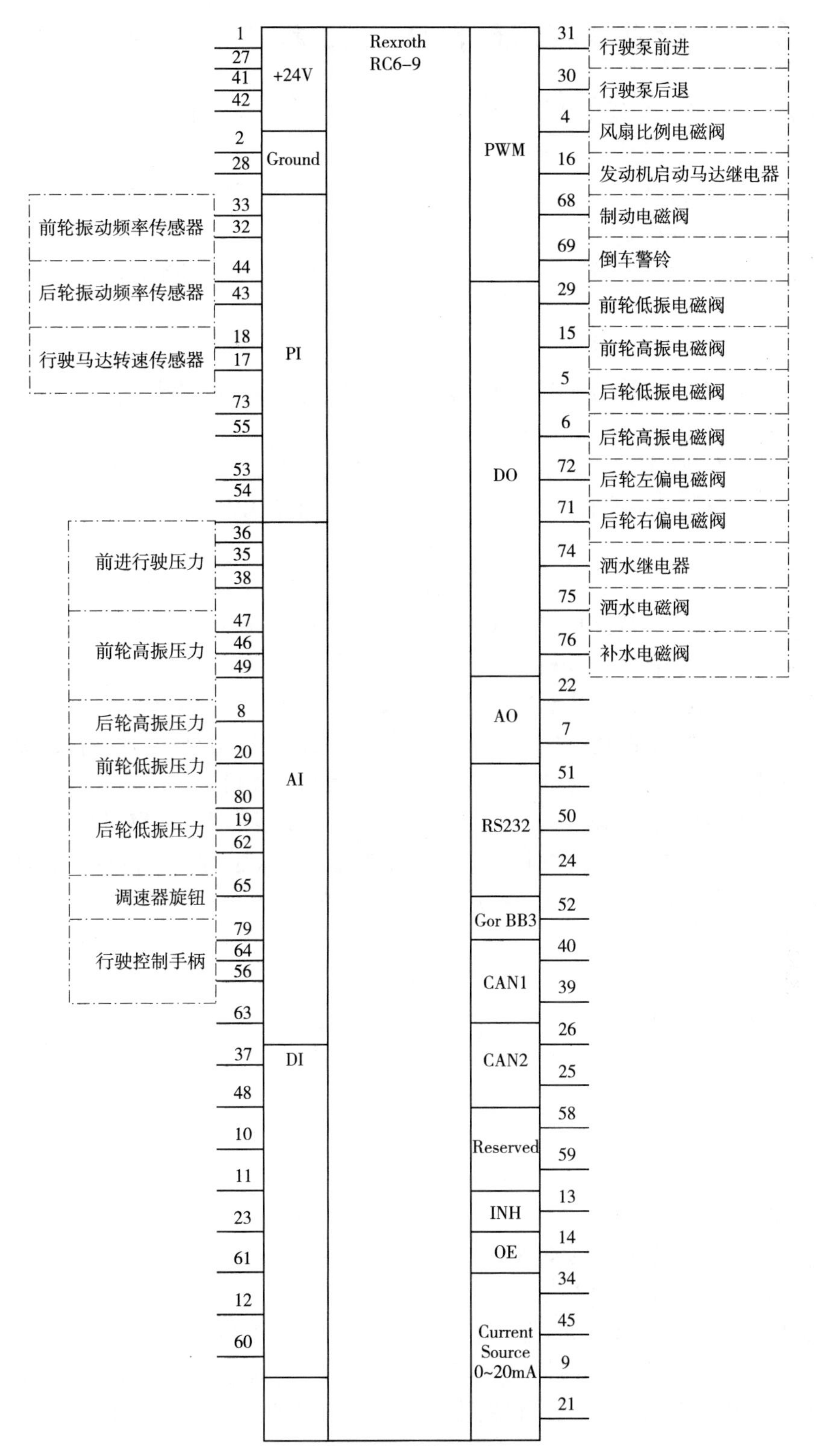

图 4-12　RC6-9 控制器引脚分配图

4.5 双钢轮振动压路机的控制目标与控制策略

双钢轮振动压路机主要担负道路面层的最终压实任务，为保证成型路面的压实质量，振动频率的稳定成为关键的控制目标，围绕这一目标而采取的控制策略应集中于：振动系统传动速度的稳定性控制，以及对易引起压实质量问题的惯性负载的控制。

为此，关键的控制功能应包括发动机恒转速控制和惯性负载控制。前者主要保证振动频率的稳定；后者主要解决起步（起振）、停车（停振）过程加速度的控制，以减少可能引起的压实质量问题。

4.6 双钢轮振动压路机关键控制技术

新型双钢轮振动压路机是典型综合机电液一体化技术的产品，其发动机、行驶、振动、洒水及操控等系统均包含先进的控制技术，这些控制技术直接或间接决定着机器的作业质量。

4.6.1 发动机控制技术

发动机控制主要包括发动机启动控制、多挡位的恒转速控制及自动怠速控制等。

（1）发动机启动控制。发动机启动控制主要为启动条件判断及启动执行。启动条件包括行驶手柄处于中位、压路机处于"驻车制动"状态及座椅开关为"就坐"状态等。

若满足启动条件，则控制系统向发动机启动马达发出执行信号；若发动机已启动且有效转速持续一定时间，则认为发动机已正常启动完毕，解除启动信号。

（2）发动机多挡位恒转速控制。采用电喷发动机的双钢轮振动压路机，其发动机可处于高、中、低 3 个转速挡工作，由操作面板上的工作挡选择开关进行控制，在不同挡位时，发动机分别稳定在 3 个不同目标转速运转，其中高速挡主要用于作业。

发动机转速的恒定控制通过对 ECU 发送恒速指令来实现。

（3）发动机自动怠速控制。发动机自动怠速控制为现代工程机械常采用的节能措施之一，当行驶手柄在中位停留超过一定时间，而机器未接到任何指令，则发动机进入自动怠速状态。在自动怠速过程中，当手柄离开中位，或任一操作按钮按下，或切换发动机挡位，则解除自动怠速。

4.6.2 行驶控制技术

行驶控制主要包括前进后退方向控制、速度控制及蟹行控制等。

（1）前进后退方向控制。通过手柄向前推离或向后拉离中位来控制机器的前进、后退方向。

（2）速度控制。行驶速度由手柄的位置与调速旋钮的位置共同决定，若调速旋钮位置不变，则手柄离中位越远，行驶速度越快；若手柄位置不变，则通过调速旋钮可进一步调节行驶速度，此时，调速旋钮位置 x 限定了机器当时的最大行驶速度 v_x，移动手柄可将行驶速度在 $0 \sim v_x$ 范围内调节。

（3）蟹行控制。蟹行功能主要用于路缘和弯道压实。通常情况下，操作者无法兼顾前后两个钢轮，普通的直线作业易使路缘被压坏或漏压。利用双钢轮振动压路机全铰接的特点和蟹行功能，可以使前后钢轮横向错开一定的距离，此时操作者只需要观察一个钢轮，通过蟹行能够更好地避开路边的交通设施或障碍物，提高贴边压实性能。

在“行驶”模式下，“蟹行使能”按钮自动失效；在“作业”模式下，并且“蟹行使能”按钮有效时，按下左、右偏移按钮，则执行后轮左、右偏移动作；若释放按钮，则停止动作，从而实现蟹行。

(4)柔性起步与停机控制。柔性起步和停机又称为“软加速”和“软减速”。软加速是指当行驶手柄推到前进或后退某一位置，压路机会以合适的加速度平稳加速；软减速是指当行驶手柄从前进或后退某一位置回到中位，压路机不是立即停机，而是以合适的减速度滑行一段距离。

柔性起步和停机避免了压路机在作业过程中因为过大的加(减)速度，而对材料造成的推移，主要目的是提高路面的平整度和减少裂纹。具体实现时，可通过对 PWM 输出信号进行斜坡处理来控制行驶泵排量逐步增大或减小。

(5)停机反拖过程控制技术。现代双钢轮振动压路机多采用静液压传动，在行驶或作业过程中遇到以下几种情况时，静液驱动的双钢轮压路机经常会出现反拖现象。

①行驶过程中，泵处于大排量时，突然将泵排量减为零。

②车辆连续下坡行驶，或坡道转换，由上坡转为下坡。

在反拖制动过程中，由于制动能量反向传输，泵和马达的功能发生互换，由此对系统造成的危害可能有：

①由于负荷迅速减小产生制动转矩，反向施加在发动机上使其超速，严重损害发动机及液压泵的使用寿命。

②由于液压泵排量在短时间内被调零，造成系统压力过高甚至溢流，使液压系统温度升高并导致液压元件寿命缩短，系统效率降低。

③在停机过程中，可能会造成钢轮抱死，使被压材料产生推移，引起鱼脊及拥包等现象，严重影响施工质量。

对泵排量的减小过程进行合理的控制，是避免反拖带来问题的有效途径，泵排量的变化与手柄位置为非线性关系，关系曲线形状的设定可通过试验进行，应尽量保证发动机不超速，并保证制动时间和制动距离在允许的范围之内。

4.6.3 振动控制技术

振动控制，主要包括手动/自动振动模式控制及起振、停振过程控制等。

(1)手动/自动振动模式控制。手动模式激活时，起振、停振由人工操作给出指令；若自动振动模式激活，则一旦行驶速度达到预设起振速度就会自动起振；当行驶速度低于预设停振速度时则自动停振，或通过振动按钮强行停振。

(2)起振、停振过程控制。压路机的压实质量问题大多出现在机器的起步加速和停机减速过程中，振动轮的起振过程对应压路机的起步加速过程，振动轮停振过程对应压路机的停机减速过程，在控制上要考虑起步与起振、停振与停机过程的协调性。

振动轮起振、停振时间过长，则起振、停振过程占整个压实段长度的比例增大，作业效率降低，且易造成被压路面密实度不均匀、平整度变差；起振、停振时间过短，也易造成被压实路面推移，液压系统故障增加，而且越过共振点的时间较长，容易发生共振现象。

起振、停振与起步停机应遵循的顺序为：先起步后起振，先停振再停机。

4.6.4 惯性负载控制技术

压路机有较大的整机质量，而作为振动体的钢轮，其质量更与压实密度直接相关，因此惯性负载是振动压路机不可忽视的重要负载形式。图 4-13 为双钢轮振动压路机起步与起振过程功率消耗的情况，从图中可以看出，行驶系统的最大功率消耗发生在机器起步加速阶段，振动系统最大功率消耗发生在起振过程，而起步与起振基本同时发生。进行整机功率匹配计算时，不能按照机器匀速作业时的功率消耗选配发动机，而一般选择接近或大于起步加速最大功率和起振最大功率之和，才能确保机器正常工作。若发动机功率选择过大，则匀速作业时浪费严重；若功率选择偏小，起步起振时发动机会过载，引起掉速甚至熄火。

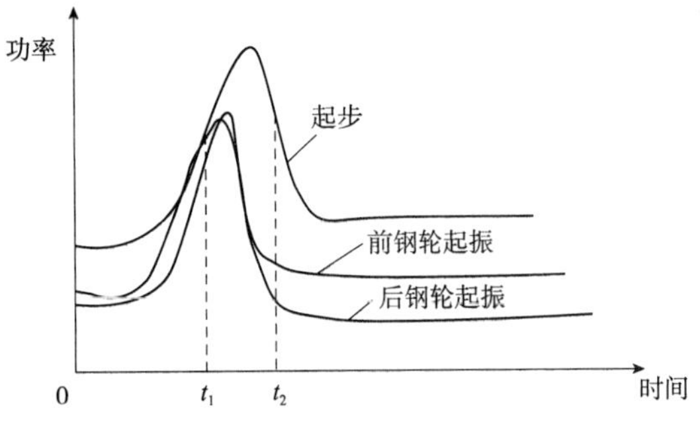

图 4-13 双钢轮振动压路机起步与起振过程功率消耗情况

此时，通过斜坡函数对机器“起步”、“前钢轮起振”及“后钢轮起振”进行过程控制，并采用功率“错峰”技术协调各过程，可达到较理想的起步效果，采用这一控制技术后，在进行发动机配置时，可降低功率选择的保守性。

4.6.5 洒水控制技术

双钢轮压路机作业过程中，洒水是必不可少的功能。在作业过程中，洒水可避免材料黏结在振动轮上，减少裂纹的出现。

洒水方式包括手动洒水、自动洒水及应急洒水，通过操作面板上的手动/自动切换按钮及手柄上应急洒水按钮的切换可实现 3 种方式的转换(图 4-14)。

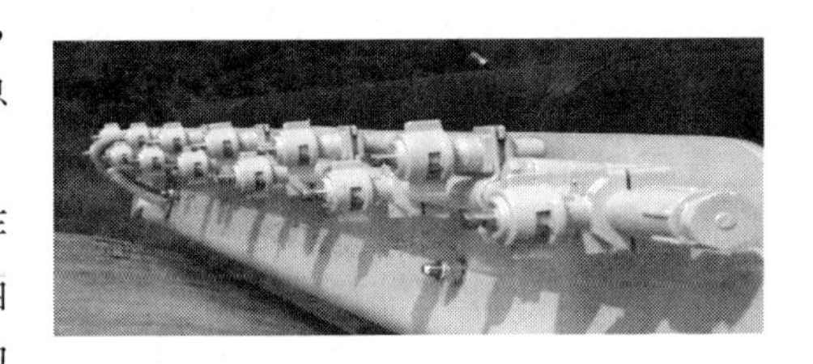
图 4-14 双钢轮振动压路机的洒水装置

(1)手动洒水控制。在未进行应急洒水动作时，若手动洒水按钮按下，则可按照设定洒水量洒水，洒水的起止仅与按钮状态指令有关，而与机器的行进状态等其他因素无关。

(2)自动洒水控制。自动洒水是指机器一旦起步行驶便自动开始按照设定的洒水量进行洒水。

(3)应急洒水控制。应急洒水优先于其他两种洒水方式，在任何情况下，只要按下“应急洒水”按钮均可生效，并自动以最大洒水量洒水。

(4)洒水量控制。洒水量通过洒水阀与洒水继电器的开闭时间间隔进行控制；按下增加洒水按钮，可逐渐增加洒水量至 100%；按下减少洒水按钮，可逐渐减少洒水量至 0。

4.6.6 冷却风扇自动控制技术

冷却风扇担负着发动机与液压系统的冷却工作，其节能化控制也常常被称为“智能风扇”技术。对传统的风扇控制方式而言，在机器使用全过程中，无论外界环境温度如何，系统自身温度如何，实际需要的散热量大小，风扇总是处于全速运转状态。风扇节能控制技术的关键是使风扇转速能够随温度的变化无级调节，从而将温度控制在理想的范围内，通过风扇无级调速使系统工作温度受控,对改善系统工作温度与排放、减少噪声均有益处。

某压路机风扇马达由转向系统分出一路液压油进行驱动,通过比例阀进行节流调速。受检测温度包括发动机冷却水温、进气温度及液压油温,通过一定的算法对比例阀电流进行控制,实现对风扇转速的无级调节,如图 4-15 所示。

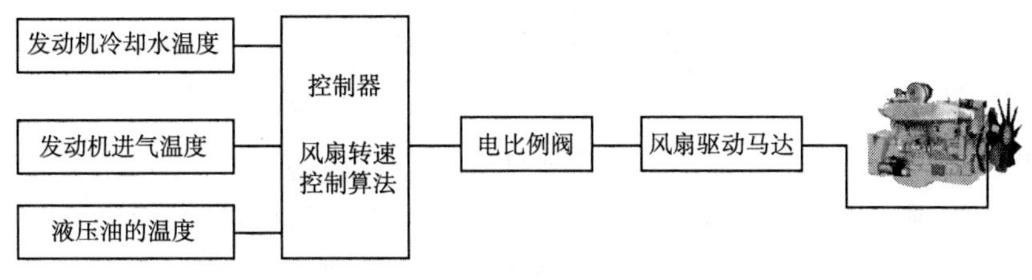

图 4-15　冷却风扇的节能化控制

4.6.7　安全驾驶报警技术

现代工程机械对安全操作的要求更高,除了驾驶室普遍采用防倾翻设计,也会采取操作员离开座位的报警与必要的停机保护措施。在发生下列情形时,控制系统会启动操作员离座保护程序:

(1)压路机行驶过程中,如果操作员离开座椅,蜂鸣器报警,若仍然不就座,发动机会在若干秒后关闭。

(2)若操作员离座时,手柄处于中位,蜂鸣器会鸣响,直到触发驻车制动按钮,蜂鸣器停止鸣响;如果驻车制动按钮已触发,发动机不会停止工作。

(3)当操作员未坐下且未触发驻车制动按钮时,如果手柄因为任何原因移出中位,发动机将立即关闭。

本章思考题

1. 双钢轮振动压路机行驶控制系统包含哪些功能?
2. 什么是自动怠速控制? 有何意义?
3. 对双钢轮振动压路机而言,柔性起步与停机控制有何意义? 如何通过控制程序实现?
4. 自动作业时,起步与起振的顺序如何? 停机与停振的顺序如何?
5. 操作员离座安全控制的功能包括哪些?

第5章　全液压平地机控制系统与控制技术

平地机是基础建设施工中担负平整作业任务的重要设备,其主要功能是大面积平整场地,此外还可用于刷边坡、开沟、除冰雪及农耕等;配以专用的机具后,现代平地机还可进行运装、压实及清扫等多种作业。图5-1所示为用途多样的现代平地机。

a)平整场地

b)沟槽作业

c)刷边坡作业

d)除冰雪作业

e)安装有铲斗的平地机

f)安装有振动钢轮的平地机

g)安装有滚筒刷的平地机

h)安装有农耕松土器的平地机

图5-1　用途多样的现代平地机

5.1 平地机的作业特点与荷载特征

平地机功能的多样性，决定了其作业工况的复杂性，同时，为适应不同荷载，也要求有较宽的作业速度范围。现代平地机可实现从 2 ~ 3km/h 的低速稳定作业速度到 50km/h 左右的高速转场行驶速度。

不同作业工况荷载变化大，但同一作业循环过程中，荷载变化相对较平稳（大负荷作业工况除外）是平地机的荷载特征。

5.2 平地机关键性能指标

平地机是一种典型的牵引式土方机械，和其他同类牵引式机械一样，其关键性能指标为动力性、经济性和操作性。动力性指标主要指有效牵引力和有效牵引功率；经济性指标主要指牵引效率、可靠度和比油耗。

1）有效牵引力 F_e

有效牵引力是指进行牵引试验时，平地机牵引挂钩输出的牵引力，即用于克服水平作业负载的能力。平地机在水平面正常作业时，有效牵引力与作业负载的水平分力大小相同，方向相反；而在不同挡位最大有效牵引力分两种情况：

（1）在较低挡位作业时，最大有效牵引力由驱动轮附着质量 G_ϕ 和地面附着系数 ϕ 决定，即

$$F_e = G_\phi \phi \tag{5-1}$$

（2）在较高挡位作业时，最大有效牵引力由驱动轮驱动转矩 M_K，驱动轮动力半径 r_d 和机械的行驶阻力 F_r 决定，即

$$F_e = \frac{M_K}{r_d} - F_r \tag{5-2}$$

有效牵引力直接反映平地机完成作业任务的能力，有效牵引力越大，完成作业任务的能力越强，应用范围越宽，这也是现代高性能平地机采用全轮驱动方式的主要原因。

2）有效牵引功率 P_e

有效牵引功率主要反映平地机完成作业任务的速度，定义为

$$P_e = F_e v \tag{5-3}$$

式中：F_e——有效牵引力；

v——实际行驶速度。

有效牵引力的大小主要由作业负载决定，而作业负载随工况的不同差异很大，要使平地机在不同作业工况都具有较高的牵引功率，则在不同作业工况下都应具有一个与之相适应的作业速度，从而使有效牵引力和实际行驶速度的乘积较大，即牵引功率较大。由此，在不同作业工况下，机器都能将发动机功率充分转换成完成作业任务的能力。

有效牵引功率主要取决于负载与作业速度的匹配，由于平地机负载随工况不同差异较大，在不同作业工况均能实现良好的速度与负载匹配较为困难，这是现代平地机向着多挡位发展，同时采用变功率发动机的根本原因。

3)牵引效率 η

牵引效率定义为

$$\eta = \frac{P_e}{P_n} \tag{5-4}$$

式中:P_n——发动机的输出功率;

P_e——有效牵引功率。

牵引效率表示机器将发动机功率经动力传动系、行走机构和工作装置转化为作业功率的效率。牵引效率越高,发动机功率转化成作业功率的损失越小。影响平地机牵引效率的主要因素是动力传动方式和整机匹配性能。

4)可靠度 K

平地机的可靠度定义为

$$K = \frac{t_e}{t_z} \times 100\% \tag{5-5}$$

式中:t_e——平地机净作业时间;

t_z——作业时间与维修保养时间之和。

可靠度高,说明有效作业时间长,维修保养时间短,相当于等效提高了作业速度。此外,可靠度高,也会使维修保养费用减少,降低使用成本。

平地机的可靠度主要受零部件强度和受力状态影响,提高零部件的强度不仅增加制造成本,而且有可能降低作业效率,因此,提高可靠度最有效的方法是用技术手段限制非正常的冲击荷载,而非无限度地提高零部件强度。

5)比油耗 g

比油耗是指单位有效牵引功率的耗油量,其表达式为

$$g = \frac{G_e}{P_e} \tag{5-6}$$

式中:G_e——发动机耗油量;

P_e——有效牵引功率。

比油耗是衡量机器完成作业任务耗油量的关键性经济指标,比油耗越小,耗油量越少。

耗油量 G_e 既与发动机性能有关,也与发动机工作状态(即发动机负荷率和工作转速)有关。平地机作业时,发动机工作状态又与整机匹配性能有关,整机匹配性能越好,发动机单位输出功率的耗油量越小。

有效牵引功率 P_e 与传动系统效率和整机匹配性能相关,传动系统效率越高,有效牵引功率值越大;整机匹配性能越好,作业时滑转率越合理,有效牵引功率越大,耗油量越小。

工作装置液压系统也是影响耗油量的因素之一,由于其为一间断性工作系统,如果设计不合理,也将增大耗油量。

6)操作性能

平地机的操作性能主要指行驶操作和工作装置操作的方便性、实现操作目标的有效性及完成操作目标的速度。行驶操作主要包括前进、后退、转向、制动及换挡操作,工作装置操作包括对全部工作装置所有动作的操作。

操作性能不仅影响操作员的劳动强度,同时也影响整机的作业效率、作业质量和燃油消耗量,因而也是平地机的关键性能指标。

5.3　平地机的发展历程与技术现状

5.3.1　平地机的发展历程与现代平地机的新技术

平地机从20世纪初诞生以来,经过不断发展演变,经历了从低速到高速、小型到大型、机械操纵到液压操纵、机械换挡到动力换挡、机械转向到液压转向等技术进步,整机的动力性、经济性、操作性、可靠性和安全舒适性都有了很大的提高。在平地机发展历程中,每当其动力传动方式和发动机性能取得重大进步时,都会带来技术性能的根本性提高。从这个意义上讲,平地机的发展历程可以划分为4个阶段:

(1)第一代平地机。动力源为普通柴油发动机,动力传动方式为机械传动手动换挡。

(2)第二代平地机。动力源为大转矩储备柴油机,动力传动方式为液力变矩器+手控动力换挡变速器。

(3)第三代平地机。动力装置为电喷柴油发动机,动力传动方式为机械传动,手控多挡位变速装置;少数平地机动力传动方式为低速液力传动、高速机械传动的手控多挡位液力变速器;一些小功率平地机和个别厂家生产的大功率平地机还采用了静液传动技术。

(4)第四代平地机。在第三代平地机基础上全面应用电控技术,动力装置选用电控变功率柴油发动机,动力传动系统具有功率自适应控制功能和自动保护功能。

目前,国外主流平地机生产厂制造的商品平地机,大多处于四代机水平,只有少数厂家的产品仍处于三代或超三代水平,这些主流平地机采用的新技术主要集中在以下方面:

(1)电喷发动机变功率控制技术。国外新型平地机普遍采用了节能环保的发动机变动率控制技术,多功率(转矩)特性代替了单一特性的匹配方式,使发动机工作状态更为合理,整机匹配性能更佳,从而有效降低了机器的比油耗。

(2)新型动力传动技术。从数据统计结果来看,国外多数机型采用了多挡位变速器直接传动技术,其中部分机型还具有自动换挡(即功率自适应)功能、动力管理功能和过载保护功能;少量机型采用了“液力变矩器+多挡位动力换挡变速器”结构;小型平地机多采用静液传动技术。这些新型传动技术提高了平地机的行驶操作性能和动力传动效率,也极大提高了整机的动力性和经济性。

(3)变速器电控技术。变速器电控技术是国外主流平地机的标准配置。采用这一技术可实现用单操作杆控制机器的行驶方向、行驶速度和驻车制动,提高操作性能;可实现行驶过程中自由换挡,且换挡平顺,换挡引起的惯性冲击负载小,从而延长了变速器及动力传动系统元件的使用寿命。

变速器电控技术还具有以下特性:

①电子换挡控制功能。使自动换挡及功率自适应控制等成为可能。

②微动控制功能。可对机器行驶进行精确控制,适用于坡度精加工或在狭窄场地作业。

③超速保护功能。可防止发动机和变速器因过早降挡和坡度诱导造成的超速损坏。

(4)功率自适应控制技术。目前,国外新型平地机已开始采用功率自适应控制技术,此技术可根据作业负载大小,自动选择变速器的工作挡位和发动机的功率等级,实现整机动力学和运动学参数的最佳匹配,使发动机工作在理想状态,同时使动力传动系统具有较高的传动效率,充分利用发动机功率,并获得最大的有效牵引功率。

(5)前轮静液压驱动技术。平地机前轮静液驱动技术也称"前加力"技术,其目的是提高平地机的动力性,扩大其使用范围,目前这一技术已成为国外主流平地机的标准配置。大部分具有前轮加力系统的平地机,既允许操作人员控制前轮加力程度,也允许其选择纯前轮驱动模式,以实现特殊场合的高精度平整作业。

(6)工作装置液压系统负载敏感技术。国外大功率平地机工作装置操作液压系统,普遍采用压力补偿/负载敏感技术。这一技术应用极大提高了工作装置的操作性能,降低了工作装置液压系统的功率损耗,从而有效提高了整机的作业效率,降低了燃油消耗量。

(7)转盘回转驱动装置过载保护技术。国外主流平地机的转盘回转驱动机构均具有过载保护功能。根据回转驱动机构的结构形式不同,过载保护装置分为两种形式:一种为滑动离合器;另一种为液压过载保护系统。当铲刀末端碰到隐藏物体时,使用该技术可保护牵引架、铲刀、转盘及驱动机构免受较大的冲击荷载;还可降低平地机方向突然改变的可能性,进一步保护机器和人员。

(8)新型操作方式。目前,国外最先进的平地机操作方式为:采用两个多功能操作员柄代替传统的工作装置控制杆,并取消了转向盘,机器的所有控制动作包括行驶和工作装置动作均通过手柄及手柄上的按钮完成。这一操作方式改善了平地机的操作性能,有效降低了操作员的劳动强度。

(9)其他新技术。目前,国外最新型平地机在驾驶室设计上追求更为广阔的视野;采用降低噪声技术;在控制系统方面使用总线通信,并配置强大的状态监测与故障诊断报警系统;有些产品还具有自动巡航及自动找平功能等。

中国平地机制造业通过技术引进、消化吸收和自主创新,在产品设计水平和加工制造工艺上虽然取得了长足进步,但产品性能与国外相比仍存在不小差距。国产平地机的技术性能仅相当于国外二代机的水平,表现为动力系统配置较低、工作装置液压系统技术落后、控制系统功能简单、没有专门的节能措施、噪声超标等。

5.3.2 平地机的代表品牌与主要技术参数

目前,国外平地机的代表品牌有卡特彼勒(Caterpillar)、沃尔沃(VOLVO)、约翰迪尔(John Deere)、纽荷兰(New Holland)、冠军(CHAMPION)、凯斯(CASE)及小松(KOMATSU)等;国内主要生产商有天津鼎盛、徐工、常林、三一重工、柳工、厦工、山推及成工等。

表5-1、表5-2为目前国内外主流平地机产品型号与主要技术参数。从表中可以看出,以卡特彼勒、沃尔沃和约翰迪尔等为代表的欧美平地机主要采用多挡位变速器直传动技术;而以日本小松等为代表品牌的液力式平地机,则在自动换挡、负载自适应方面具有优势,绝大部分国产平地机,如天津鼎盛、徐工和常林等企业的产品,也采用液力传动方式,但无论是变速器的挡位数量还是控制模式等,均与小松产品存在较大差异;三一重工是唯一批量生产销售中大功率静液压平地机的厂家;国内外100马力[1]以下的小型平地机多采用静液压传动方式。

---

[1] 1马力=745.7瓦。

国外平地机产品型号与主要技术参数 表5-1

型　号	马力	前进/后退 一挡最高速度	前进/后退 最高速度	速度挡位 前进/后退	变功率	全轮驱动	传动方式
Caterpillar							
12H	165	3.9/3.1	46.1/36.4	8/8	是		P
140H	185	3.5/2.8	41.1/32.4	8/8	是		P
160H	200	3.5/2.8	40.7/32.1	8/8	是		P
120M	173	3.9/3.3	44.5/37.8	8/6	是	全驱	P
140M	218	4/3.2	46.6/36.8	8/6	是	全驱	P
160M	248	4.1/3.3	47.4/37.4	8/6	是	全驱	P
12M	193	3.9/3.3	44.5/37.8	8/6	是		P
14M	294	4.3/3.4	49.8/39.4	8/6	是		P
16M	332	4.5/3.6	53.9/42.6	8/6	是		P
24M	533	3.6/5.4	43/41.2	8/6	否		P/TC
VOLVO							
G930	195	3.3/3.3	49.3/37.5	8/4	是		P
G940	215	3.3/3.3	49.3/37.5	8/4	是		P
G946	235	3.3/3.3	49.3/37.5	8/4	是	全驱	P
G960	235	3.3/3.3	49.3/37.5	8/4	是		P
G970	250	3.2/3.2	47.6/36.2	8/4	是		P
G976	265	3.2/3.2	47.6/36.2	8/4	是	全驱	P
G990	265	3.3/3.2	48.8/37.1	8/4	是		P
KOMATSU							
GD555-3	160	3.3/4.4	42.9/39.1	8/4			P/TC
GD655-3	200	3.3/4.3	42.2/38.3	8/4	是		P/TC
GD655-3	200	2.1/4.3	42.2/38.3	8/4	是		P/TC
CASE							
845DHP	160	3.6/3.6	42.9/28.5	8/4	是		P
865VHP	205	3.6/3.6	42.9/28.5	8/4	是		P
885	205	3.86/3.86	43/30.64	8/4			P
John Deere							
670D	185	3.4/3.4	40/40	8/8	是		P
672D	185	3.4/3.4	40/40	8/8	是	全驱	P
770D	215	3.6/3.6	41.6/41.6	8/8	是		P
772D	215	3.6/3.6	41.6/41.6	8/8	是	全驱	P
870D	235	3.7/3.7	41.1/41.1	8/8	是		P
872D	235	3.7/3.7	41.1/41.1	8/8	是	全驱	P
New Holland							
G140	140	3.6/3.6	42.9/30	8/4			P
G170B	200	3.6/3.6	42.9/30	8/4	是		P
G200	200	3.86/3.86	43/30.58	8/4			P

续上表

型　号	马力	前进/后退 一挡最高速度	前进/后退 最高速度	速度挡位 前进/后退	变功率	全轮驱动	传动方式
LeeBoy							
635	47	0-12.9	0-12.9	2/2			H
685B	100	0-32.3	0-32.3	2/2		全驱	H
785	127	0-33.8	0-33.8	6/3		全驱	P
Terex							
TG150	163	3.9/3.8	40/19.4	6/3		全驱	P/TC
TG190	185	4.3/4.3	40/25	6/3		全驱	P/TC

注:P 为变速器直传动;TC 为带液力变矩器传动;H 为静液压传动。

国产平地机产品型号与主要技术参数　　表 5-2

型　号	马力	前进/后退 一挡最高速度	前进/后退 最高速度	速度挡位 前进/后退	变功率	全轮驱动	传动方式
三一重工							
PQ160 Ⅱ	160	6.3/6.3	31.6/31.6	5/5			H
PQ160 Ⅲ A	160	6.3/6.3	31.6/31.6	5/5			H
PQ190C	190	6.3/6.3	31.6/31.6	5/5			H
PQ190CA	190	6.3/6.3	31.6/31.6	5/5			H
PQ190 Ⅱ	190	6.3/6.3	31.6/31.6	5/5			H
PQ190 Ⅱ A	160	6.3/6.3	31.6/31.6	5/5			H
PQ190 Ⅲ	190	6.3/6.3	31.6/31.6	5/5			H
PQ190 Ⅲ A	190	6.3/6.3	31.6/31.6	5/5			H
PQ230	230	6.3/6.3	31.6/31.6	5/5			H
成工							
PY185A	185	6.7/6.7	44.2/30.1	6/3			P/TC
PY190	190	6.7/6.7	44.2/30.1	6/3			P/TC
PY165A	165	6.7/6.7	44.2/30.1	6/3			P/TC
常工							
PY220C-3	220		47/32	6/3			P/TC
PY165C-3	165		48.5/35	6/3			P/TC
PY190C-3	190		49.2/30	6/3			P/TC
柳工							
PY185A	185		42.8/26.2	6/3			P/TC
PY185B	185		42.8/26.2	6/3			P/TC
PY185H	185		42.8/26.2	6/3			P/TC
PY190C-3	190		42.8/26.2	6/3			P/TC
PY200TF	200		42.8/26.2	6/3			P/TC

续上表

型　号	马力	前进/后退 一挡最高速度	前进/后退 最高速度	速度挡位 前进/后退	变功率	全轮驱动	传动方式
鼎盛天工							
PY120G	120	5.7/5.7	41.5/41.5	6/3			P/TC
PY160G	160	5.3/5.3	44.9/30.6	6/3			P/TC
PY180G	180	5.2/5.2	36.1/25	6/3			P/TC
PY200G	200	5.2/5.2	36.1/25	6/3			P/TC
PY220G	220	5.7/5.7	39/27	6/3			P/TC
PY280G	280	4.4/4.4	39/30.2	6/3			P/TC
PY160F	160	5.5/5.5	35.1/35.1	6/3			P/TC
PY120H	120	4.6/4.6	44/28.3	6/3		全驱	P/TC
PY160H	160	5.3/5.3	44.9/30.6	6/3		全驱	P/TC
PY180H	180	5.2/5.2	36.1/25	6/3		全驱	P/TC
PY200H	200	5.2/5.2	36.1/25	6/3		全驱	P/TC
PY160Q	160	7.27/7.27	35/35	6/3			P/TC
PY180Q	180	4.8/4.8	40/16.5	6/3			P/TC
PY200Q	200	4.8/4.8	40/16.5	6/3			P/TC
徐工							
GR180	180	5/5	38/23	6/3			P/TC
GR200	200	5/5	38/23	6/3			P/TC
GR215	215	5/5	38/23	6/3			P/TC
GR165	165	5/5	38/23	6/3			P/TC
GR205	205	5/5	32/32	6/3			H
GR195	195	5/5	38/23	6/3			P/TC
GR135	135	5/5	42/30	6/3			P/TC
中联重科							
PY190D	190	5.23/5.23	36.08/25	6/3			P/TC
PY190B	190	5.23/5.23	36.08/25	6/3			P/TC

注:P 为变速器直传动;TC 为带液力变矩器传动;H 为静液压传动。

5.4　全液压平地机组成与工作原理

5.4.1　全液压平地机简介

行驶驱动系统采用静液压传动的平地机已有较长历史,国外小功率平地机基本都采用这一传动方式,通常为“单泵 + 单马达 + 两挡变速器 + 驱动桥”或“单泵 + 单马达 + 两挡变速桥”的结构。三一重工是目前世界上唯一批量生产制造大功率静液压平地机的厂商,其产品特点为:

(1)采用静液压传动,传动路线短,传动环节少(PQ 系列无变速器、无变矩器、无驱动桥)。

(2)通过变量泵与变量马达构成闭式液压回路,可实现无级调速。

(3)通过自动控制技术,可实现较强的负载自适应能力。

(4)操作简单方便,省时省力。

5.4.2 全液压平地机组成与工作原理

图 5-2 为全液压平地机的组成结构。

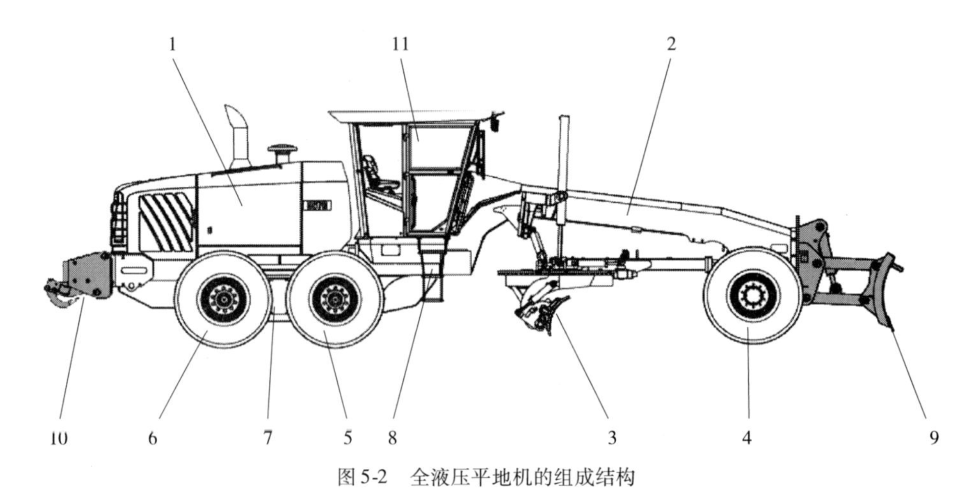

图 5-2 全液压平地机的组成结构

1-发动机;2-机架;3-铲刀;4-前轮;5-中轮;6-后轮;7-平衡箱;8-铰接;9-前推土板;10-后松土器;11-驾驶室

图 5-3 为全液压平地机传动系统示意图。

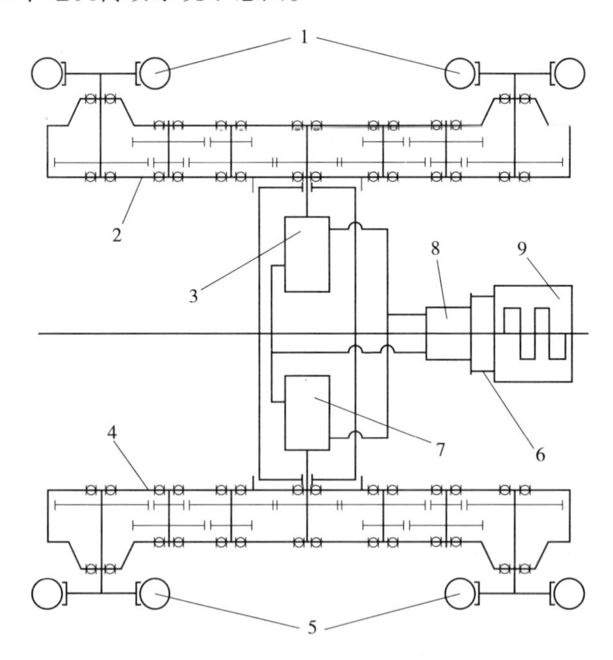

图 5-3 全液压平地机传动系统示意图

1、5-驱动轮;2、4-减速平衡箱;3、7-液压马达;6-联轴器;8-液压泵;9-发动机

全液压平地机动力传动路线简图如图 5-4 所示。

图 5-5 为平地机工作装置操纵机构。

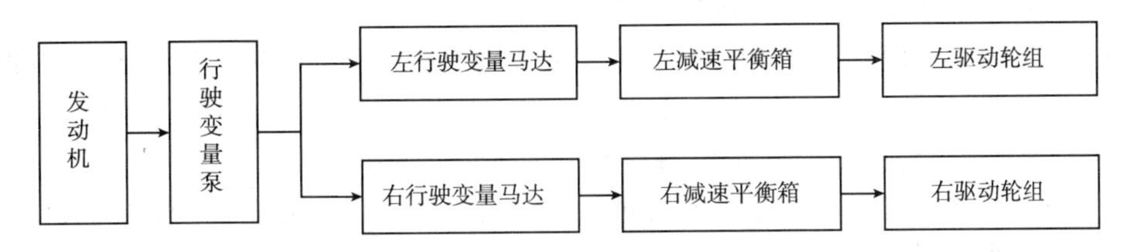

图 5-4　全液压平地机的动力传动路线

5.4.3　全液压平地机行驶液压系统

图 5-5　平地机工作装置操作机构

图 5-6 为全液压平地机行驶液压系统原理图。

双向变量泵 1 将高压油直接供给左右变量马达 8,并通过改变变量泵的斜盘角度来实现泵排量的调节和高低压油路的切换,变量泵的斜盘角度通过控制活塞 2 和比例电磁换向阀 3 组成的回路来调节。CUT-OFF 阀 5 在压力超过其设定值时,将控制油路切断,从而使泵的排量回零。

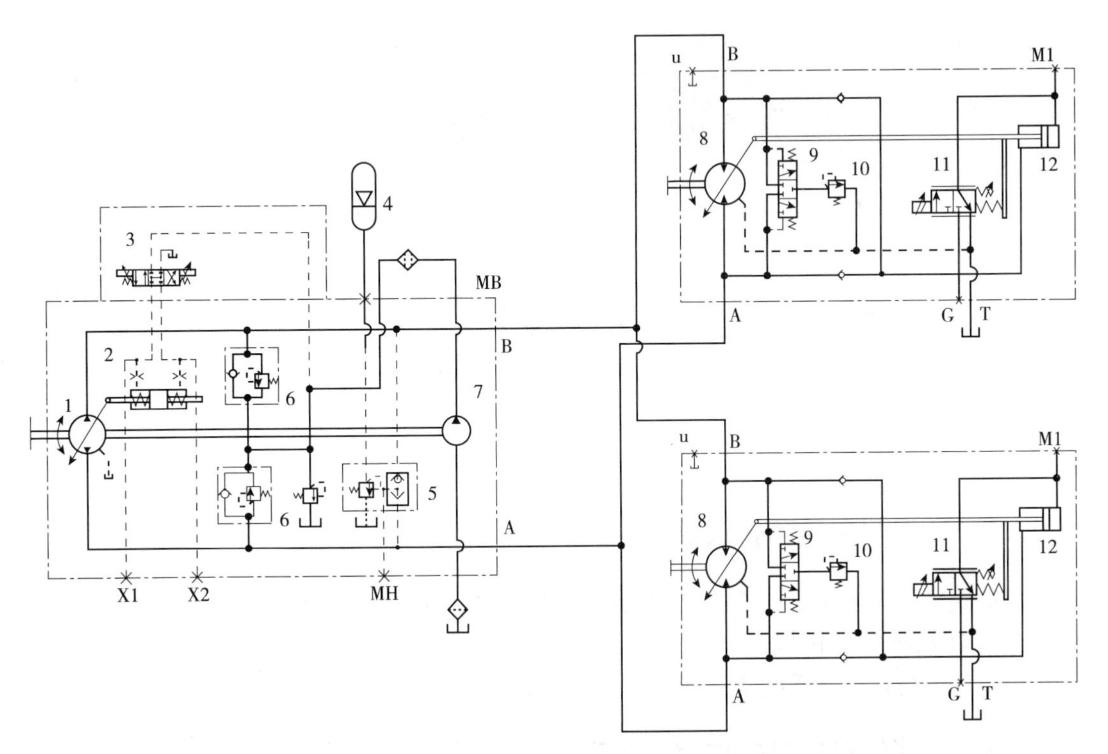

图 5-6　全液压平地机行驶液压驱动系统原理图

1-双向变量柱塞泵;2-泵斜盘控制活塞;3-电磁比例阀;4-蓄能器;5-CUT-OFF 阀;6-安全溢流阀;7-补油泵;8-双向变量马达;9-冲洗阀;10-背压阀;11-电比例阀;12-马达变量机构控制活塞

变量马达旋转方向的改变靠变量泵高低压油路的切换实现，而其旋转速度的快慢则是通过控制比例电磁阀11，改变活塞12的位置来实现。

系统的最高工作压力由安全阀6限定。

补油泵7通过单向阀向低压管道补油，并在低压管道建立起一定的低压，改善泵的吸入性能，防止气蚀现象和空气渗入系统；同时通过补油回路中的油液循环，使系统温度下降。此外，给变量控制机构提供控制压力，保证控制系统正常工作。

两变量马达各配置一个冲洗阀9，可排出部分热油，起到系统散热作用，同时冲洗马达内磨损产生的微小金属颗粒。

蓄能器4通过补油泵提供的压力油为之充压，以保证给停车制动和行车制动提供压力油。

5.5 全液压平地机控制系统

5.5.1 总线式控制系统组成

采用CAN总线的全液压平地机控制系统如图5-7所示，其基本组成包括CAN总线(CAN协议/电喷柴油机J1939协议)、工程机械专用控制器、彩色液晶显示屏、发动机ECU(Engine Control Unit)和GPS/GPRS终端。

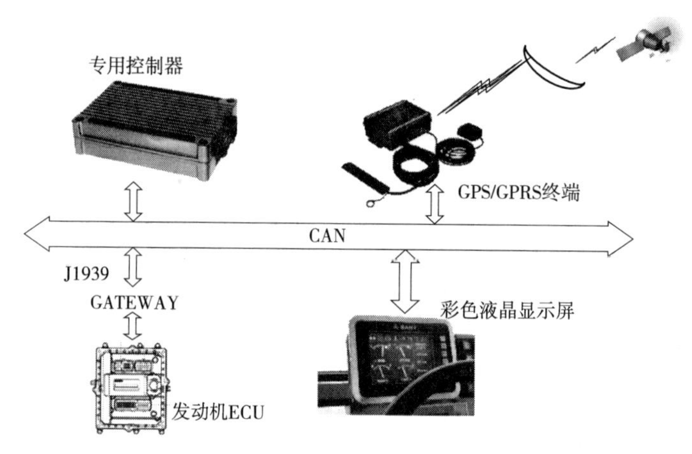

图5-7 基于CAN总线的全液压平地机控制系统

5.5.2 控制系统的输入输出

控制系统的输入输出一部分直接连接在作为主控制器的专用控制器上，一部分通过CAN总线在控制系统中传输。表5-3为连接在主控制器上的输入输出信号。

全液压平地机控制系统的信号连接示意图如图5-8所示。

5.5.3 挡位信号与挡位控制逻辑

为保证不同工况下良好的操作性，全液压平地机设前进、后退各5个限速挡，如表5-4所示。挡位器输出信号线如图5-9所示，表5-5给出了挡位器信号组合逻辑。

全液压平地机主控制器输入输出信号 表 5-3

信号类型	信号名称	功用
控制器输入信号		
DI	驻车制动	识别是否驻车状态
	制动信号	识别制动踏板是否踩下(一半位置)
	挡位信号 1	通过组合识别挡位指令
	挡位信号 2	
	挡位信号 3	
	挡位前进信号	识别方向指令
	挡位后退信号	
	左转向信号	用于显示屏的转向指示
	右转向信号	
AI	行驶压力	
	加速踏板位置	来自加速踏板位置角位移传感器
	燃油油位	电喷柴油机无此项
	发动机冷却水温	电喷柴油机无此项
	机油压力	电喷柴油机无此项
PI	发动机转速	电喷柴油机无此项
	左马达转速	
	右马达转速	
控制器输出信号		
DO	发动机启动使能	
	蜂鸣器故障报警	需要设置接触报警的指令元件
	倒车报警	
PWM	行驶泵前进控制电流	
	行驶泵后退控制电流	
	左行驶马达控制电流	
	右行驶马达控制电流	

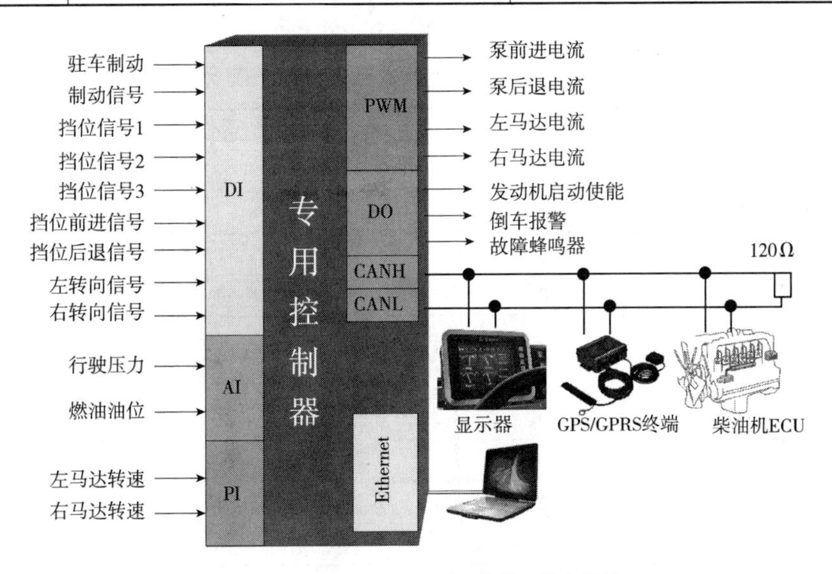

图 5-8 全液压平地机控制系统输入输出信号

全液压平地机挡位划分与速度范围 表 5-4

挡　位	速度范围	挡位性质
前进 1 挡	0～6.2km/h	限速挡
前进 2 挡	0～10.0km/h	限速挡
前进 3 挡	0～15.0km/h	限速挡
前进 4 挡	0～31.6km/h	限速挡
前进自动挡	0～31.6km/h	无级调速
空挡	0	
后退 1 挡	0～6.2km/h	限速挡
后退 2 挡	0～10.0km/h	限速挡
后退 3 挡	0～15.0km/h	限速挡
后退 4 挡	0～31.6km/h	限速挡
后退自动挡	0～31.6km/h	无级调速

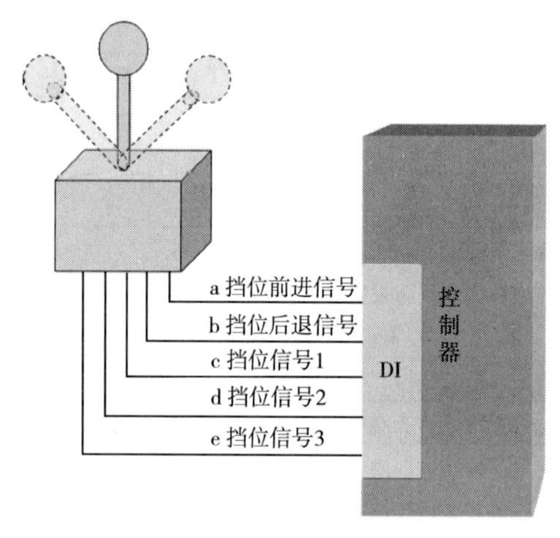

图 5-9　挡位器输出信号

挡位器信号逻辑 表 5-5

a	b	c	d	e	挡位
0	0	0	0	0	空挡
1	0	0	0	1	前进 1 挡
1	0	0	1	0	前进 2 挡
1	0	0	1	1	前进 3 挡
1	0	1	0	0	前进 4 挡
1	0	1	0	1	前进自动挡
0	1	0	0	1	后退 1 挡
0	1	0	1	0	后退 2 挡
0	1	0	1	1	后退 3 挡
0	1	1	0	0	后退 4 挡
0	1	1	0	1	后退自动挡

5.5.4 状态参数显示与故障报警信息

借助计算机技术,现代全液压平地机实现了状态参数实时显示和故障报警功能。机器的各状态参数通过操作台与传感器进入控制器;电喷发动机状态信息通过 CAN 总线发送给控制器。经控制器处理后,各信息以图标、文本的形式发送并显示在彩色液晶屏上,省去了传统的仪表,整个操作面板更加紧凑,显示的信息更为丰富。

控制器根据采集到的信息判断出机器主要故障和发动机故障信息,并以声光形式报警。状态参数与故障信息如表 5-6 所示。

平地机状态参数与故障信息　　表 5-6

信息分类	信　息	显示方式	报警状态	图　标
行车信息	车速	仪表 + 文本		
	挡位信息	文本		
	日期/小时计	文本		
	转向指示	图标	灰色(非转向)/亮(转向)	
	驻车指示	图标	灰色(非驻车)/亮(驻车)	(P)
	蓄电池充电状态	图标	灰色(正常)/亮(充电)/闪烁(故障)	- +
	制动压力低	图标	灰色(正常)/闪烁(压力低)	(!)
发动机信息	发动机转速	仪表 + 文本		
	燃油油位	仪表 + 图标		
	冷却水温	仪表 + 图标	> 105℃图标闪烁报警	
	机油压力	仪表 + 图标	灰色(正常)/红色闪烁(压力低)	
	预热状态	图标	灰色(非预热)/红色闪烁(预热)	
	油水分离报警	图标	灰色(正常)/红色闪烁(需要除水)	
液压系统信息	液压油温	仪表 + 图标	> 80℃图标闪烁报警	

5.5.5 CAN 总线通信信息

全液压平地机的 CAN 通信涉及控制器与显示器之间数据的发送与接收,控制器与发动机 ECU 之间数据的发送与接收。其中,控制器与显示器通信数据包的传输格式需要用户自行定义,控制器与发动机 ECU 之间的数据包格式符合 J1939 国际标准协议。

现代电喷发动机均采用 J1939 作为 ECU 通信协议。J1939 协议是目前在大型车辆中应用最广泛的应用层协议,由美国 SAE(Society of Automotive Engineer)组织维护和推广,J1939 协议具有以下特点:

(1)以 CAN2.0B 协议为基础,是一种支持多个 ECU 之间高速通信的网络协议,物理层标准与 ISO11898 规范兼容,并采用符合该规范的 CAN 控制器及收发器。

(2)通信速率最高可达到 250Kbit/s。

(3)采用 PDU(Protocol Data Unit,协议数据单元)传送信息,每个 PDU 相当于 CAN 协议

中的一帧，每个 CAN 帧最多可传输 8 个字节数据，具有很高的实时性。

(4)利用 CAN2.0B 扩展帧格式的 29 位标志符定义每一个 PDU 的含义及该 PDU 的优先级。

J1939 通信的核心是负责数据传输的传输协议，功能如下：

(1)数据的拆分、打包和重组。一个 J1939 的报文单元只有 8 个字节的数据场。因此如果所要发送的数据超过了 8 个字节，就必须分成几个小的数据包分批发送；数据场的第一个字节从 1 开始作为报文的序号，后 7 个字节用来存放数据，所以可以发送 255 ×7 = 1785 个字节的数据；报文被接收以后按序号重新组合成原来的数据。

(2)连接管理。对节点之间连接的建立和关闭，数据的传送进行管理。定义了发送请求帧、发送清除帧、结束应答帧、连接失败帧以及用来全局接收的广播帧 5 种帧结构。节点之间的连接通过一个节点向目的地址发送一个发送请求帧而建立；在接收发送请求帧以后，节点如果有足够的空间来接收数据并且数据有效，则发送一个发送清除帧，开始数据的传送；如果存储空间不够或者数据无效等，节点拒绝连接，则发送连接失败帧，连接关闭；如果数据接收全部完成，则节点发送一个结束应答帧，连接关闭。

(3)J1939 的参数格式。J1939 中还定义了参数的具体格式，如标识符、优先级、数据长度、参数的范围等。参数又划分为状态参数和测量参数。状态参数表示具有多态信号的某一种状态，如发动机制动使能/禁能、巡航控制激活/关闭、转矩/速度控制超载模式和错误代码等。而测量参数则表示所接收到的信号值的大小，如缸内爆发压力、最大巡航速度和发动机转速等。

表 5-7 给出了 J1939 一个协议报文单元的具体格式。可以看出，J1939 标识符包括 PRIORTY(优先权位)、R(保留位)、DATA Page(数据页位)、PDU Format(协议数据单元)、PDU Specific(扩展单元)和 Source Address(源地址)，还包括 64 位的数据场。

J1939 协议报文单元的具体格式 表 5-7

一个 J1939 协议报文单元							
定义	PRIORITY (优先级)	R (保留位)	DATA Page (数据页)	PDU Format (PF 格式)	PDU Specific (PS 格式)	Source Address (源地址)	Data Field (数据场)
位数	3	1	1	8	8	8	0 ~ 64

对某一具体数据来说，每一标志符具体的定义均可在 J1939-71 标准中查询到，但数据包 ID 号的计算需要用户自行完成。

表 5-8 为平地机主控制器与发动机 ECU 之间的通信数据。

控制器与发动机 ECU 之间的通信数据 表 5-8

ECU →总线→控制器		控制器→总线→ECU		
信息	ID 号	信息	ID 号	发送周期
发动机转速	16#0CF00400	发动机加速踏板开度指令	16#0CF00330	50ms
发动机机油压力	16#18FEEF00	变功率控制指令	16#18FDCB30	500ms
发动机冷却水温	16#18FEEE00	请求帧	16#18EA0000	On/Request
油水分离器报警	16#18FEFF00			
小时油耗率	16#18FEF200			
总油耗	16#18FEE900			
发动机当前加速踏板位置	16#0CF00300			

5.6 全液压平地机的控制目标与控制策略

全液压平地机是典型的高速牵引式机械,其关键控制目标是保证作业效率。提高作业效率包含两方面的内容:一是最大限度地将发动机功率转化为有效的作业功率;二是提高传动系的效率。围绕这一控制目标而采取的控制策略集中于“功率自适应控制”技术。

全液压平地机的功率自适应控制通过对变量泵、变量马达和发动机的综合控制来实现,实质上是对传统静态参数匹配方法的延伸,在概念上已经发展为动态参数匹配方法。

除功率自适应控制技术外,其他控制技术的应用主要为了实现全液压平地机行驶、操控、维护性和其他辅助性能。

5.7 全液压平地机关键控制技术

5.7.1 行驶控制的基本要求

平地机作业装置主要依靠行驶系统的牵引,因此,大部分控制技术都与行驶系统有关。行驶调速过程与追求最佳动力性与经济性作业指标的动态参数匹配过程糅合在一起,二者密不可分。整机所有关键的可控参数,即行驶泵排量、行驶变量马达排量及发动机工作转速等的调整既要考虑调速的需要,也要考虑整机作业效率的需要。归纳起来,行驶控制系统的主要功能包括:

(1)基本行驶功能,即机器前进/后退方向的改变、限速挡位的切换及各挡位的调速等。

(2)传动系参数对发动机的功率自适应功能。

(3)发动机工作点与工作特性曲线的自动调整功能。

(4)惯性负载控制功能,即起步和停车的过程控制,发动机反拖超速控制。

在控制目标确定后,以上功能作为一个整体实现,最终体现为平地机动力学与运动学参数的动态匹配与控制方法。

5.7.2 行驶系统动力学与运动学参数动态匹配与控制的基本概念与方法

动力源与传动系统主要参数的合理匹配,是保证牵引式机械最重要的性能指标——作业效率的关键。目前,牵引式机械在设计时对负载的处理采用平均化的方法,围绕这一思想建立了静态参数匹配理论,该理论已较为成熟,是确定整机与元件静态参数的重要依据。由于静态参数匹配方法对负载处理假设时存在局限性,因此采用该方法不能解决波动负载造成的发动机超负荷或欠负荷问题,也不能避免为单纯解决超负荷问题而带来的设计保守性。因此,要实现实时的最佳动力学与运动学参数匹配,使机器获得最优动力性与经济性,就必须借助自动控制手段,实现参数的动态匹配。

由于早期工程机械传动系统自动控制程度低,动态参数匹配理论的研究一直处于空白状态。随着液压传动与自动化技术的迅猛发展,尤其是电比例液压元件的应用和多挡位自动换挡技术的发展,使动态参数匹配成为可能,部分产品应用中已出现了动态匹配思想概念的雏形,但由于缺乏系统理论指导,所出现的相关技术在概念和方法上都较为模糊,因此,对牵引式机械动态参数匹配理论与方法的研究成为目前行业关注的热点问题之一。

国外在动态参数匹配方面的研究多以实用技术形式出现在产品中,如多挡位平地机所采用的功率自适应换挡控制技术、变功率控制技术,静液推土机上采用的极限负荷控制技术等。

目前,国内对动态参数匹配理论尚缺乏明确和系统的研究。长安大学近年在静液压推土机与平地机牵引动力学方面积累了一定的研究成果,在对静态参数匹配理论不断深入应用的基础上,先后开展了牵引式机械功率自适应控制方法、节能化参数匹配方法及电比例系统控制方法等与动态参数匹配密切相关的研究,并与企业紧密合作,在产品中进行了应用。近年来,节能控制技术受到越来越多的关注,不少节能研究成果中也融入了最优动态参数匹配的思想。

在诸多概念和方法中,体现动态参数匹配思想的相关概念包括功率自适应控制、极限荷载控制、自动加速踏板控制及发动机变功率控制等,其中最核心的概念是“功率自适应控制”,其含义、范畴及与其他概念的关系如下:

1)功率自适应控制的有关概念

功率自适应控制是指:控制系统通过调节传动系参数,改变机器的作业速度或输出转矩,使作业功率与发动机当前加速踏板位置的理想工作状态功率相适应(“狭义”的功率自适应控制);部分工况下,当作业速度或输出转矩调节到极限,发动机功率仍然存在富余时,可进一步调节发动机工作状态或参数(自动加速踏板控制及发动机变功率控制)去适应负载要求(“广义”的功率自适应)。功率自适应控制的实质是动力系统与传动系统参数的最优动态匹配过程。

功率自适应控制包括发动机超负荷调节和欠负荷调节两部分,其中“超负荷调节”又称为“极限负荷控制(Load Limited Control,LLC)”,在因某种原因无法实施欠负荷调节的场合,“极限负荷控制”也可以独立使用。其独立定义描述如下:

发动机“极限负荷”是指根据发动机高效工作区域,人为选定的发动机当前加速踏板位置所允许的最大负荷。当实际负荷超过极限负荷时,发动机掉速严重,效率降低,输出功率下降,甚至熄火。“极限负荷控制”是指通过改变传动系参数(速比),调整发动机的负荷,使其负荷不超过极限负荷。

通常,为保证机器的操控性,不同机械进行发动机欠负荷调节会有不同的限制条件。对平地机而言,为满足操控性需要,各限速挡的速度上限在调节过程中不能逾越,因此,欠负荷的调节量受到挡位速度的限制,发动机不能总是运行于理想状态。

与欠负荷调节的有条件性不同,发动机超负荷调节,即极限负荷控制是必须具备的功能。平地机作业或爬坡时,如果负载转矩大于发动机额定转矩,会引起发动机掉速,严重时甚至熄火。通过操作员的操纵,如提升铲刀等,可在一定程度上缓解这一状况,但由于负载变化的随机性与波动性,这一调整往往不能及时进行。所以,大负载工作时,如果控制系统没有极限负荷控制功能,就会频频出现发动机掉速甚至熄火的情况,导致发动机平均输出功率和转矩下降,作业效率降低。

2)功率自适应控制的实现方法

对机械传动车辆,发动机超负荷调节(极限负荷控制)可通过自动降挡实现;对静液传动车辆,一般通过减小泵排量和(或)增大马达排量实现。

欠负荷调节可通过减小传动系的传动比实现。对机械传动车辆,表现为变速器升挡;对静液传动车辆表现为增大泵排量,或减小马达排量。

无论是超负荷调节还是欠负荷调节,其目的都是为了使发动机恢复到理想工作状态,这一理想工作状态一般是指当前加速踏板位置所对应的额定工作点或准额定工作点附近。

采用电比例泵、电比例马达的全液压平地机，具有实现最优动态参数匹配的条件，但由于其控制目标的非单一性（同时涉及速度、力及油耗），以及多变量性（可控参数包括泵排量、马达排量及发动机工作转速和工作曲线），同时各参数之间还存在耦合作用，无论是多变量控制系统的建模问题，还是最优控制方法问题都尚未获得解决，因此，静液压平地机最优动态参数匹配与控制问题目前还有待于深入的研究。

工程上，为避免多变量耦合带来的控制复杂性，泵排量与马达排量的调节往往依据各自的控制目标独立进行。

5.7.3 电比例泵的动态参数匹配与控制技术

目前，工程上适用于液压平地机电比例（EP）泵的匹配与控制方法有两种：一为闭环控制与开环控制相结合的复合控制方法；二为开环控制方法。

1）带有功率自适应功能的电比例泵闭环控制方法

在闭环控制方法中，发动机的理想负荷状态为闭环控制目标。由当前的加速踏板位置计算出代表发动机理想工作状态的目标转速（通常是一个转速范围），与发动机实测转速相比较，二者差值的大小与符号代表发动机的超负荷或欠负荷程度，此时，应按照一定控制算法减小或增大变量泵的排量，使发动机恢复到目标转速。

采用这种控制方法时，为减小闭环调节的调节量，提高控制响应的快速性，可以按照发动机负荷特性预先给定电比例泵的初始排量，作为一种补偿控制。泵初始排量可与发动机加速踏板位置相关联，按照发动机加速踏板位置的不同，泵初始排量随之变化，变化遵循的规律可按照实际系统调定，如图 5-10 所示。

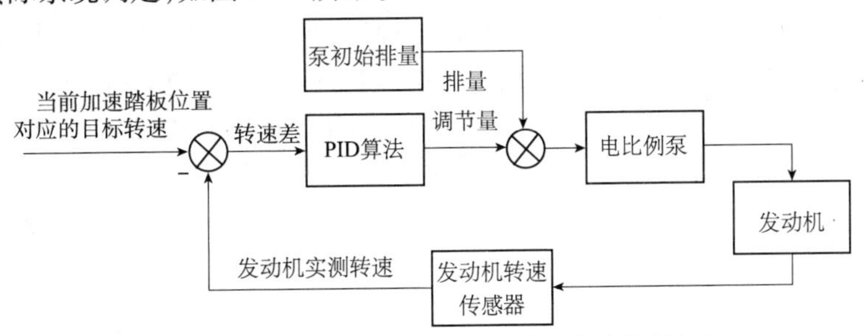

图 5-10 带有功率自适应功能的电比例泵复合控制方法

几种初始排量控制曲线如图 5-11 所示。曲线具体形状的选择需要考虑车辆起步和反拖超速控制等惯性负载控制的需要。

2）比例泵恒功率开环控制方法

闭环控制参数设定不合适，可能引起调节过程的不稳定，尤其是发动机转速对泵排量变化的响应存在滞后，且目前液压系统本身的频响速度也不够理想，因此，此方法容易在部分情况下出现发动机转速在目标转速附近来回振荡的现象。

为获得较为稳定的调节过程，工程上也可采用开环控制方法，开环控制不存在稳定性的问题，但需要预先对发动机特性进行试验。

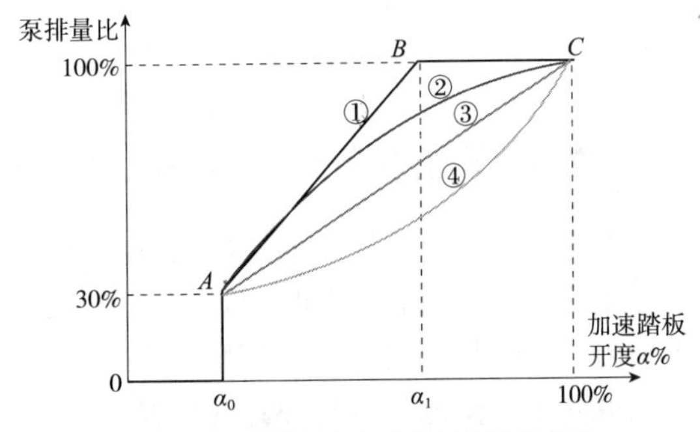

图 5-11 泵初始排量与加速踏板位置的关系

开环控制方法中,泵排量根据当前的负载情况(表现为行驶系统压力)实时计算得出,以泵尽可能全部吸收发动机当前加速踏板位置对应的额定功率为目标,结合加速踏板位置、发动机转速(即泵转速)计算出泵最大允许排量。控制方法描述如图 5-12 所示。

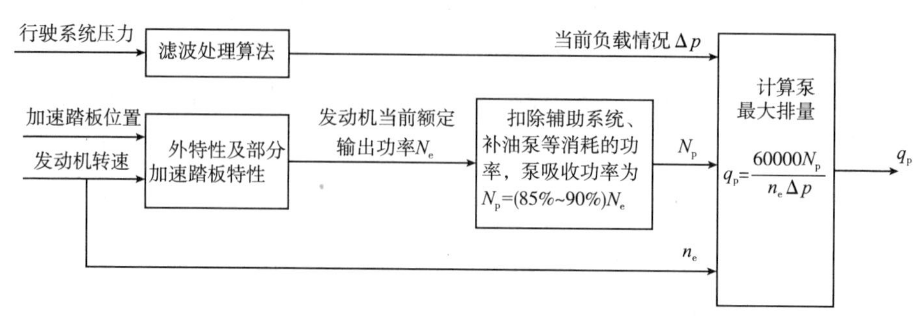

图 5-12 带有功率自适应功能的电比例泵开环控制方法

开环控制方法不存在稳定性的问题,但由于发动机外特性及部分加速踏板特性须由实验取得,且辅助功率消耗一般也是估算值,因此,受限于各环节的精度,开环控制的精度较闭环控制方法的精度低。

严格来说,发动机使用一段时间后功率会下降,同时还存在其他因素使算法中计算功率与实际发动机功率不完全相符,因此,这一算法本质上是恒功率控制,但并非完全意义上的功率自适应控制。

5.7.4 电比例马达的动态参数匹配与控制技术

电比例马达的排量可根据负载压力大小进行控制,当压力较高时,增大马达排量,压力较低时,减小马达排量,控制曲线如图 5-13 所示。小负载时,降低马达排量提高行驶速度,将低负荷压力提高到中高压区,使传动装置在任何外部负载下都保持适宜的负荷率,提高综合作业生产率。车辆需要的低速行驶通过人为减小发动机加速踏板来实现。

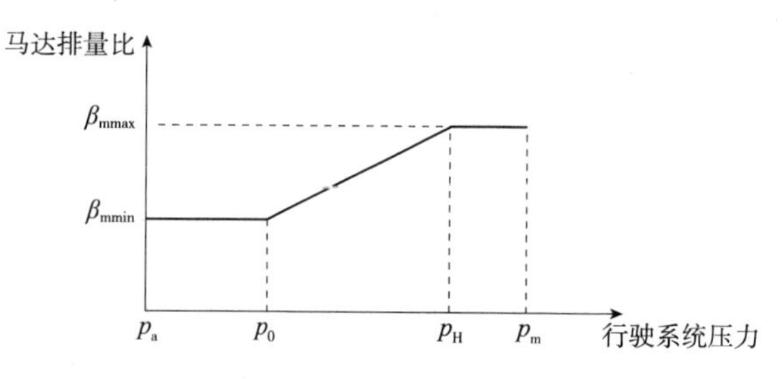

图 5-13 电比例马达的控制方法

p_a-系统补油压力;p_0-起始调节压力;p_H-额定匹配压力;p_m-系统溢流压力;$p_a \sim p_0$ 阶段-马达排量保持最小设定排量;$p_0 \sim p_H$ 阶段-马达排量随压力线性增加至满排量;$p_H \sim p_m$ 阶段-马达保持满排量

这一控制方法的特点是:

(1)扩展了变矩范围。负载转矩正比于系统压力的平方,$M_z \propto p^2$,对应于一定的工作压力范围,变矩能力增加。

(2)高压区工作有利于发挥元件动力性,但传动效率和寿命降低(可通过降额配置解决)。

5.7.5 全液压平地机电子抗侧滑控制技术

对具有驱动桥结构的平地机,驱动桥内部的差速锁定机构保证了机器在左右两侧地面附着条件不同或偏载作业时,两侧驱动轮能够实现同步驱动,充分发挥机器的有效牵引力,不会出现单侧打滑(侧滑)的现象。单泵双马达并联的液压平地机没有差速锁定机构,如果未采取同步或防侧滑措施,两侧驱动轮附着条件不同或负载不同都会造成极限情况下的侧滑,侧滑除造成平地机“陷车”,不能驶离滑转区域,还会加剧轮胎磨损,使牵引效率下降,严重影响平地机的作业性能。因此,在没有同步装置的情况下,采取正确的抗侧滑措施,对全液压平地机正常行驶及实现偏载作业有着十分重要的意义。

电子抗侧滑也称电子防滑,是指不增加机械或液压防滑装置,完全采用自动控制方法,通过对行驶变量马达及变量泵排量的调节,使机器脱离单侧滑转状态的方法。

1)全液压平地机产生侧滑的原因

(1)侧滑类型1。一侧地面附着条件变差而产生的侧滑。例如,平地机在泥沼、湿地或路沿作业时,地面附着情况复杂,易产生单侧滑转。此种情况下发生的滑转通常为完全滑转,系统压力会下降到一个较低值。

(2)侧滑类型2。偏载作业时产生的侧滑。例如,铲刀向一侧伸出进行大负载刮土或刷边坡等作业,如图5-14所示。此时发生的侧滑通常为不完全滑转,在操作员对铲刀切土深度不断进行干预调整的情况下,系统压力剧烈波动。

a)沟槽作业

b)刷边坡

图5-14　平地机偏载作业

2)电子抗侧滑控制方法的原理

电子抗侧滑主要针对因两侧驱动轮附着条件不同而造成的单侧打滑,对于偏载造成的侧滑,由于其涉及同步作业问题,最好通过同步方法解决,在没有同步措施时,电子抗滑可以作为辅助措施。

电子抗侧滑的原理可描述如下:侧滑发生时,通过调节控制器的输出电流,将打滑一侧驱动马达的排量减小,系统压力随之升高,当系统压力逐渐建立并升高到一定程度时,未打滑一侧的驱动力逐步上升至足以克服负载阻力,则将车辆“带出”打滑区域。当车辆正常行驶后,再将马达排量恢复原值。由于这一方法只需要对马达排量进行电控调节,因此称为“电子抗滑”。

当流量一定时,马达输出转速反比于马达排量,那么将打滑侧马达排量减小,是否会出现马达超速甚至“飞车”现象呢?图5-15为马达输出转速和转矩随排量的变化特性,图中N_m、T_m和n_m分别代表马达输出功率、转矩和转速;x_m代表马达排量比。当排量比减小至a点时,马达输出转矩开始急剧下降,当排量比继续减小至b点时,马达输出转矩降至零。因此,在控制器的调节作用下,当马达排量减小到一定值时,其输出转矩减小至不能驱动车轮及附属机构,不会出现理论上c点的“飞车”;而在马达排量减小的过程中,如果调节速度偏慢,有可能出现瞬时超速,因此,一定要保

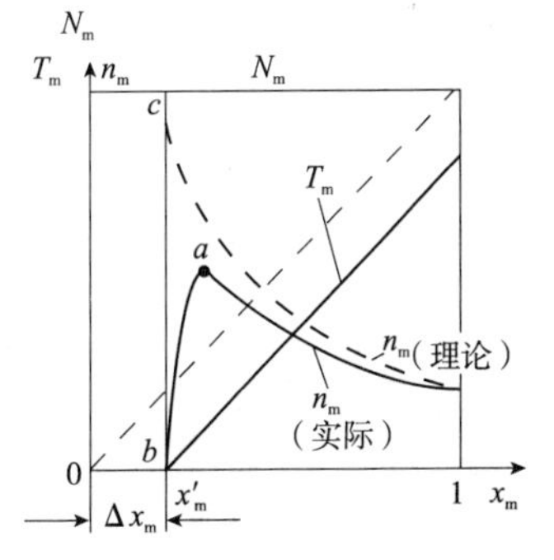

图5-15　马达输出转速和转矩随排量的变化特性

证合适的调节速度，必要时要减小泵排量。

3）电子抗侧滑控制方法的实施要点

在进行抗侧滑控制时，要遵循以下原则，才能正确完成这一控制功能：

（1）正确区分单侧打滑与转向，避免控制不当引起的交替打滑。可将两侧马达的转速比结合系统压力作为投入防滑的判定条件，当两侧速比超过某一限定值并持续若干时间后，可认为侧滑发生，控制程序投入防滑。

（2）抗侧滑控制过程应尽可能发挥最大的牵引力。尽管机器打滑一侧的附着系数很小，但只要附着系数不为零，便仍然具有一定的驱动能力，为使驱动力尽可能得到利用，可利用恒速控制方法不断调节马达排量，使该侧驱动轮恒定在一个较低的转速。

（3）在正确的时机解除防滑（恢复马达排量）。利用系统压力变化及两侧马达转速的差别等条件作为解除防滑的条件。

防止在调节过程中马达超速。马达转速超过警戒点时，可令其排量迅速降至最低点，同时配合泵排量的调节，保证马达不会超速。

图5-16为电子抗侧滑控制方法的实现流程。

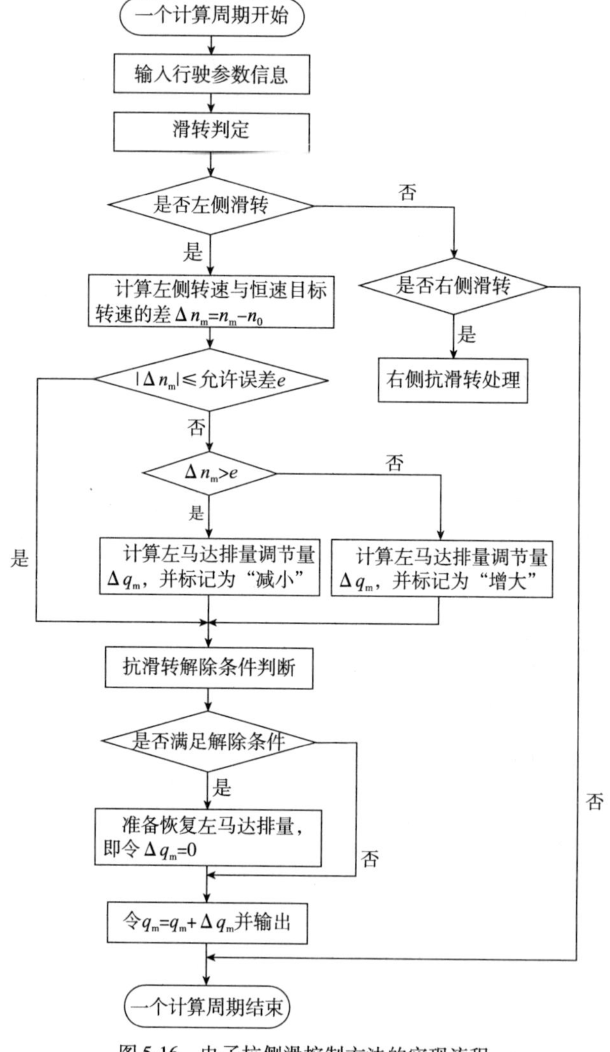

图5-16　电子抗侧滑控制方法的实现流程

4）电子抗滑控制的效果

图 5-17 为电子抗侧滑控制试验过程中的参数变化曲线，其中曲线 Im1 和 Im2 为左右马达的控制电流（代表排量），n1 和 n2 为左右马达转速变化曲线。从图中可以看出，对马达的排量调节达到了抗滑的目的。

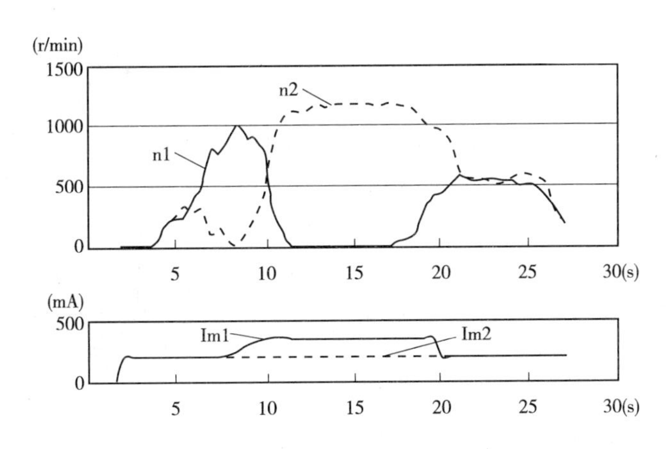

图 5-17　电子抗侧滑控制过程中的参数变化情况

电子抗侧滑控制方法与防滑液压装置相比，有以下优点：

（1）不增加液压元件，实现成本低，没有节流损失。

（2）对液压系统冲击小。

（3）借助自动控制技术，可在侧滑情况下使机器发挥最大的牵引力。

需要说明的是，在全液压平地机上采用防侧滑措施并不能代替同步措施，平地机的同步性能关系到偏载作业时其有效牵引力损失的大小，如果机器采用了理想的同步装置，不仅可提高牵引效率，而且同时也解决了侧滑的问题。关于同步问题的解决方法请读者参阅相关文献。

5.7.6　发动机反拖超速控制技术

静液闭式系统驱动的行走机械，在正常行驶或作业工况时，功率的传递方向为发动机—液压泵—液压马达—驱动轮，而在高速停车工况下，一旦泵排量减小过快，马达在机械惯性力作用下继续高速运转，会成为泵工况，迫使泵成为马达工况形成反拖，发动机被施以负载，超速运行，此时功率传递方向为驱动轮—马达—泵—发动机，车辆的动能主要由发动机吸收，最终以热能的形式耗散掉。

车辆在下坡或高速停车、制动时，若行驶速度较高，马达仍处于大排量，反拖超速现象会十分明显。如果不采取相应措施，则发动机转速被反拖至额定转速约 200%，对发动机及液压系统的损害较大。

通过控制的手段合理调节液压泵和液压马达的排量，可以减弱或消除发动机超速现象。在控制时采取的对策为：

（1）合理控制泵排量的减小过程，使泵排量按照一定的非线性规律减小。

（2）检测加速踏板信号及制动信号，在高速停车动作发生时，将马达排量置于小排量，减小制动时的反拖力矩，以减弱或消除发动机超速现象。需要注意的是：由于马达排量减小，可能会引起制动距离的增加。

图 5-18 为全液压平地机的发动机在采取保护措施前，自动挡紧急制动工况测得的实验曲线。在停车过程中，发动机转速超过 3500r/min。图 5-19 为采取控制措施后车辆高速制动的实验曲线，由反拖引起的发动机超速现象基本消除。

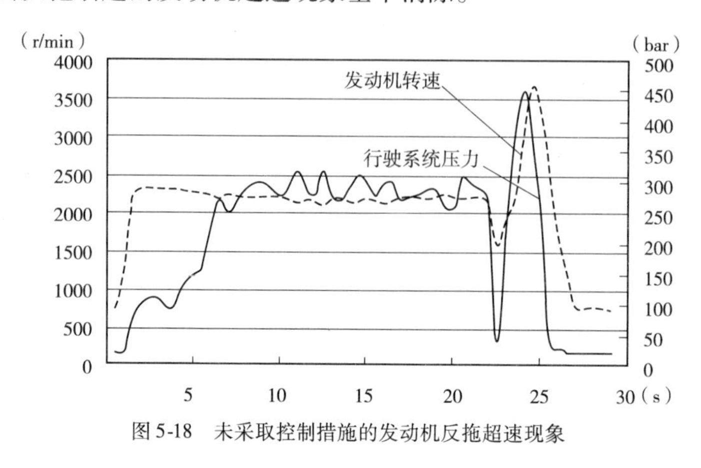

图 5-18　未采取控制措施的发动机反拖超速现象

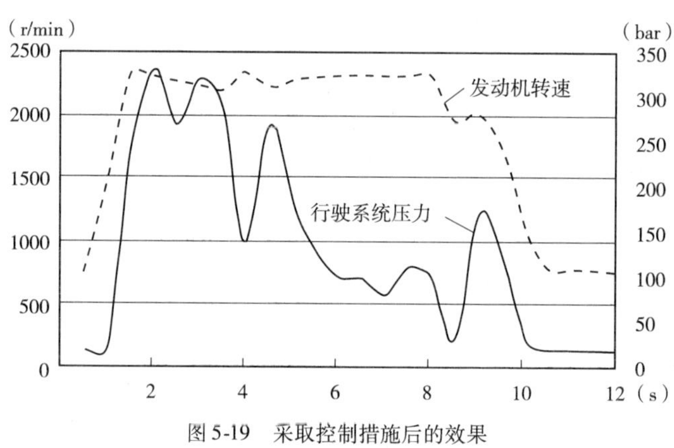

图 5-19　采取控制措施后的效果

5.7.7　PWM 恒流控制技术

电液控制技术中，PWM(Pulse Width Modulation，脉宽调制)信号常用来对比例电磁阀进行控制。一种基本的 PWM 信号波形如图 5-20 所示。

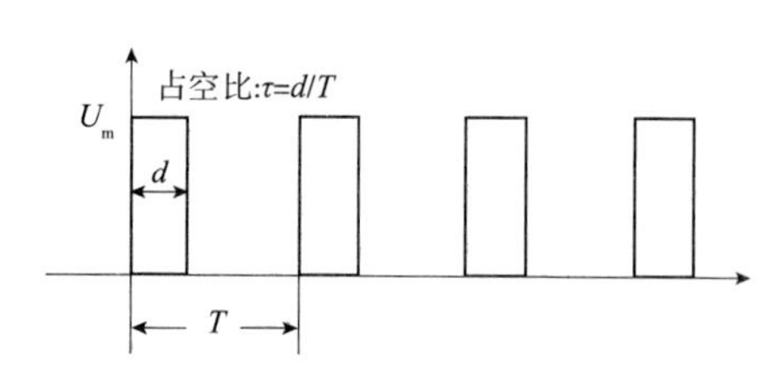

图 5-20　基本的 PWM 信号波形

T-PWM 信号周期；d-有效脉宽；τ-占空比

假设比例阀线圈电阻值为 R，电源电压幅值为 U_m，当 PWM 信号占空比为 τ 时，线圈中通过的比例电流为

$$I=\frac{U_m}{R}\cdot\tau \tag{5-7}$$

实际中，电源电压 U_m 受发动机转速等因素的影响，是一个波动值；而线圈阻值受到温度与磁滞效应等因素的影响，波动率甚至超过 15%。上述因素导致了给定占空比时所得实际输出电流不准确。

电流的准确性直接影响预定行驶速度的准确性和各种控制功能的正确实现。因此，专用控制器大都提供了电流反馈功能，用户可根据 PWM 信号引脚的电流反馈值设计闭环调节算法来对 PWM 输出电流进行恒流控制。PWM 恒流控制算法的快速性与准确性十分重要，既要能够快速“恒定”，又要能根据控制要求实时变化。

大部分高性能控制器将恒流算法集成在控制器底层程序中，用户使用时，只需选择恒流模式便可直接使用。

本章思考题

1. 工程上，对全液压平地机电比例泵的控制方法有哪些？各自的原理如何？开环控制方法与闭环控制方法各有何优缺点？

2. 简述液压驱动平地机马达排量随压力控制方法的原理和特点。

3. 为什么现代多挡位机械传动的平地机都采用了变功率控制发动机？简述发动机变功率曲线如何设计。

4. 什么是功率自适应控制？谈谈你对功率自适应控制的理解。

5. 何为极限负荷控制？如何进行极限负荷控制？

6. 单泵双马达并联系统侧滑（单侧滑转）产生的原因是什么？说明电子防侧滑的原理。

7. 在对电比例泵、电比例马达的控制中，为什么经常要对 PWM 输出进行恒流？哪些原因导致比例电磁线圈电阻发生变化？

8. 电喷发动机有何特点？其数据传输协议是什么？

第6章　全液压推土机控制系统与控制技术

推土机在建筑、筑路、采矿、农林、油田及国防等各类建设工程中担负繁重的土石方作业任务，是施工中不可缺少的关键设备。

全液压推土机的出现标志着液压传动技术成功应用于牵引式机械的行驶驱动系统，将液压传动在工程机械中的应用又向前推进了一大步。目前，融合了机电液一体化新技术的智能化全液压推土机，正逐步发展成熟，成为工程机械领域又一高技术含量的产品。

6.1　推土机的作业特点与荷载特征

推土机属循环作业的牵引式铲土运输机械，可用于铲土、运土、回填、平地及松土等土石方作业。推土机作业环境恶劣，作业过程中负载变化剧烈且变化范围较宽，一个工作循环包括铲掘、运土、卸土及倒退几个工序。

图6-1是推土机一个工作循环中行驶液压系统的压力变化情况。在切土和采集土壤时，工作阻力迅速上升到最大值，荷载出现峰值，行驶系统压力升到其最大值，在随后的运土工序内，压力一直保持较高的数值且剧烈波动，只是在运土工序末尾，由于推土过程中集土的损失，工作压力才稍有下降。在整个切土和运土过程中，发动机的负荷程度较高，负荷呈周期性急剧变化，经常遇到超负荷工况，如推土机铲刀铲土过深或是遇到树根、石料，使发动机转速急剧下降，甚至引起行走机构完全打滑。

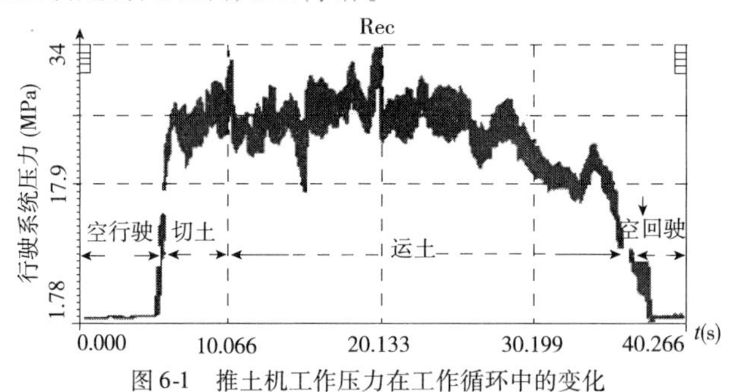

图6-1　推土机工作压力在工作循环中的变化

推土机负载是一种非平稳随机荷载，这一过程可以分解为缓慢变化（一般指0.2～0.3Hz频率）的趋势项（静载）和均值为零的随机项（动载），随机项为低通窄带型能量分布过程，可由一组频率与振幅不同的谐振分量叠加而成。

图6-2是推土机发动机转速在一个工作循环中的变化情况，在铲刀切入和集土阶段，发动机转矩频频出现短时峰值负荷，这种峰值负荷在集土阶段末尾可超出发动机额定转矩20%～30%，转速下降。卸土后，工作压力迅速下降到零，而在随后空程回驶的工序中需克服的工作阻力仅是机器的行驶阻力，工作压力在数值上很小，发动机转速迅速上升。

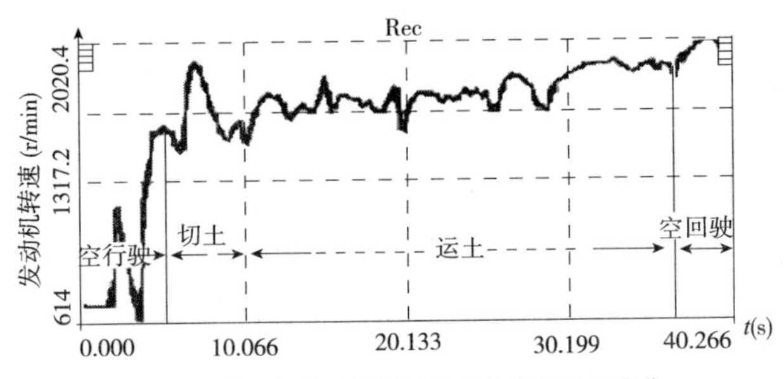

图 6-2　推土机发动机转速在工作循环中的变化

6.2　全液压推土机的发展现状与技术特征

6.2.1　全液压推土机发展现状

推土机行驶驱动系统采用静液压传动，是推土机技术发展史上的里程碑，也是液压传动用于牵引式机械的一大突破。操作简易、负载适应能力强、自动化与智能化程度高的全液压推土机是推土机家族的重要成员。

国外从 20 世纪 70 年代开始研制生产全液压推土机，主要研发商有利勃海尔（Liebherr）、约翰迪尔（John Deere）、纽荷兰（New Holland）、卡特彼勒（Caterpillar）、凯斯（CASE）及小松（KOMATSU）等（图 6-3），中小功率的全液压推土机有相当的市场份额。

a)Liebherr 全液压推土机

b)John Deere 全液压推土机

c)Caterpillar 全液压推土机

d)KOMATSU 全液压推土机

图 6-3　全液压推土机的代表产品

1)德国 Liebherr 全液压推土机

德国 Liebherr 是世界上重要的全液压推土机生产企业,推出有 PR 系列全液压推土机,产品型谱从 117 马力到 422 马力,如表 6-1 所示。

Liebherr 推土机产品型号与主要参数 表 6-1

型　号	功率(kW/hp)	传动形式	质量(kg)	前进/后退行驶速度(km/h)
PR 714	86/117	静液压	12600 ~ 14300	0 ~ 8.9/0 ~ 8.9
PR 724	120 /163	静液压	16800 ~ 20300	0 ~ 11.0/0 ~ 11.0
PR 734	150/204	静液压	20480 ~ 25100	0 ~ 11.0/0 ~ 11.0
PR 744	185/252	静液压	24605 ~ 31670	0 ~ 11.0/0 ~ 11.0
PR 754	250/340	静液压	34990 ~ 40815	0 ~ 11.0/0 ~ 11.0
PR 764	310/422	静液压	44220 ~ 52685	0 ~ 11.0/0 ~ 11.0

2)John Deere 全液压推土机

John Deere 公司开发了建设、林业及园艺工程用全系列全液压推土机,产品从 77 马力覆盖到 335 马力,如表 6-2 所示。

John Deere 推土机产品型号与主要参数 表 6-2

型　号	功率(kW/hp)	传动形式	质量(kg)	前进/后退行驶速度(km/h)
450J	57/77	静液压	7943	0 ~ 8.0/0 ~ 8.0
550J	63/85	静液压	8279	0 ~ 8.0/0 ~ 8.0
650J	74/99	静液压	8977	0 ~ 8.0/0 ~ 8.0
700J	86/115	静液压	11840	0 ~ 8.9/0 ~ 8.9
750J	108/145	静液压	14778	0 ~ 10.1/0 ~ 10.1
800J	137/185	静液压	18220	0 ~ 10.1/0 ~ 10.1
950J	184/247	静液压	21742	0 ~ 11.0/0 ~ 10.1
1050J	250/335	静液压	29187	0 ~ 11.0/0 ~ 10.1

3)Caterpillar 全液压推土机

Caterpillar 的小型与部分中型推土机也已静液化,如表 6-3 所示。

Caterpillar 推土机产品型号与主要参数 表 6-3

型　号	功率(kW/hp)	传动形式	质量(kg)	前进/后退行驶速度(km/h)
D3K	55/74	静液压	7795/17185	0 ~ 9.0/0 ~ 10.0
D4K	62/84	静液压	8147	0 ~ 9.0/0 ~ 10.0
D5K	72/96	静液压	9408	0 ~ 9.0/0 ~ 10.0
D6K	93/125	静液压	12886	0 ~ 10.0/0 ~ 10.0
D6N	112/150	静液压	16555	0 ~ 10.0/0 ~ 10.0
D6T	138/185	静液压	21178	0 ~ 10.0/0 ~ 10.0
D7R	179/240	机械式	25304	0 ~ 10.54/0 ~ 13.58
D8T	231/310	机械式	38488	0 ~ 10.6/0 ~ 14.2
D9T	306/410	机械式	49567	11.7/14.3
D10T	433/580	机械式	66451	12.7/15.8
D11T	634/850	机械式	104590	11.8/14.0

4)New Holland 全液压推土机

New Holland 公司也是世界上主要的全液压推土机生产商之一,其产品型谱如表 6-4 所示。

New Holland 推土机产品型号与主要参数 表 6-4

型　号	功率(kW/hp)	传动形式	质量(kg)	前进/后退行驶速度(km/h)
D150B	116/155	静液压	15290	0~10.0/0~13.0
D180	145/194	液力机械式	20530	0~10.9/0~12.6
D255	177/237	液力机械式	30400	0~10.9/0~13.0
D350	224/300	液力机械式	39100	0~10.6/0~12.7

5)KOMATSU 全液压推土机

日本小松的部分小功率机型采用全液压传动,如表 6-5 所示。

KOMATSU 推土机产品型号与主要参数 表 6-5

型　号	功率(kW/hp)	传动形式	质量(kg)	行驶速度(km/h)
D37EX-21	55/74	静液压	7410	0~8.5/0~8.5
D37PX-21	55/74	静液压	7770	0~8.5/0~8.5
D51EX-22	97/130	静液压	12710	0~9.0/0~9.0
D51PX-22	97/130	静液压	13100	0~9.0/0~9.0
D61EX/PX-15	125/168	液力	16670/18260	0~11.0/0~11.0
D65EX/PX-15	153/205	液力	20280/21000	0~10.1/0~12.9
D85EX/PX-15	197/264	液力	28100/27650	0~10.1/0~13.0
D155AX-6	264/254	液力	39500	0~11.6/0~14.0
D275AX-5	335/449	液力	49850	0~11.2/0~14.9
D375A-5	391/525	液力	69560	0~11.8/0~15.8
D475A-5	664/890	液力	108/390	0~11.2/0~14.0

6.2.2 全液压推土机的技术特征

目前,国外中小功率全液压推土机在技术上已较为成熟,其技术特点与研究重点主要集中在以下方面:

1)行驶系统液压传动技术

全液压推土机产品多采用变量泵和变量马达组成的左右独立双闭式驱动回路,结构简单,维修与保养方便,如图 6-4 所示。

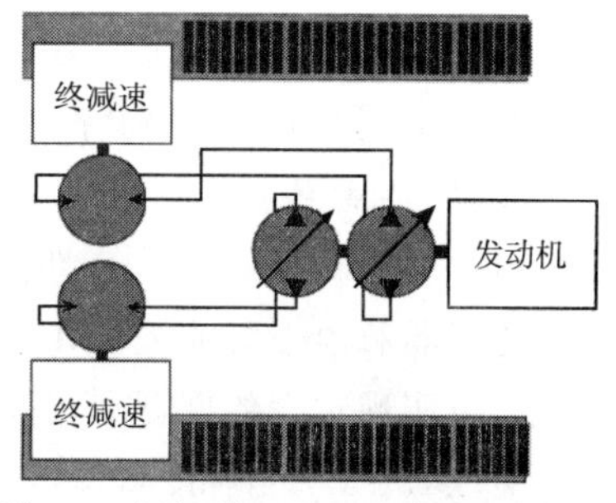

图 6-4 全液压推土机双回路闭环系统

行驶速度与牵引力可无级调节;可方便地进行高速倒车;左右马达同速相向旋转实现原地转向,转向灵活性高,如图 6-5、图 6-6 所示。

2)操作简易

普遍采用单手柄控制前进、后退、转向(包括原地转向)和速度大小调节,简易的操作方式可降低劳动强度,提高作业生产率(图 6-7)。

3)参数匹配与控制技术

经过20多年的探索和实践,国外对全液压推土机行驶驱动系统匹配与控制技术的研究和应用不断深入,但由于市场竞争与技术封锁等原因,这些关键技术成果对外公开的较少。

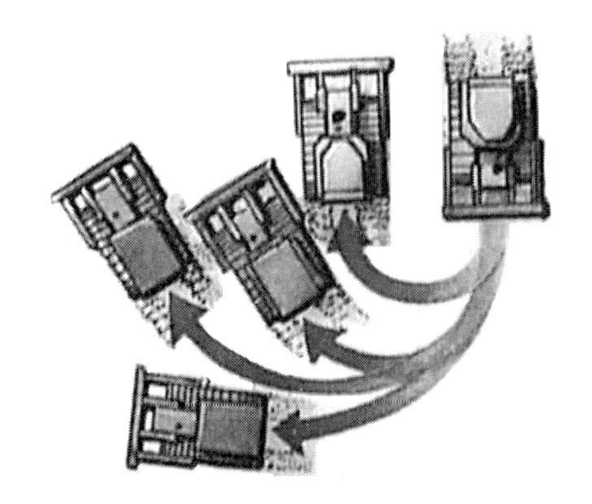

图6-5　全液压推土机的转向

图6-6　全液压推土机的原地转向

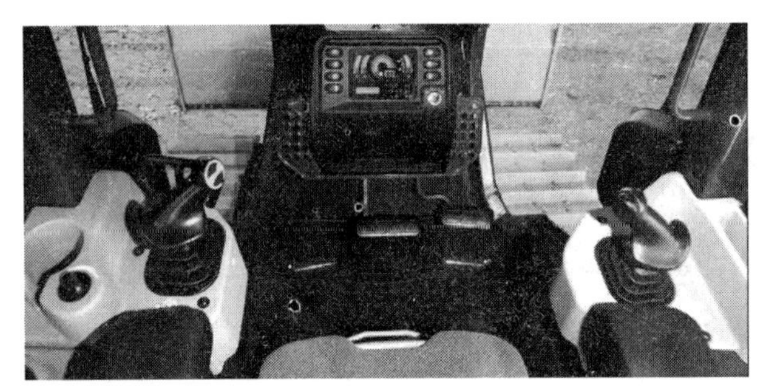

图6-7　全液压推土机的驾驶室与操作装置

4)功率自适应控制技术

借助液压传动便于进行自动控制的优势,全液压推土机可实现对变化负载的功率自适应功能,避免发动机在极限负荷工况下的掉速甚至熄火,同时尽可能提高机器的燃油经济性。

5)采用工程机械专用控制器

20世纪90年代前,用于推土机行驶系统控制的主要是液控技术,之后随着数字控制技术的发展,高可靠性的工程机械专用控制器开始应用于全液压推土机,如John Deere采用Sauer－Danfoss的S2专用控制器开发了用于全液压推土机行驶和发动机极限负荷控制的S2X系统;Liebherr采用Linde的CEP控制器开发了用于全液压推土机的CEP－12控制系统等。

6)CAN总线技术

John Deere、Liebherr等都已在推土机控制系统中采用CAN总线技术,由控制器、显示器、传感器和电喷柴油机ECU等组成一个多节点CAN总线局域网络,各节点通过CAN协议通信,可实现远程数据管理、智能故障诊断及施工参数优化等功能。

发动机管理系统能根据传动装置及液压系统的工作状态,自动调节发动机输出功率,以满足不同作业工况的需要,提高燃油经济性;处于非作业工况时,自动降低发动机转速,减少燃料消耗及发动机噪声。利用CAN总线与其他设备通信,当发动机发生故障时提醒操作员注意,使整台机器构成一个完整的监测管理系统。

7)状态监测与故障诊断技术

20 世纪 80 年代以来,许多大型工程机械制造公司都投入了较大的人力和资金对现代设计方法学进行研究,应用人机工程学中倡导的以人为本的设计思想,注重机器与人的相互协调,讲究操作的舒适性,文本图形显示器、无线遥控器、多功能操作员柄应用普遍,操作面板布置合理。

全液压推土机通常具有多功能的状态监测与故障诊断系统。控制器可根据各种传感器的检测信号,结合专家知识库对机器的运行状态进行评估,预测可能出现的故障,在出现故障时发出报警信息,指导操作员查找和排除故障,这样操作员就可全神贯注地工作而无需不断查看仪表读数。

图 6-8 为小松全液压推土机的监视屏,除可实时显示系统的运行时间、发动机转速、燃油量和冷却水温等信息。还可以给操作员提供机器维护和服务的信息,例如滤油器需要更换或有故障出现等。

图 6-8　小松全液压推土机的自诊断监测系统

8)GPS 与远程通信技术的应用

基于 GPS 的推土机定位系统,包括无线电数据通信、机器监测、诊断、作业管理软件和机器控制等装置。

9)3D 作业控制技术

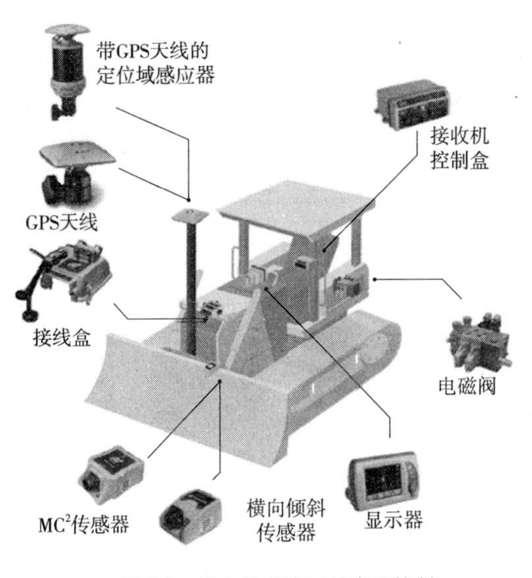

图 6-9　推土机 GPS 三维高程控制

大范围推土作业中,自动找平技术成为首选,目前应用在推土机上的自动找平控制方式主要有激光控制和 GPS 三维高程控制两种。如日本三菱公司的推土机作业激光自动调平装置、小松的自动切土控制系统等;Leica 公司采用 GPS 技术的 Dozer 2000 导航系统,在无需勘察标桩的情况下,操作员可精确控制推土机的铲刀板和机器的位置;Trimble 公司的产品 Site Vision GPS,可实现坡度的精确控制,驾驶室内可视化显示系统能指导操作员精确作业;Caterpillar 公司、模块采矿系统公司及 MMS 等公司也均开发了基于 GPS 的推土机 3D 高程控制系统(图 6-9),可大大提高推土机的作业生产率。

Caterpillar 的采矿铲土运输技术系统(METS)如图 6-10 所示,由 3 部分组成:

(1)计算机辅助铲土运输系统(CAES)。包括机载计算机、GPS 定位和高速无线电通信。机载系统通过无线电接收整个无线网络中的铲土运输数据、工程数据或现场规划数据,并显示在驾驶室的屏幕上,操作员在驾驶室内能直观地了解机器的作业位置,并准确地判断需要挖掘、回填或装载的土方量。

(2)关键信息管理系统(VIMS)。监测机器关键性能与作业参数,并通过无线电将数据送到用户办公室,用户可立即分析数据以便估量机器的当前状态和作业趋势。

(3)CAES Office 软件。产生一个集成的现时作业模型,使用户能在接近实时条件下对现场或远距离监控各种作业。

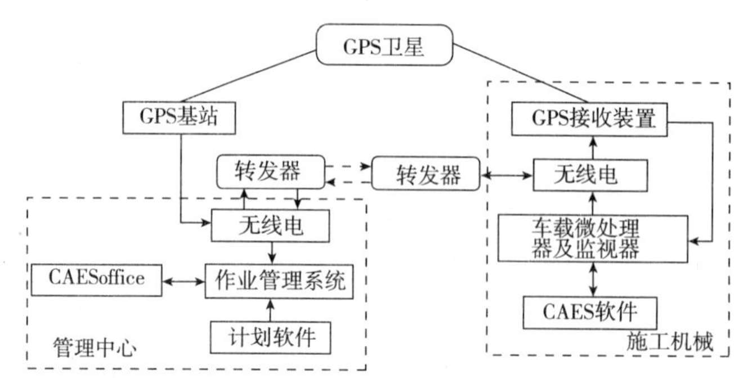

图 6-10　Caterpillar 公司的 METS 系统

图 6-11 为小松为其全液压推土机设计的 VHMS 系统。该系统可以随时对机器状态进行访问,检测、记录主要部件的运行情况并进行分析,所记录的数据可利用便携电脑或卫星通信等下载下来。通过这些数据,对机器运行状态进行分析,当故障发生时可随时通知用户。这种技术可节约维修费用,并可对机器进行最大限度的利用。

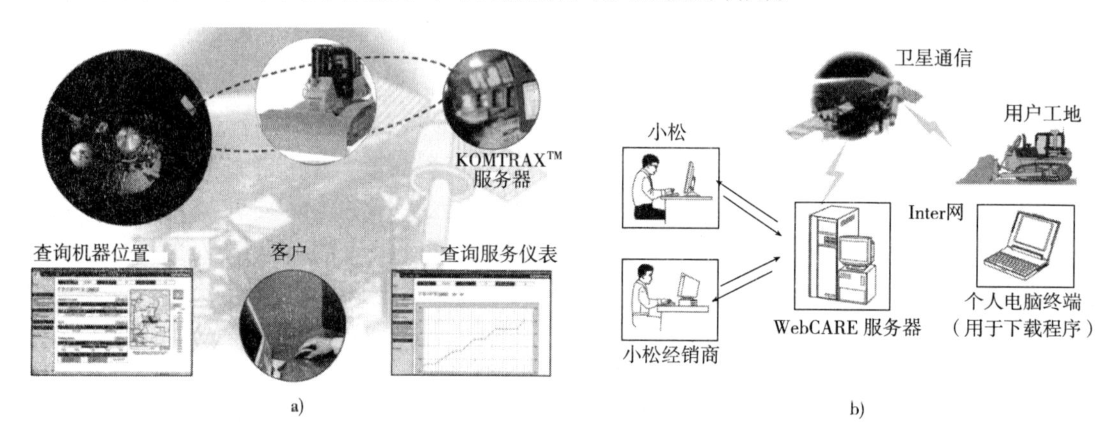

图 6-11　小松公司的 VHMS 系统

我国推土机行业发展于 20 世纪 70 ~ 80 年代,以引进小松、卡特彼勒和利勃海尔技术为主,经过 20 多年的消化吸收,形成了以小松技术为主导的液力式推土机为主的格局,具有 59 ~ 235kW 规格齐全的产品系列。在机械式和液力机械式推土机的制造能力、生产规模及技术水平上已基本接近或达到国外同类产品的水平。

我国对全液压推土机的研究起步较晚,鞍山第一工程机械股份有限公司是国内最早研发全液压推土机的厂家,1996 年该公司与利勃海尔公司合作,引进了 3 个规格全液压推土机的制造技术,分别推出了 PR751、PR742 和 PR732 样机,但由于没有掌握核心技术,最终没有形成批量生产。此外,宣化工程机械厂、黄河工程机械集团技术中心和天津鼎盛工程机械有限公司等企业也都曾进行过相关技术研究,但由于种种原因,未能取得突破性进展。

三一重工股份有限公司自 2000 年开始自行研制全液压推土机,先后开发出 TQ160、TQ230A 及 TQ230H 等产品,如图 6-12 所示。后与长安大学密切合作,双方经过多年的探索与实践,在全液压推土机关键技术方面有了实质性的突破,逐渐形成了特有的核心技术,填补了国产推土机在这一领域的空白,代表了国内全液压推土机的发展水平,成为国内唯一批量生产和销售全液压推土机的厂家。

2008 年,山推推出全新全液压推土机 SD10YE 样机,如图 6-13 所示。

图 6-12 三一重工 TQ230H 全液压推土机

图 6-13 山推 SD10YE 全液压推土机

将静液压传动应用于牵引式机械一直是工程机械领域的前沿课题,其核心技术主要集中在牵引动力学、动力学与运动学参数匹配与控制等方面。国内前期主要依靠整机引进或成套引进液压系统和控制系统,对深层次的技术问题理解不够深刻,尤其在评价体系、参数匹配和控制方法等基础理论方面还有差距,产品自动化、智能化程度不高,可靠性不理想。

总体来说,国内虽然有个别厂家从事或曾经从事全液压推土机的研制开发,但由于企业自身技术力量的限制,此项研究耗时较长,投入较大,短期内难以获得效益,所以发展比较缓慢。

6.3 全液压推土机组成与工作原理

6.3.1 全液压推土机组成

全液压推土机组成如图 6-14 所示。

全液压推土机的行驶系统传动路线如图 6-15 所示。

图 6-14 DH86 全液压推土机组成

1-推土铲;2-液压系统;3-动力系统;4-台车架总成;5-仪表台;6-驾驶室;7-防翻架;8-终减速器;9-空调系统;10-牵引架

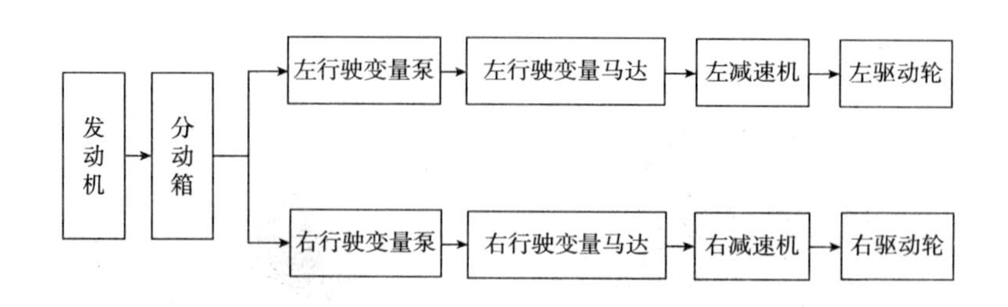

图 6-15　全液压推土机的传动路线

6.3.2　全液压推土机液压系统

1)行驶液压系统

图 6-16 为 DH86 全液压推土机行驶液压系统原理图。两侧闭式回路可独立控制,既可联动实现车辆前进、后退方向及行驶速度的改变,又可分别动作,实现不同半径的转向或原地转向。行驶液压系统选用力士乐公司的 A4VG125 电比例变量泵和 A6VM200 电比例变量马达。

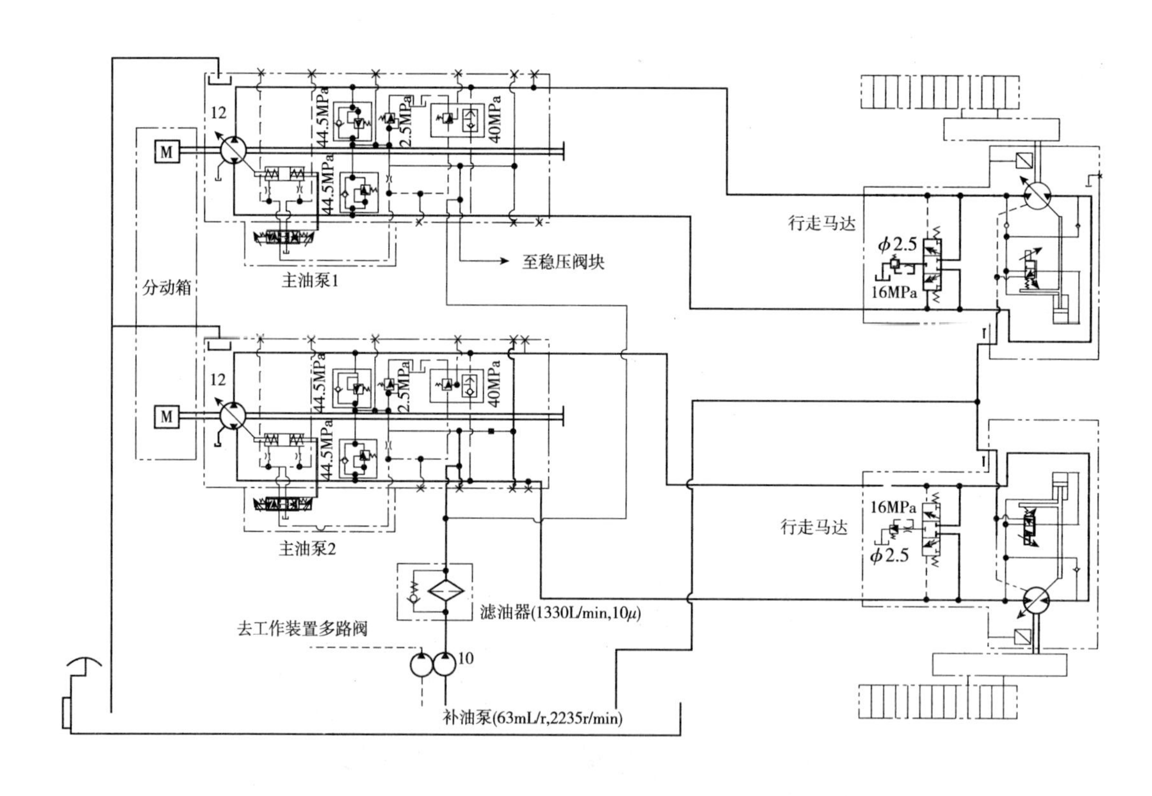

图 6-16　DH86 全液压推土机行驶液压系统

2)工作装置液压系统

图 6-17 为 DH86 全液压推土机工作装置液压系统。

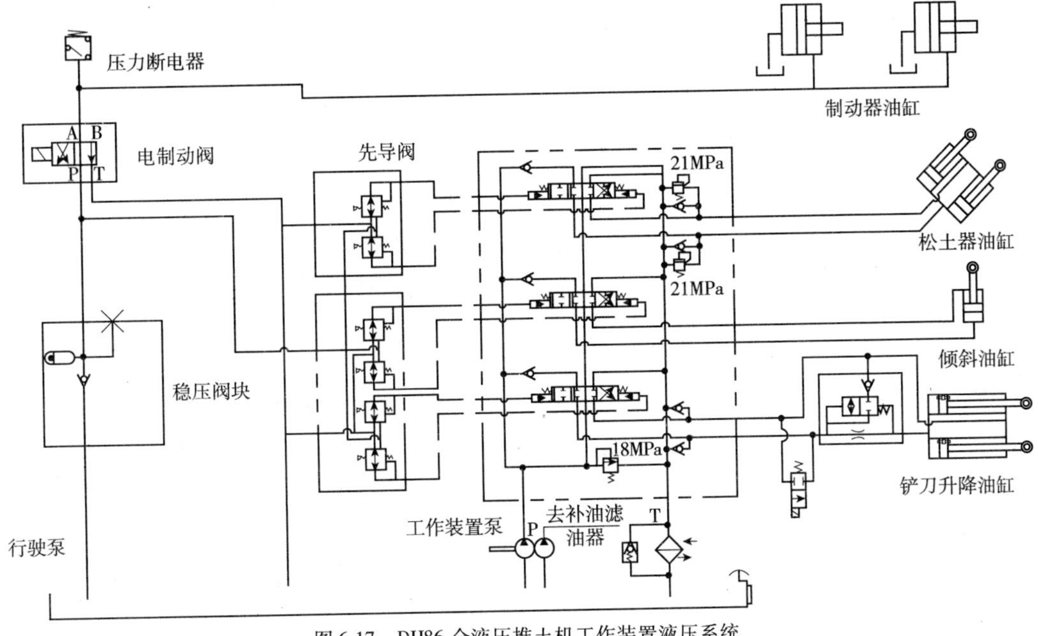

图 6-17　DH86 全液压推土机工作装置液压系统

6.4　全液压推土机控制系统组成与功能

6.4.1　全液压推土机控制系统组成

现代全液压推土机控制系统采用总线式结构。图 6-18 所示为 DH86 全液压推土机控制系统的组成，其中，主控制器采用力士乐的 MC6 行走机械专用控制器，显示器采用力士乐的 DI2 液晶显示器，二者通过 CAN 总线连接。

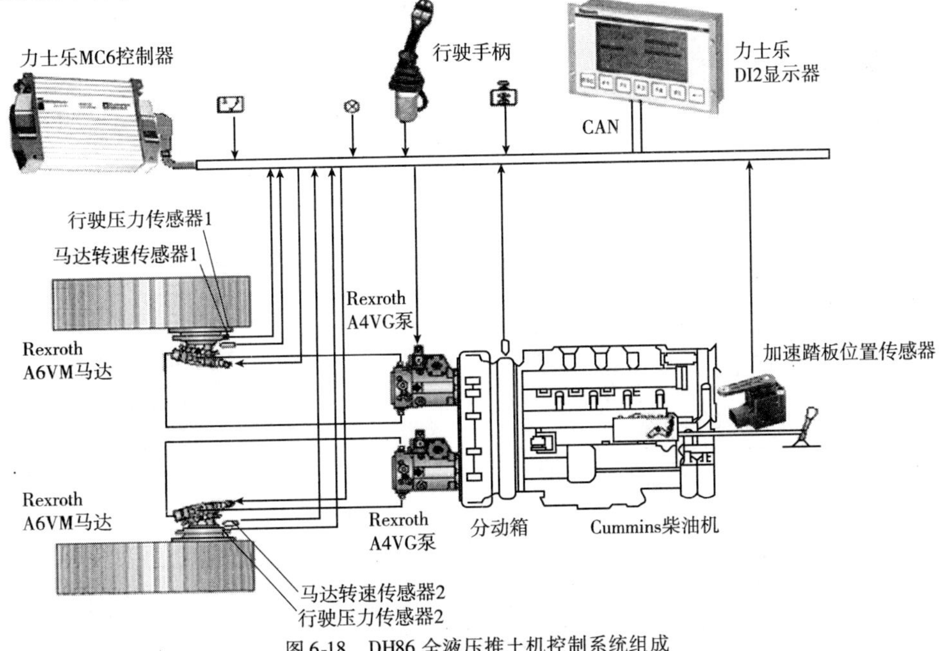

图 6-18　DH86 全液压推土机控制系统组成

传感器包括行驶手柄、压力传感器、加速踏板位置传感器、发动机转速传感器、左右马达转速传感器及各个开关按钮等。

6.4.2 全液压推土机控制系统输入输出信号

表6-6所示为全液压推土机控制系统的输入与输出信号。

全液压推土机控制系统输入输出信号 表6-6

信号名称/来源	类型	信号标准	备注
输入信号			
行驶手柄纵向电位计	AI	0~5V	前0.5~1.5V,后3.5~4.5V
行驶手柄横向电位计			右0.5~1.5V,左3.5~4.5V
左行驶系统压力			显示
右行驶系统压力			
液压油温		电阻型传感器信号	温度过高报警/显示
液压油油位			液位过低报警/显示
补油系统压力		0~5V	压力过低报警/显示
加速踏板位置			倾角传感器
左马达转速	PI	0~10kHz	霍尔型传感器
右马达转速			
发动机转速			
制动按钮	DI	高电平有效,24V DC	
滤油器阻塞1			阻塞报警/显示
滤油器阻塞2			阻塞报警/显示
增挡按钮			显示
减挡按钮			显示
报警屏蔽/解除按钮			
输出信号			
至左行驶泵比例阀	PWM	24V DC/0~600mA	接左泵前进电磁铁线圈
至左行驶泵比例阀			接左泵后退电磁铁线圈
至右行驶泵比例阀			接右泵前进电磁铁线圈
至右行驶泵比例阀			接右泵后退电磁铁线圈
至左行驶马达比例阀			接左马达电磁铁线圈
至右行驶马达比例阀			接右马达电磁铁线圈
至制动液压缸电磁阀	DO	24V DC	接制动液压缸电磁阀
倒车报警			
故障报警			

图6-19所示为全液压推土机控制系统的输入与输出信号在控制器引脚上的配置。

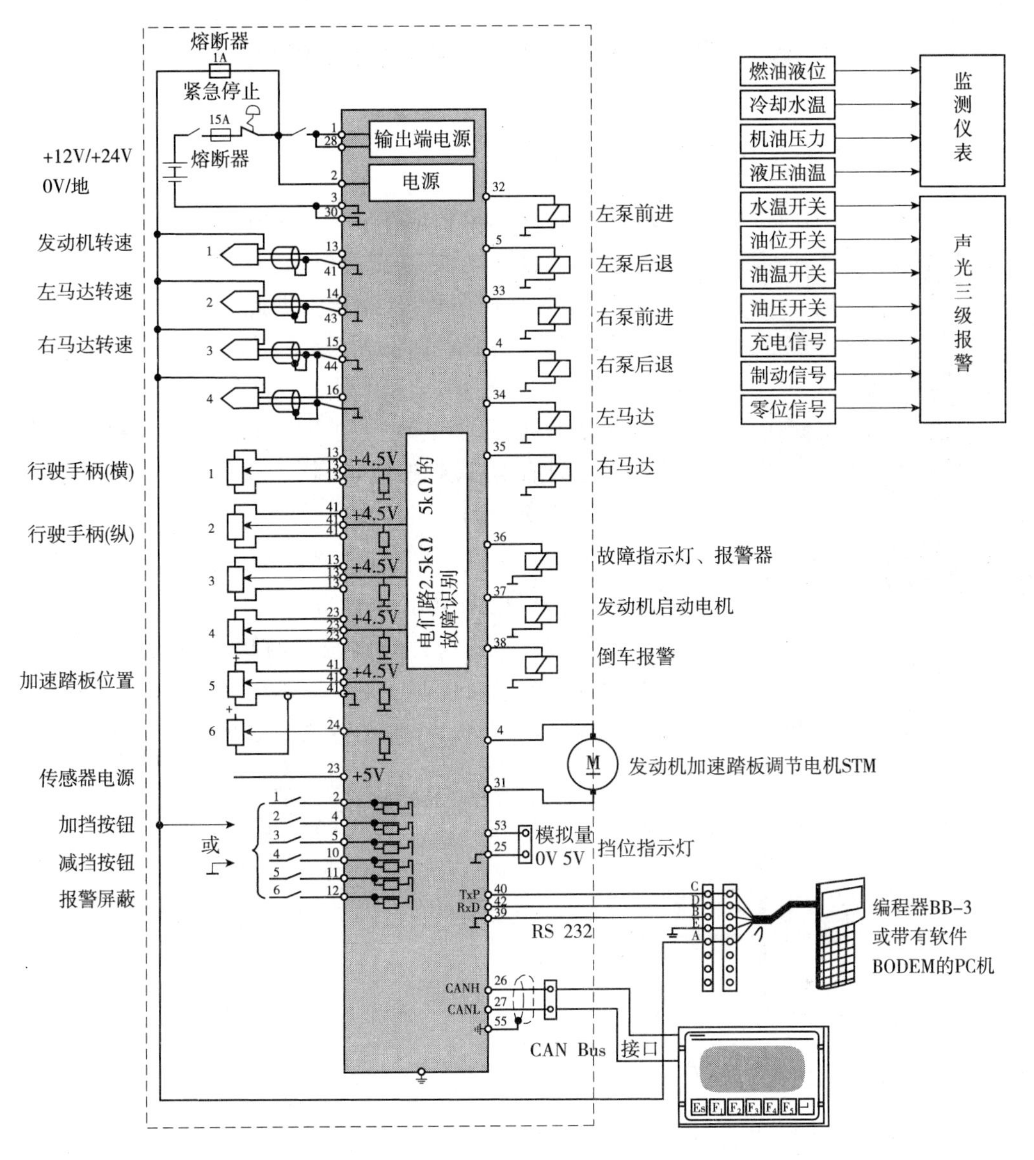

图 6-19　全液压推土机控制系统输入输出信号引脚分配

6.5　全液压推土机的控制目标与控制策略

全液压推土机是牵引式机械中负载变化最剧烈的机种，和平地机相同，其关键的控制目标是保证作业效率，采取的控制策略也同样集中在功率自适应控制方面。

两种机械采用功率自适应控制的原理一致，但具体实现上，由于平地机的操控指令输入装置为加速踏板踏板，而推土机为控制手柄，因此在对泵和马达的具体控制方法上有所区别。此外，两种机械的作业速度范围也存在差异，实际控制时，控制参数的选择也不相同。

作为双泵双马达的履带式机械，直线纠偏控制是保证推土机正常完成作业任务的必要功能。

6.6 全液压推土机关键控制技术

6.6.1 全液压推土机行驶控制技术

全液压推土机的前进、后退、转向和换挡操作集成于一个行驶操纵手柄，如图6-20所示。手柄上有两个方向正交的电位计，向控制器提供前/后、左/右两个模拟电压信号，控制器根据此信号，结合当前挡位信息计算后产生6路PWM信号，分别控制左、右行驶变量泵比例阀和左、右行驶变量马达比例阀，以改变变量泵及变量马达的输出排量及方向，从而实现行驶方向和速度的控制。同时，操纵手柄上还设有增、减挡按钮和倒车报警屏蔽/解除按钮。

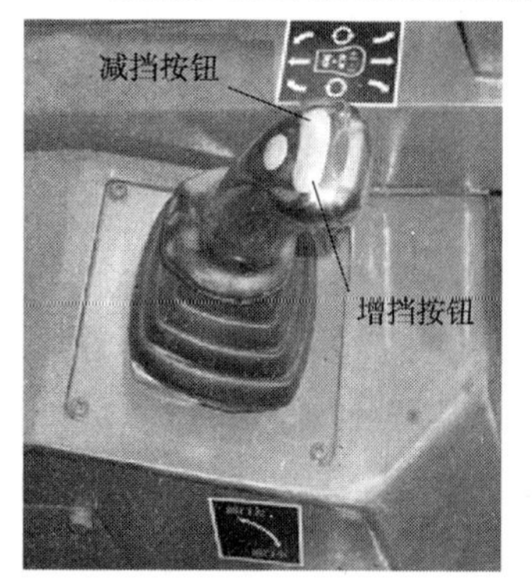

图6-20　推土机行驶方向与速度控制手柄

1)行驶方向控制

十字形行驶操纵手柄由纵、横两个电位计构成，如图6-21所示。控制器根据两电位计的当前值，判断出正确的目标方向，结合当前挡位信息，计算出左右两侧泵、马达的控制电流，实现8个方向的速度控制。这8个方向状态分别是直线前进、直线后退、前进左转、前进右转、后退左转、后退右转，原地左转及原地右转，如图6-22所示。

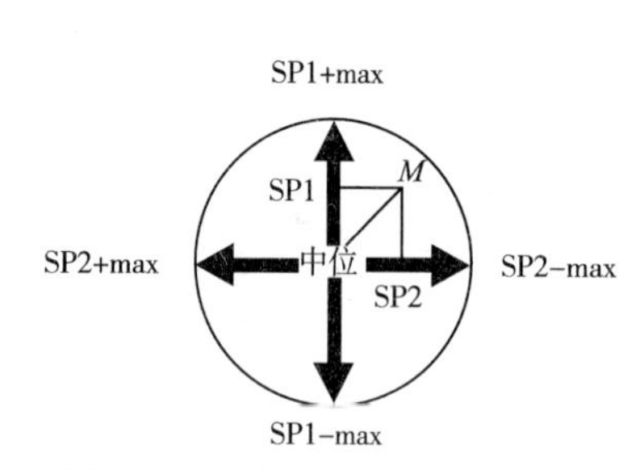

图6-21　行驶操作手柄电位计示意图

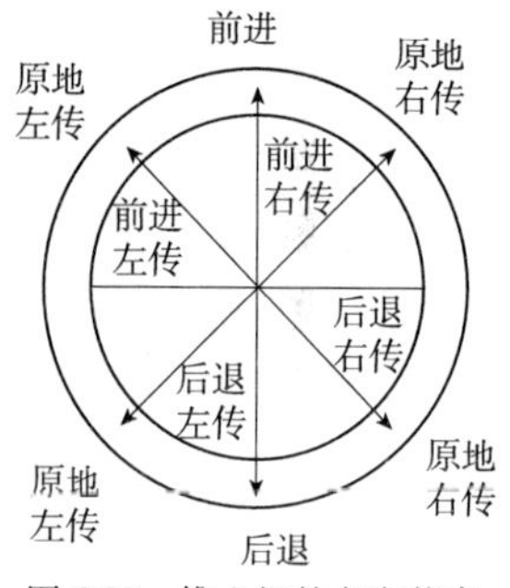

图6-22　推土机的方向状态

手柄在中位区域时，推土机处于停止状态。

要实现直线前进动作时，操作手柄向正前方推离中位区域，控制器将等值的PWM电流输出到左、右两泵电比例阀的前进线圈，使左、右两泵的排量增大，实现直线前进动作，通过改变手柄位置(电流大小)就可控制前进速度。

后退时，操作手柄向正后方拉离中位区域，控制器将等值的电流输出到左、右泵电比例阀的后退线圈，泵排量随之增大，从而实现直线后退。

前进左转时，操作手柄推向左前方，左泵电比例阀前进控制电流减小，右泵电比例阀前进控制电流保持不变，使左泵排量减小，而右泵排量不变，右侧履带的速度大于左侧，从而实现前进左转。

前进右转和前进左转正好相反，操作手柄推向右前方，左泵电比例阀前进控制电流保持不变，右泵电比例阀前进控制电流减小，使左泵排量不变，而右泵排量减小，左侧履带的速度大于右侧，即可实现前进右转。

同理，可分别实现后退左转、后退右转等。方向控制流程如图6-23所示。

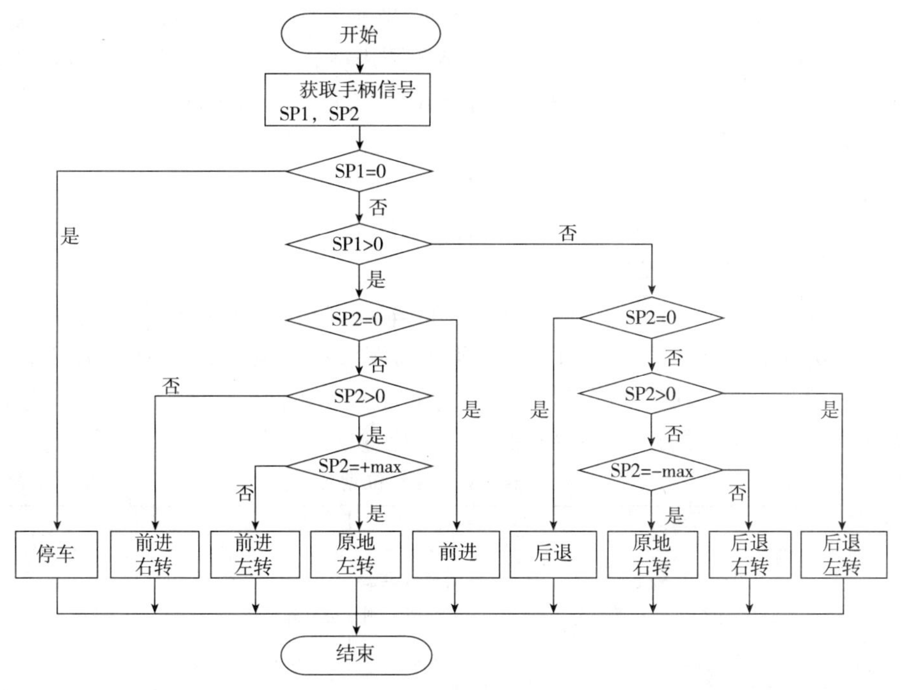

图 6-23　行驶方向控制流程

（1）一般转向控制算法。推土机的转向是通过左右两侧履带差速来实现的，在手柄处于某一位置 M 时，如图 6-21 所示，可将手柄位置信息解析折算成给左右两侧行驶系统各自的指令，式（6-1）为一种折算方法。

$$\begin{aligned}&\text{快速侧:SP1}\\&\text{慢速侧:SP1}\times\left(1-\frac{\text{SP2}}{\text{SP2}-\max}\right)\end{aligned}\tag{6-1}$$

式中：SP1、SP2——分别为手柄纵向电位计与横向电位计位置信号；

SP2 – max——手柄横向电位计位置最大值。

（2）原地转向控制算法。左右两侧履带运动速度相同，方向相反，即可实现推土机原地转向。原地转向时，手柄指令可用式（6-2）计算。

$$\begin{aligned}&\text{快速侧:SP1}\\&\text{慢速侧:}-\text{SP1}\end{aligned}\tag{6-2}$$

（3）手柄的标定与滤波处理。手柄置于中位区域表示停车指令。推土机出厂时，操作手柄及其他传感器都要经过校准，但由于机器使用过程中存在振动、元件参数漂移及老化等不确定因素，必须给手柄设定足够宽的中位"死区"，当手柄位于此"死区"范围时，均认为是中位，以避免由于轻微触动造成的误行车。中位"死区"范围一般可设为手柄单向行程的 3% 左右。

手柄位置是连续的变化量，若不断根据当前实际值实时计算并输出给泵和马达 PWM 控制信号，那么泵和马达将总是处于不停的调节当中，而且，严格来说，手柄位置随时都处在轻微变化中，不能理想静止。

为减少不必要的频繁调节，同时减轻控制器的处理负担，可在不失控制精度的前提下，将手柄的每一单向行程划分为 n 个区间，在某一区间内变化时，取此区间的中心值作为手柄当前

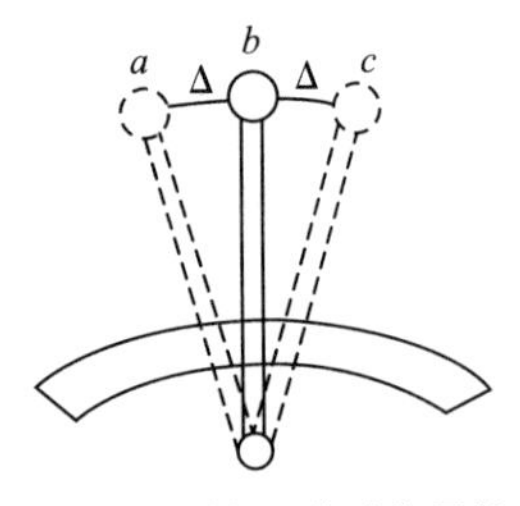

图 6-24　手柄电位计信号的离散化处理

值,如图 6-24 所示。例如,当前手柄处于 b 位置时,取手柄输出值为 x_b,其下一时刻在正负Δ范围内变化时,输出均取 x_b。为防止在两区间交界处,手柄少量抖动而使得输出值振荡,可对这一算法作进一步改进,在控制程序中增加防抖动处理算法,即将每一时刻的手柄当前值作为当前区间的"中心",在此中心两侧Δ范围内变化时,输出均为一固定值,这样可避免抖动现象。

2)行驶挡位控制

(1)全液压推土机的挡位划分。对静液传动的机器来说,采用变量泵与变量马达可实现无级调速,"挡位"对此类机器而言并非传统意义上的"挡位"概念,而是为便于操作而设定的"虚拟挡"或"限速挡"。根据推土机的不同使用工况,将速度范围划分为 4 个限速挡,每个挡位泵与马达的排量范围和相应的行驶速度范围如表 6-7 所示。

全液压推土机限速挡位划分　　表 6-7

挡位	一挡	二挡	三挡	四挡
适用工况	启动、上平板车及危险狭窄场地转移等	工作挡,低速大转矩输出,用于大负载铲掘	工作挡,用于平地、松土等轻载作业	快速挡,无负载转场行驶
泵排量比	0 ~ 30%	30% ~ 100%	30% ~ 100%	100%
马达排量比	100%	100%	100% ~ 40%	40% ~ 30%
行驶速度(km/h)	0 ~ 1.2	0 ~ 4.0	0 ~ 6.0	0 ~ 10.0

(2)换挡记忆控制。

换挡记忆功能可在推土机前进、后退方向转换后对上一次的设定挡位进行记忆,其工作原理为:机器启动后默认挡位为一挡,操作员根据作业工况判断所需要的车速,在作业时通过操作行驶手柄上部的增速、减速按钮改变挡位,操作时前进挡位和后退挡位设定互不相干。控制系统分别记忆了调整前的前进与后退挡位,在调整好挡位后,只要不再人为改变挡位,作业时,前进挡位仍是上一次前进时设定的挡位,后退时仍是上一次后退设定的挡位。操作员在推土作业时,针对某种工况只须进行一次挡位设定,无须频繁换挡就可获得前进与后退不同的车速。

3)行驶速度控制

全液压推土机行驶系统的调速遵循闭式系统的调速规律,在变量泵的排量比从最小调至最大后,再将变量马达的排量比从最大调至设定的最小排量,可完成低速大转矩作业和高速小转矩转场的要求。闭式系统的调速规律如图 6-25 所示。

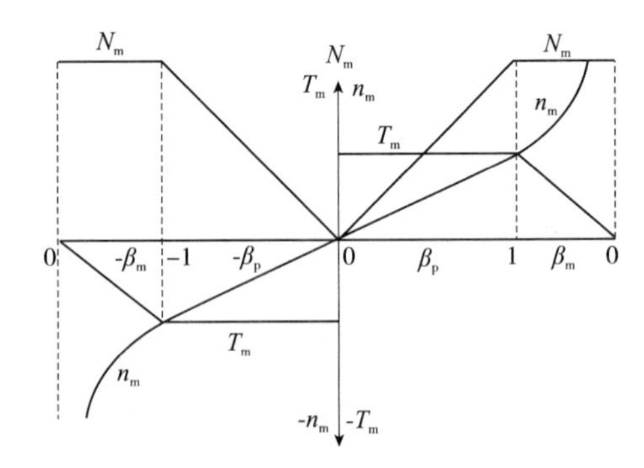

图 6-25　闭式系统容积调速曲线

β_p-泵排量比;β_m-马达排量比;n_m-马达输出转速;T_m-马达输出转矩;N_m-马达输出功率

(1)变量泵、变量马达排量比与电流的关系。力士乐 A4VG 电比例变量泵控制电流与排量比的关系如图 6-26 所示。

当控制电流由 i_{p0} 变化至 i_{pmax} 时,变量泵排量比由零变化至最大 1,对应于任一电流值 i_p,都有一确定的排量比 β_p,排量比的计算方程为

$$\beta_p = \frac{\beta_{pmax}}{i_{pmax} - i_{p0}}(i_p - i_{p0}) = \frac{1}{400}(i_p - i_{p0}) \tag{6-3}$$

反之,若要求出某排量比 β_p 对应的控制电流 i_p,可利用如下计算式:

$$i_p = \frac{\beta_p}{\beta_{pmax}}(i_{pmax} - i_{p0}) + i_{p0} = 400\beta_p + 200 \tag{6-4}$$

力士乐 A6VM 电比例变量马达的控制电流与排量比关系曲线如图 6-27 所示。

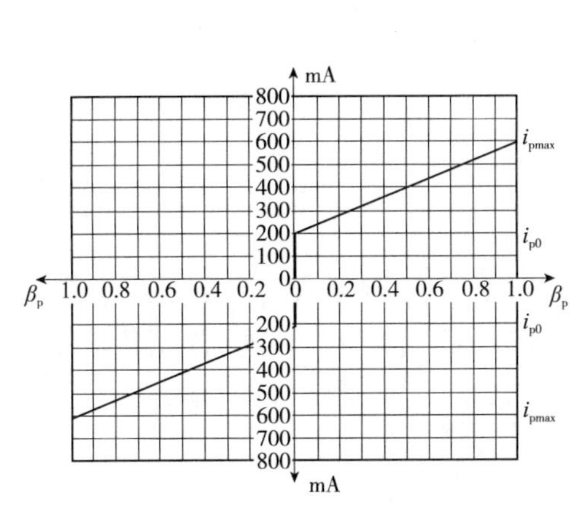

图 6-26 A4VG 变量泵排量比与控制电流的关系

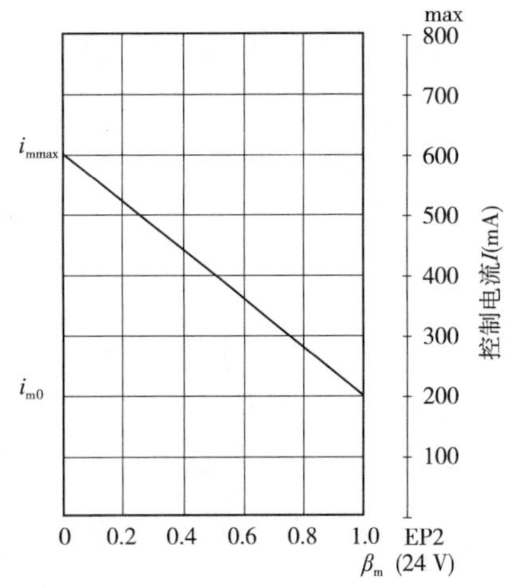

图 6-27 A6VM 变量马达排量比与控制电流的关系

注:图线适用于马达排量规格为 28 ~ 200mL/rad。

控制电流由 i_{m0} 变化至 i_{mmax} 时,变量马达排量由最大变化至零,对应于任一控制电流值 i_m,都有一确定的排量比 β_m,排量比的计算方程为

$$\beta_m = \frac{\beta_{mmax}}{i_{mmax} - i_{m0}}(i_{mmax} - i_m) = \frac{1}{400}(600 - i_m) \tag{6-5}$$

反之,若要求出马达某排量比 β_m 对应的控制电流 i_m,可利用如下计算式:

$$i_m = -\frac{\beta_m}{\beta_{mmax}}(i_{mmax} - i_{m0}) + i_{mmax} = -400\beta_m + 600 \tag{6-6}$$

(2)挡位、手柄位置与变量泵、变量马达排量之间的关系。表 6-8 为各挡位手柄位置与变量泵、变量马达排量的关系,其中,H_d 表示手柄中位死区宽度;H_{max}表示手柄最大位移;H_{sep}表示调节变量泵和变量马达的手柄分界点位置;x 表示手柄任意位移。

各挡位手柄位置与变量泵、变量马达排量的关系 表 6-8

挡　位	一挡	二挡	三挡	四挡
泵排量比 β_p	30%	30% ~100%	30% ~100%	100%
马达排量比 β_m	100%	100%	100% ~40%	40% ~30%
手柄位置与泵排量比关系	β_p 1.0 0.3 0 H_d H_{max} x	β_p 1.0 0.3 0 H_d H_{max} x	β_p 1.0 0.3 0 H_d H_{sep} H_{mid} x	β_p 1.0 0 H_d H_{max} x
手柄位置与马达排量比关系	β_m 1.0 0 H_{mid} H_{max} x	β_m 1.0 0 H_d H_{max} x	β_m 1.0 0.4 0 H_d H_{sep} H_{max} x	β_m 0.4 0.3 0 H_d H_{max} x
行驶速度(km/h)	0 ~1.2	0 ~4.0	0 ~6.0	0 ~10.0

①一挡。变量泵的排量比的范围是$\beta_{p}=(0\sim0.3)\beta_{pmax}$，变量马达的排量比保持最大$\beta_{mmax}$不变。此状态下，手柄位移$x$与$\beta_{p}$的对应关系为

$$\begin{cases}\beta_{p}=k_{1}x+b_{1}\\ k_{1}=\dfrac{0.3}{H_{max}-H_{d}}\\ b_{1}=-k_{1}H_{d}\end{cases} \tag{6-7}$$

②二挡。变量泵排量比的范围是$\beta_{p}=(0.3\sim1)\beta_{pmax}$，变量马达的排量比保持最大$\beta_{mmax}$不变。此状态下，手柄$x$与$\beta_{p}$的对应关系为

$$\begin{cases}\beta_{p}=k_{2}x+b_{2}\\ k_{2}=\dfrac{0.7}{H_{max}-H_{d}}\\ b_{2}=1-k_{2}H_{max}\end{cases} \tag{6-8}$$

③三挡。变量泵的排量比范围是$\beta_{p}=(0.3\sim1)\beta_{pmax}$，变量马达的排量比范围是$\beta_{m}=(1\sim0.4)\beta_{mmax}$。该挡位下，变量泵和变量马达的排量均发生变化，因此，首先必须确定手柄上调节变量泵和变量马达的分界点位置H_{sep}。此状态下，手柄位移x与变量泵、变量马达的排量比β_{p}、β_{m}的对应关系为

$$\begin{cases}\beta_{p}=k_{3p}x+b_{3p}\\ \beta_{m}=k_{3m}x+b_{3m}\\ k_{3p}=\dfrac{0.7}{H_{sep}-H_{d}}\\ b_{3p}=1-k_{3p}H_{sep}\\ k_{3m}=\dfrac{-0.6}{H_{max}-H_{sep}}\\ b_{3m}=0.4-k_{3m}H_{max}\end{cases} \tag{6-9}$$

④四挡。变量泵的排量比保持最大（即$\beta_{p}=1.0$），变量马达的排量比范围是$\beta_{m}=(0.4\sim0.3)\beta_{mmax}$。此状态下手柄位移$x$与变量马达排量比$\beta_{m}$的对应关系为

$$\begin{cases}\beta_{m}=k_{4}x+b_{4}\\ k_{4}=\dfrac{-0.7}{H_{max}-H_{d}}\\ b_{4}=0.3-k_{4}H_{max}\end{cases} \tag{6-10}$$

6.6.2 全液压推土机功率自适应控制技术

此部分原理与方法与全液压平地机类似，不再详述。图6-28所示为全液压推土机的功率自适应控制算法。

发动机负荷状态的检测可根据当前加速踏板下发动机目标转速（指令转速）与实测转速之间的差值确定。当实测转速较目标转速降低到一个预先设定的阈值时，说明发动机掉速到了允许的低限，此时应启动极限负荷调节算法；反之，当实测转速较目标转速升高到一个预先设定的阈值时，说明发动机处于欠负荷状态，此时应启动欠负荷调节算法。

发动机的目标转速需要根据加速踏板位置计算。若为电喷发动机，可从CAN总线上直

接读取当前加速踏板开度;若为非电喷柴油机,则可以采用倾角传感器等获得加速踏板的位置变化。

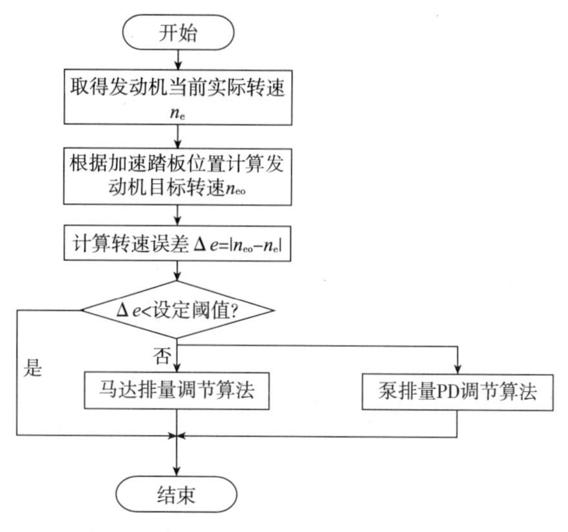

图 6-28　全液压推土机的功率自适应控制算法

6.6.3　全液压推土机直线纠偏控制技术

全液压推土机采用双泵双马达驱动,与第三章所述摊铺机一样存在跑偏问题,如图 6-29 所示。跑偏问题的存在对推土机的作业性能及操纵性能均有不利影响。

a)

b)

图 6-29　全液压推土机行驶跑偏现象

1)直线纠偏控制原理

如果检测出所用液压元件的实际非线性特性,针对此非线性做特定的控制量计算,则由于不同元件非线性特性各不相同,且元件的参数在使用过程中还存在变化,所以这一思路并不可取。实际上,借助控制器的自动调节算法完全可以达到纠偏目的。采用这一类方法时,通常并不需要确切知道元件的非线性特性和其他影响因素,控制系统只要实时检测两侧行驶速度的差异,根据速度差异情况对输出控制量进行调整即可。

2)基于 PID 调节的纠偏控制算法

PID(比例—积分—微分)是一种常见的调节方法,设计时无需被控对象的数学模型,PID 参数可现场整定。

PID 调节器(即 PID 调节算法程序)的输入分别为"目标值"和"实际值",以左右马达当前的转速差作为调节器输入的"实际值",在此情况下,目标值应为"零",即左右马达转速差为零是控制目标(实际上转速差小于某一设定误差即可认为是零)。调节器的输入输出如图 6-30 所示。

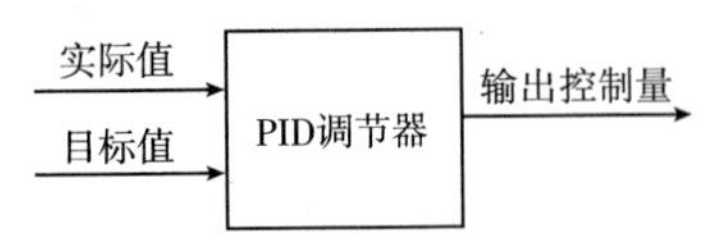

图 6-30 PID 调节器的输入输出

算法采用的离散化公式为

$$\Delta i(k)=K_{\mathrm{P}}\left\{[e(k+2)-e(k)]+\frac{T}{K_{\mathrm{I}}}e(k+2)+\frac{K_{\mathrm{D}}}{T}[e(k+2)-2e(k+1)+e(k)]\right\} \tag{6-11}$$

式中:K_{P}、K_{I}、K_{D}——分别为 PID 调节器的 3 个参数;

T——采样周期;

k——第 k 次采样。

PID 调节器输出的调节量作用到快速侧,在快速侧的当前排量上减去这一调节量(绝对值)。经过现场调参,系统稳定且响应速度达到要求后,即可完成纠偏过程。调节 K_{P}、K_{I} 及 K_{D} 3 个参数对响应性能的影响如下:

K_{P} 增大则超调量增大,超调量超过一定值时表现为纠偏过程中机器行驶左右振荡;K_{D} 增加则微分的作用增强,系统响应加快;调整 K_{I} 会增强或减弱积分环节的作用,其作用过强时,能减小静差,但会使系统稳定性变差,若 K_{I} 选择不合适,会导致系统响应发散。

采用 PID 调节方法时,控制器每一循环周期的程序流程如图 6-31 所示。

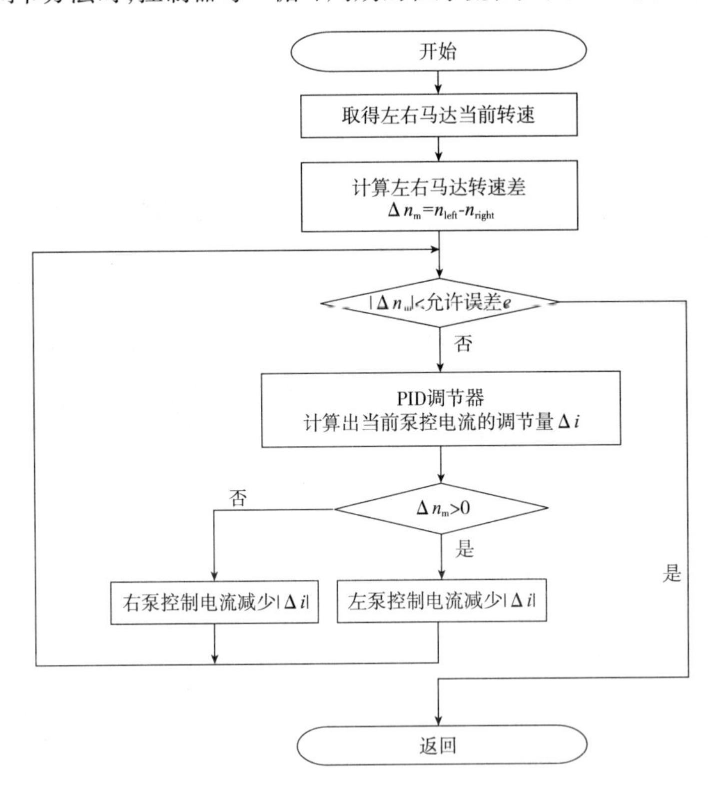

图 6-31 基于 PID 调节的直线行驶纠偏控制方法

PID 方法的优点是算法比较成熟,是普通工程应用中最常见的一种方法,将其用于推土机的直线纠偏控制也是可行的。

这一方法的局限性在于：因为 PID 调节器输出的控制量是根据当前左右马达转速差实时计算得到的，如果当前排量与调节量的和超过泵满排量的限制，则直接影响算法的效果甚至收敛性，因此这种方法在使用时只能减少快速侧的泵排量，从其当前排量上减去调节量，而且还要通过大量现场试验整定 PID 三参数，使超调量、响应时间等性能达到要求，因此在参数确定方面的工作量较大，需要反复试验才能达到理想的效果。

3）基于"小量逼近"原理的纠偏方法

PID 调节方法在实现上需要做大量的参数整定工作，是一种实现上较简单的小量逼近纠偏控制算法，经试验效果良好。其控制流程图如 6-32 所示。

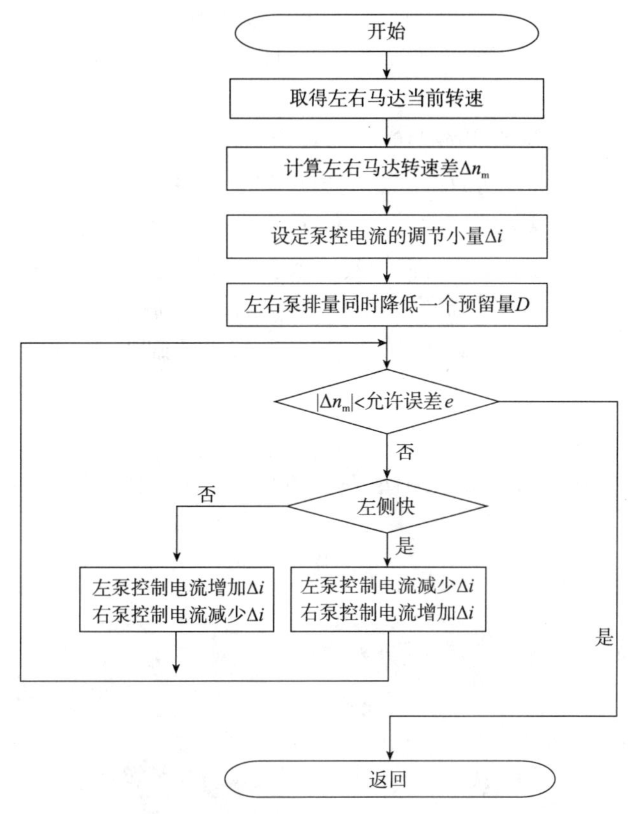

图 6-32　基于"小量逼近"原理的直线纠偏方法

控制器每一扫描周期，较快侧的泵排量减少个小量，同时较慢侧的泵排量增加一个相同小量，借助控制器的高速处理能力，短时间就可以达到两侧速度的平衡，而且因为每周期纠偏量很小，不会产生过调与振荡。

"小量"值的选取非常重要，如果取值过大，调节过程中会出现左右振荡的现象；如果过小，则受限于控制器有限的运行速度，会因调节时间过长而发散。经试验，如果控制器的循环周期为 10ms，将调节"小量"折算为泵排量，可取为满排量的 0.05% ~0.1%。

如果采用较慢侧跟随较快侧的单侧调节方式，则若两侧泵都已处于满排量时仍然跑偏，将没有调节余地，故不可取；而若采用较快侧跟随较慢侧的调节方式，则整机速度损失较大；仅调节一侧，响应速度较慢，采用两侧同时调节的方式，可部分消除上述问题，但需要注意的是，泵不能工作于满排量，需首先将排量适当降低以预留出上调的空间。两侧同时调节时，响应速度较快。

"小量"纠偏方法的优点是:每周期纠偏量很小,不会产生振荡现象,稳定有效;实现简单,对不同机器具有普遍性。需要注意是:该方法对控制器的执行速度要求较高。

4)改进的小量纠偏方法

不同挡位的速度范围不同,液压元件所处的工作点也不一样,其非线性程度与特性也不同,这就造成了不同挡位下机器的固有跑偏情况实际不同(不一定是高速挡跑偏量就大)。如果按照跑偏最严重的挡位进行算法设计,其他挡位就会有额外的泵排量损失。为减少保守性,可对小量纠偏算法进行改进,增加自学习功能,使之更完善。其过程描述如下:

(1)每一位用较快侧跟随较慢侧的方法,记下该挡最大的纠偏调节量。

(2)将每挡位的最大纠偏调节量数值存入可配置参数存储区域中,作为该挡排量预下调量。

(3)学习成功后,通过参数设置关闭学习程序代码,使之在总程序中不再起作用。

(4)总程序运行时,读出此预存参数,完成正常的程序功能。

自学的目的是使控制系统得到液压元件的非线性特性,一般只需在机器下线调试、大修、更换液压与控制元件或经长时间工作液压系统特性发生改变时空载学习。

改进后的小量纠偏方法更为完善,可将不必要的排量损失减少到最小;在机器工作寿命周期内,可随时根据系统性能的变化(如效率等)进行自动调整,此时只需打开并重新运行学习程序即可。

5)直线纠偏控制效果

图6-33为某全液压推土机采用小量纠偏方法后的试验效果,其行驶直线性能达到了要求。

a)一挡

b)二挡

c)三挡

d)四挡

图6-33 采用小量纠偏方法的纠偏实验效果图

6.6.4 全液压推土机状态监测与故障诊断技术

推土机状态监测和故障诊断系统可完成整机运行信息、发动机信息及重要参数的显示和故障诊断与报警(表6-9)。

1)系统状态监测与显示

显示器应通过人机交互界面完成对机器主要参数、运行状态和故障的显示及参数设定,使操作员实时掌握系统的工作状态,简化操作,实现人机合一。

显示器将控制器通过CAN总线发送来的数据以图形、文字等形式进行显示;一旦控制器识别到故障,故障信息和故障代码将显示在显示屏上。具体功能包括:

(1)操作员可通过按键对当前显示页面进行选择;

(2)可对信息进行存储和删除,并查看以往的故障历史和数据信息;

(3)进行参数设定和修改;

(4)可选择显示语言;

(5)根据需要对显示器的对比度和背景灯光强度进行调节。

全液压推土机状态监测与故障报警系统信息 表6-9

信号名称	数据类型	显示形式	说明
机油压力	UNS	----MPa	压力过低时显示故障
发动机转速	UNS	----r/min	
蓄电池电压	UNS	----V	电压过低时显示故障
低挡	BIN	乌龟图形	低挡位时显示乌龟
高挡	BIN	兔子图形	高挡位时显示兔子
燃油油位	UNS	----mm	油位过低时显示故障
冷却液温度	UNS	----℃	温度过高时显示故障
挡位	INT	----挡	
行驶速度	INT	----km/h	
液压油油位	UNS	----mm	油位过低时显示故障
系统压力(左)	UNS	----MPa	
系统压力(右)	UNS	----MPa	
补油压力	UNS	----MPa	压力过低时显示故障
液压油温度	INT	----℃	温度过高时显示故障
工作泵出口压力	UNS	----MPa	
本次工作小时	INT	----h	
本次工作分钟	INT	----min	
累计工作年	INT	----y	
累计工作日	INT	----d	
累计工作小时	INT	----h	
手柄电位计位置	FLS	上箭头位图	
	FLS	下箭头位图	
	FLS	左箭头位图	
	FLS	右箭头位图	

2)系统通信

控制器和显示器之间通过CAN总线进行通信,双方按照约定的通信协议,保证数据按照设定的传送周期进行正确发送和接受。

3)系统故障诊断

故障诊断借助各种传感器和显示器,将常见故障及时地显示、报警,并提供发生故障部位的相关信息,同时将故障信息记录到故障库,供诊断分析使用。因此要求相应的故障诊断系统具备以下功能:

(1)通过将传感器检测值和标准值的比较,判断是否发生故障;

(2)显示和记录故障代码、故障发生时间和排除时间;

(3)根据预先设定的报警级别实现声光报警;

(4)具有一定的自学习能力,能自动保存新的故障代码和信息;

(5)可对历史故障进行查询。

6.6.5 控制系统实验室模拟调试技术

工程机械的作业环境恶劣,现场试验成本较高,而控制系统的功能与性能调试需要大量试验。为减少样机的野外试验工作量,可在控制程序开发完毕后,在实验室搭建模拟输入输出调试试验台,将控制系统大部分功能的正确性,尤其是控制逻辑的正确性在实验室加以验证。模拟调试结束后再进行样机的实际调试试验,可节省大量人力物力。

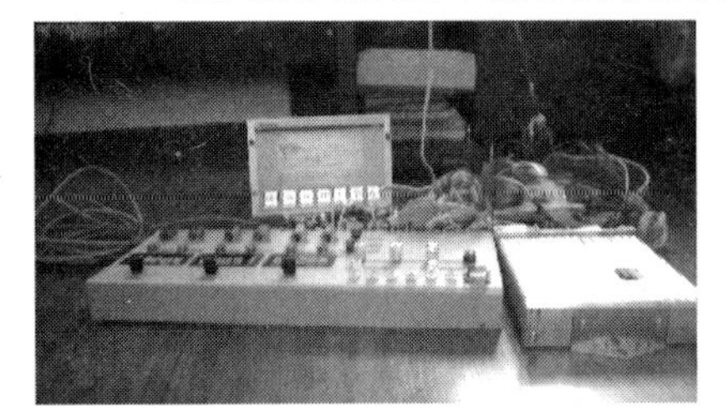

图6-34 推土机实验室模拟调试系统

图6-34为全液压推土机实验室模拟调试系统,由控制器、显示器、模拟输入输出设备及下载电脑组成。图6-35为模拟输入输出设备面板;表6-10为模拟输入输出设备面板器件的定义。

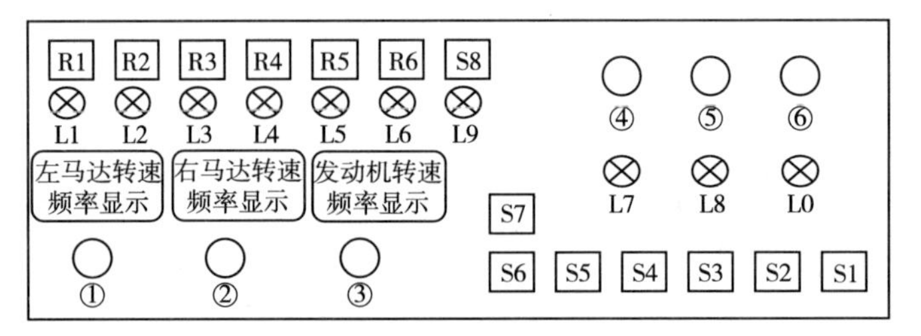

图6-35 推土机模拟调试台面板

推土机模拟输入输出设备面板器件定义 表6-10

代　号	元件名称	含　义
①、②和③	旋转式电位计	①:左变量马达转速;②:右马达转速;③:发动机转速。 改变电位计的旋转角度可调节脉冲信号的频率
④、⑤和⑥	旋转式电位计	④:加速踏板位置电位计;⑤:前进、后退电位计;⑥:转向电位计
L0	指示灯	L0:电源指示灯
L1 和 L2	指示灯	L1:左变量泵前进电磁阀指示灯;L2:左变量泵后退电磁阀指示灯
L3 和 L4	指示灯	L3:右变量泵前进电磁阀指示灯;L4:右变量泵后退电磁阀指示灯
L5 和 L6	指示灯	L5:左变量马达电磁阀指示灯;L6:右变量马达电磁阀指示灯
L7 和 L8	指示灯	L7:手柄处于中位指示灯;L8:倒车指示灯
L9	指示灯	L9:故障报警指示灯
S1、S2 和 S3	按钮开关	S1:试验板电源开关;S2:推土机紧急制动按钮;S3:报警屏蔽按钮
S4 和 S5	按钮开关	S4:功率自适应开关;S5:模拟试验板输出电源开关
S6、S7 和 S8	按钮开关	S6:备用开关;S7:加挡按钮;S8:减挡按钮

本章思考题

1. 谈谈现代全液压推土机的技术特征。

2. 全液压推土机行驶控制系统的输入输出信号都有哪些?

3. 推土机的荷载特征如何?

4. 如何进行全液压推土机的功率自适应控制? 请在图 6-28 的基础上,绘制推土机功率自适应控制的详细流程图。

5. 双泵双马达液压推土机跑偏的原因是什么? 如何进行纠偏控制?

6. 直线行驶纠偏控制算法中的"自学习"功能有何意义? 如何实现?

7. 在对控制系统进行试验室调试时,各类信号通常用何种器件模拟?

第7章　水平定向钻机控制系统与控制技术

水平定向钻机是在不开挖地表面的条件下，铺设多种地下公用设施（管道、电缆等）的一种施工机械，将石油工业的定向钻进技术和传统的管道铺设技术结合在一起，具有施工速度快、施工精度高、成本低等优点，一般适用于管径 $\phi300 \sim 1200\text{mm}$ 的钢管、PE 管，铺管长度可达几百至上千米，广泛应用于供水、电力、电信、天然气、煤气和石油等管线铺设施工中，适用于砂土、黏土及卵石等地况。目前比较先进的水平定向钻机能适应硬岩作业，具备自备式锚固系统、防触电系统，能够完成钻杆的自动堆放与提取、钻杆连接的自动润滑等自动化作业，同时还具有超深度导向监控功能，应用范围更加广泛。

7.1　水平定向钻机的作业特点

使用水平定向钻机进行管线穿越施工（图 7-1），一般分为 3 个阶段：第一阶段是按照设计曲线尽可能准确地钻一个导向孔；第二阶段是将导向孔进行扩孔，产品管线的直径不同，需要扩孔的次数也不同；第三阶段是回拖管线，将产品管线（一般为 PE 管道、光缆套管、钢管等）沿着扩大了的导向孔回拖，完成管线穿越工作。水平定向钻机穿越施工工艺流程见图 7-2，钻具组合见表 7-1。

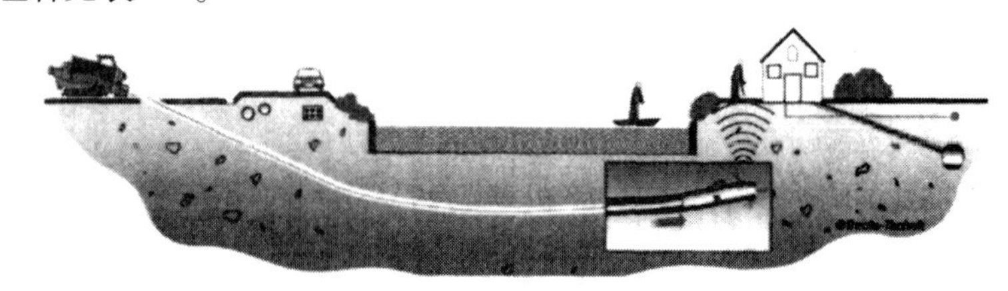

图 7-1　水平定向钻机施工图

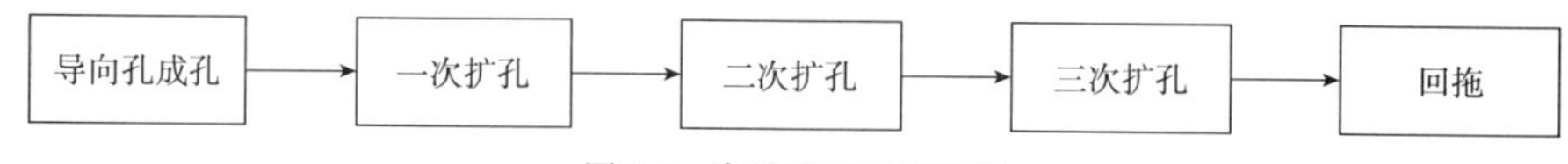

图 7-2　穿越施工工艺流程

各施工段钻具组合　　表 7-1

施工工序	施　工　段	钻具组合
1	导向孔成孔	钻头 + 传感器 + 钻杆
2	一次扩孔	钻杆 + D_1扩孔器 + 钻杆
3	二次扩孔	钻杆 + D_2扩孔器 + 钻杆
4	三次扩孔	钻杆 + D_3扩孔器 + 钻杆
5	回拖	管线 + 连接头 + 旋转接头 + D_3扩孔器 + 钻杆

注：扩孔器直径 $D_1 < D_2 < D_3$。

各阶段施工过程和特点如下：

1)导向孔成孔

如图7-3所示，根据待穿越的地质情况，选择合适的钻头和导向板或地下泥浆马达，开动泥浆泵对准入土点进行钻进，钻头在钻机的推力作用下由钻机驱动旋转(或使用泥浆马达带动钻头旋转)切削地层，不断前进，每钻完一根钻杆要测量一次钻头的实际位置，以便及时调整钻进方向，保证所完成的导向孔曲线符合设计要求，如此反复直到钻头在预定位置出土，完成整个导向孔的钻孔作业。

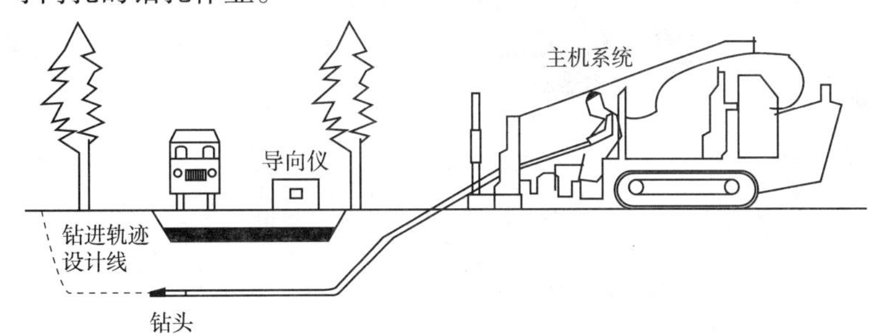

图7-3　钻导向孔示意图

在钻导向孔的过程中，导向钻头是关键部件，其工作性能的好坏直接关系到整个钻机的工作稳定性和钻进效率。图7-4为适用于不同地层的各种导向钻头。

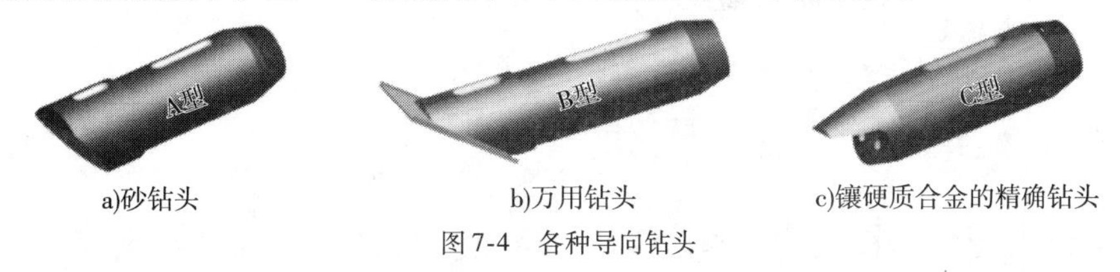

a)砂钻头　b)万用钻头　c)镶硬质合金的精确钻头

图7-4　各种导向钻头

2)预扩孔

如图7-5所示，在钻导向孔阶段，钻出的孔径往往小于回拖管线的直径，为了使钻出的孔径达到回拖管线直径的1.3~1.5倍，需要用扩孔器从出土点开始向入土点将导向孔扩大至要求的直径，此过程称为预扩孔。预扩孔的直径和扩孔次数视钻机型号和地质情况而定。通常，在钻机对岸将扩孔器连接到钻杆上，然后由钻机旋转回拖入导向孔，将导向孔扩大，同时要将大量的泥浆泵入钻孔，以保证钻孔的完整性和不塌方，并将切削下的岩屑带到地面。

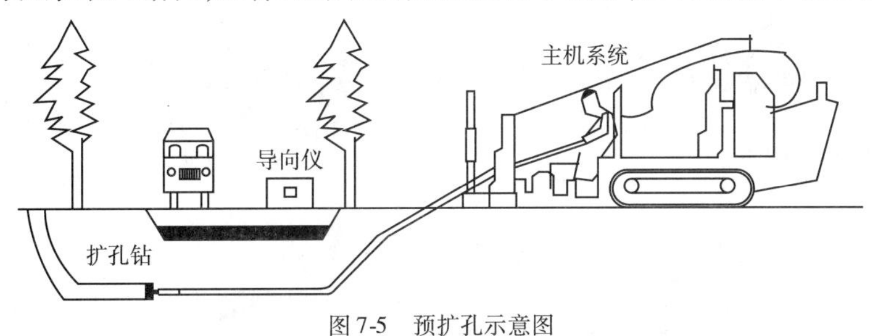

图7-5　预扩孔示意图

常用的扩孔器有多种，如图7-6所示。

3)回拖管道

如图7-7所示，地下孔经过预扩孔，达到回拖要求之后，将钻杆、扩孔器、回拖活节和被安装管线依次连接好，从出土点开始，一边扩孔一边将管线回拖到入土点为止。

管道预制应在钻机对面的一侧完成。扩孔器一端接上钻杆,另一端通过旋转接头接到成品管道上。旋转接头可避免成品管道随扩孔器旋转,以保证将其顺利拖入钻孔。回拖由钻机完成,这一过程同样需要大量泥浆配合,回拖过程要连续进行,直到扩孔器和成品管道自钻机一侧破土而出。

a)Ditch Witch公司扩孔器产品

b)Vermeer公司扩孔器产品

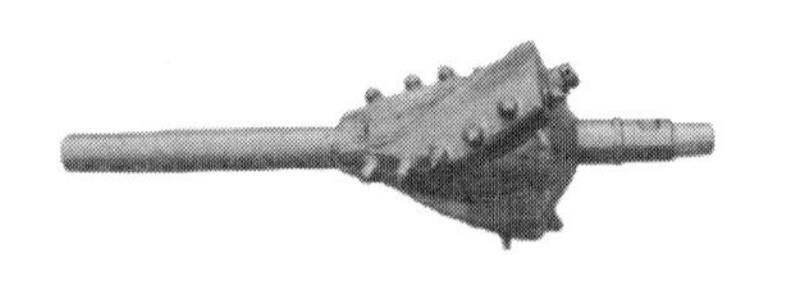

c)宣化北方扩孔器产品

图 7-6　各类型扩孔器

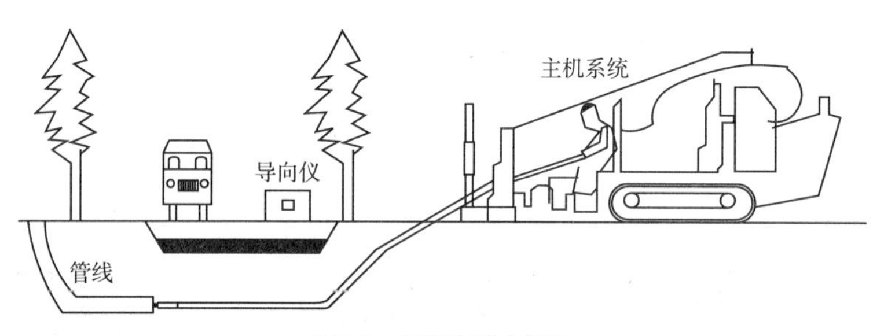

图 7-7　回拖管线示意图

7.2　水平定向钻机的组成与工作原理

水平定向钻机是 20 世纪 80 年代在发达国家兴起并形成的新产品,随着控制技术与通信技术的快速发展,水平定向钻机发展迅速。目前,国外水平定向钻机开发水平较高的公司主要有威猛(Vermeer)、沟神(Ditch Witch)、凯斯(Case)及奥格(Augers)等(图 7-8),国内也有部分公司推出了自行研制的产品(图 7-9)。

a) Vermeer D36x50 Series II

b) Vermeer D1320x900 NAVIGATOR

c) Ditch Witch JT100

d) Ditch Witch JT5

图 7-8　国外部分水平定向钻产品

a) 三一重工SD180

b) 中联重科KSD18

c) 徐工XZ3000

d) 铁友机械TY20T

图 7-9　国产部分水平定向钻产品

7.2.1 水平定向钻机的组成

无论是何种规格的水平定向钻机，其基本结构都包括主机系统、钻具、导向系统、泥浆系统及智能辅助系统(图7-10)。

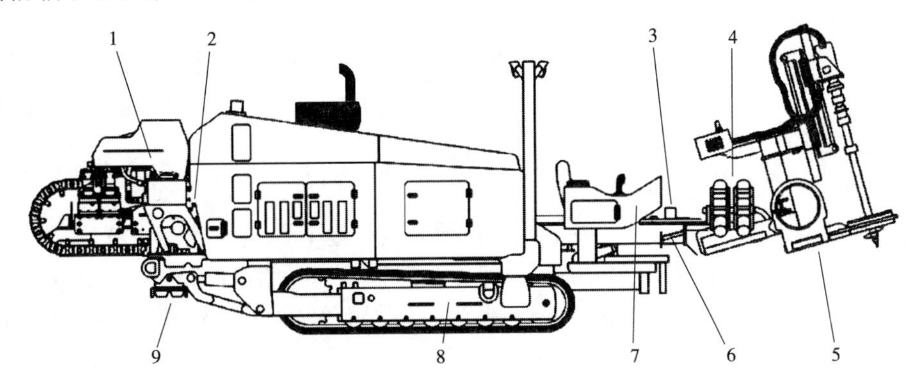

图7-10　水平定向钻机组成结构示意图

1-支架;2-主轴;3-钻杆装卸装置;4-虎头钳;5-锚固系统;6-钻架;7-操作台;8-履带;9-稳定器

1)主机系统

主机系统是水平定向钻机完成钻进及回拖作业的主要工作部分，由钻机主体、动力头等组成，通过改变动力头转向和输出转速及转矩大小，可以达到不同作业状态的要求。主机的动力系统一般为柴油发动机，其功率是衡量钻机施工能力的重要指标之一。

水平定向钻机在工作中应完全固定，如果在钻进拖拉过程中发生移动，一方面有可能造成发动机损坏，另一方面会降低推拉力，造成孔内功率损失。目前最新的水平定向钻机都配备自动液压锚固系统，靠自身功率把锚杆钻入土层，在干燥土层一般用直锚杆，在潮湿土层用螺旋锚杆。

为降低劳动强度，提高劳动效率，主机一般装备有钻杆自动装卸装置，钻进时，自动从钻杆箱中移取钻杆，旋转加接到钻杆柱上；回拖时，正好相反。有的还装备了润滑油自动涂抹装置，对钻杆连接头螺纹进行润滑以延长钻杆寿命。

2)钻具

钻具包括水平定向钻机在作业过程中钻孔和扩孔时所使用的各种机具，主要包括适合各种地质的钻杆、钻头、扩孔器、切割刀、卡环、旋转活接头和各种管径的拖拉头等。钻杆应当有足够的强度，以免扭折、拉断，又要有足够的柔性，才能钻出弯曲的孔道。在长距离穿越中，钻杆的长度直接影响钻进效率。钻头斜板通常带有喷嘴，高速泥浆从喷嘴喷出，对土层进行冲刷。

3)导向系统

导向系统通过计算机监测和控制钻头在地下的具体位置及其他参数，引导钻头正确钻进。目前，经常采用的有无线导向系统和有线导向系统。无线导向系统由手持式地表探测器和安装在钻头中的探头组成。探测器通过接收探头发射的电磁波信号判断钻头的深度、楔面倾角等参数，并同步将信号发射到钻机的操作台显示器上，以便操作人员及时调整钻进参数。在穿越河流、湖泊时，由于地面行走困难或钻孔深度较深，电磁波信号难以接收，就必须使用有线导向系统，探头通过钻杆后接电缆，把信号传给操作台。

4）泥浆系统

泥浆系统是保证扩孔及管道回拖顺利进行的重要设备，由泥浆混合搅拌罐、泥浆泵及泥浆管路组成，为主机系统提供适合钻进工况的泥浆。膨润土、水以及添加剂等在泥浆罐里充分搅拌混合后，通过泥浆泵加压，经过泥浆管路从钻具喷嘴喷出，冲刷土层并把钻屑带走，起到辅助钻进的作用；冷却孔底钻具，以免钻具过热而磨损；在回拖管道时，降低管壁与孔壁之间的摩擦力，理想状态下，管道是悬浮在泥浆中被拉出的，因此，在实际工程中，如果钻孔成型好，管道所需的拉力往往比预料的要小得多；水平定向钻管孔直径一般比较大，孔壁稳定性差，而钻进泥浆凝固后，可以起到稳定孔壁的作用。

5）智能辅助系统

钻机的智能辅助系统近几年发展很快。在预先输入地下管线及障碍物位置、钻杆类型、钻进深度、进出口位置及管道允许弯曲半径等参数后，钻进规划软件可以自动设计出一条最理想的路径，包括入土角、出土角及每根钻杆的具体位置等，在施工中可以根据实际情况进行调整。

7.2.2 导向钻头的工作原理

一般意义上的非开挖导向钻孔施工大多在土层条件下进行，此时，导向钻头采用的是带斜面的非对称式结构，当钻杆不停旋转时会钻出一个直孔，而当钻头朝着某个方向钻进而不旋转时，钻孔就会发生偏斜。导向钻头内带有一个探头或发射器（探头也可以固定在钻头后），当钻孔向前推进时，发射器发射出来的信号被地表接收器接收和追踪，因此可以监视方向、深度和其他参数。

以斜面钻头为分析对象，通过钻杆传来的钻机推力与地层阻力共同作用于钻头斜面上，两个力各自分解为垂直于斜面的分力和平行于斜面的分力，垂直于斜面的两分力大小相等、方向相反，相互抵消；平行于斜面的两分力则由于钻机推力分力大于地层阻力分力，最终的合力指向沿斜面的方向使钻头顺着斜面前进，如图7-11所示。

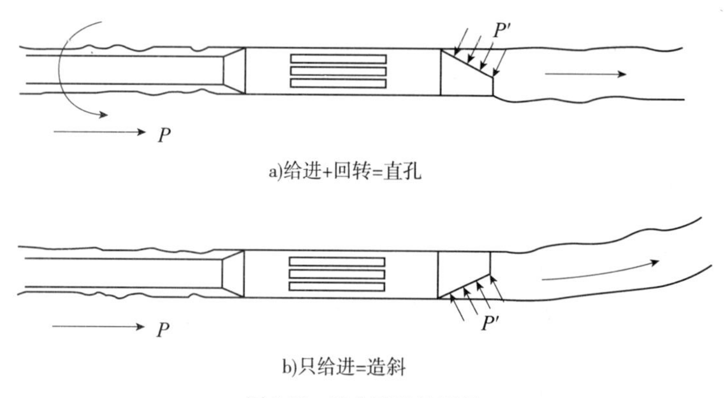

图7-11 导向孔造斜原理

具体操作时，表现为当钻机旋转动作与钻进动作同时进行时钻孔轨迹呈直线；当钻杆只钻进不旋转时，即只有推力 P 作用时，则反力 P' 作用方向始终朝着某一方向，与此同时，水射流也只冲蚀该方向上的土层，因此钻头将有朝向该方向移动的趋势，从而实现造斜钻进。因此，钻机操作员可根据测出的钻进参数判断钻孔位置与设计轨迹的偏差，并随时进行调整，确保钻孔尽量沿设计轨迹前进。

在钻进过程中，钻头依靠旋转力矩及钻进力，把钻头前端的土挤压到孔壁，形成不同直径的先导孔。土层硬，需要的旋转力矩及钻进力就大。因此，动力头旋转油压及钻进马达油压直接反应地层的软硬状态。根据不同的地层情况，适当调整钻进速度，使其与旋转力矩相互匹配，达到较为理想的钻进状态，与地层性质相适应，可获得较高的作业效率和钻孔质量。

当钻进速度较快而旋转速度较慢时，钻头每旋转一周挤向孔壁的土屑量便会过大，需消耗较大的旋转力矩，不但使动力头旋转马达的寿命降低，而且极易造成钻孔垂直方向的偏差，使先导孔的定位误差增大，影响成孔质量。若钻进速度较小而旋转速度较高，由于钻头每旋转一周挤压的土屑量减少，作业效率会明显降低。在较硬的地层内钻进，过快的钻进速度还将使钻杆发生剧烈抖动，不但导致钻孔质量降低，而且极易造成孔内事故。因此，应根据相关试验，总结出不同地层条件下钻进速度与动力头转速间的关系，如图7-12所示。

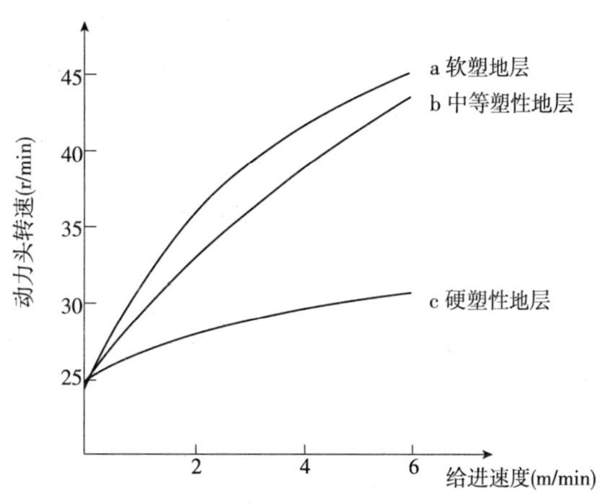

图7-12　不同地层钻进旋转速度与钻进速度关系

在实际施工过程中，土层的性质不可能是均匀不变的。因此，必须根据动力头旋转压力与钻进压力，调整动力头转速与钻进速度，使二者相互匹配。当钻进压力较低而旋转压力较大时，说明土层较硬或钻进速度过慢，应适当提高钻进速度。当钻进压力较大而旋转压力较小时，说明旋转速度较低，与钻进速度不匹配，应适当提高旋转速度或降低钻进速度。

7.2.3　水平定向钻机的分类及技术特点

根据水平定向钻机能提供的推拉力及转矩的大小，可将其分为大、中、小3种机型，各类钻机的主要性能参数和应用范围见表7-2。

不同机型水平定向钻机的主要参数　　表7-2

参数 类型	铺管直径(mm)	铺管长度(m)	铺管深度(m)	钻杆长度(m)	转矩(kN·m)	推/拉力(kN)	功率(kW)
小型	50~350	<300	<6	1.5~3	<3	<100	<100
中型	350~600	300~600	6~15	3~9	3~30	100~450	100~180
大型	600~1200	600~1500	>15	9~12	>30	>450	>180

国外水平定向钻机产品大都具有以下技术特点：

(1)主轴驱动齿轮箱采用高强度钢体结构，传动转矩大，性能可靠。

(2)全自动的钻杆装卸存取装置。

(3)大流量的泥浆供应系统和流量自动控制装置。

(4)先进的液压负载反馈，高质量的PLC电子控制系统确保长时间工作的可靠性。

(5)高强度整体式钻杆及钻进和回拖钻具。

(6)快速锚固定位装置。

(7)先进的电子导向发射和接收系统。

(8)部分设备配有先进的钻进规划软件。

总之,国外水平定向钻机的产品规格齐全、品种较多;地层适应性强;自动化程度高、施工速度快;结构紧凑、工艺适应性强;均为履带底盘驱动、机动性能好;设计体现了以人为本的设计理念;附属装置配置齐全;回拖力从 50kN 到 700kN,转矩从 1000kN 到 50000kN,应用范围广;功率匹配合理、可靠;技术含量高,尤其是在 PLC 控制、自动更换钻杆等方面有其独特的先进性和优越性。

我国水平定向钻机的研制与开发和国外一些发达国家的差距,具体表现在以下几个方面:

(1)产品技术水平偏低。国内水平定向钻机产品普遍存在系统配置低,技术含量不高,自动化程度较低,质量和可靠性较差等缺点。

(2)产品系列化程度低。国内目前多为中小型定向钻机,大型施工机械还依赖进口。国外大部分厂家的产品都具有钻岩功能,有各种不同方式和类型的钻岩钻具及附件,而国内大多数生产水平定向钻机的厂家生产的水平定向钻机还只能在软土中工作。

(3)施工工艺的重视程度偏低。许多与施工工艺有关的配置,如导向装置、钻进规划软件等都依赖进口。

7.2.4 水平定向钻机的发展趋势

非开挖定向钻机虽然只有短短几十年的发展历史,但它以独特的技术优势很快得到世界各国的重视,发展迅速。非开挖行业作为一项新兴产业,在我国具有广阔的发展空间和市场前景。近年来,随着经济建设的快速发展,现代非开挖技术得到了日益广泛的应用,水平定向钻机呈现出以下发展趋势。

(1)向大型化和微型化发展。一方面,由于大型管道(石油、天然气、污水等)穿越大江大河的工程不断增多,需要具有更大钻进力/回拖力的定向钻机;另一方面,在繁华市区的狭窄街道施工,对小型钻机和微型钻机的需求也急剧增加。例如现在已经研发出的可以在地下室进行铺管的微型定向钻机,越来越受欢迎。

(2)硬岩施工能力提高。目前,在硬岩钻进中越来越多地应用先进的定向钻具和碎岩钻具,引入水井钻和潜孔锤钻进等工艺,这些方法都在一定程度上提高了水平定向钻机硬岩施工能力。

(3)自备式钻进系统的应用。该钻进系统一般具有以下几个方面的特征:自备锚定位系统,用于施工中钻机的定位,可以保证钻机在施工过程中的稳固性;钻杆的自动堆放和提取系统,以减少辅助的施工时间,并减轻工人的劳动强度;钻杆连接接头的自动润滑、防触电系统,当施工中碰到带电的电缆时,可以向施工人员发出警报,该系统的应用可避免施工人员受到意外伤害,同时也可避免造成对地下电缆的损害。

(4)探测仪综合性能提高。手持式导向仪测深能力不断增加,同时增加了同步显示器、绘图和存档等功能。目前,具有抗干扰能力的双频探头、无线式导向仪和无需人员追踪钻进轨迹的导向仪正处于相继开发的阶段。

(5)应用领域不断扩大。除铺设压力管道和电缆线外,水平定向钻机正越来越多地应用于环境治理工程以及铺设重力管道等场合。

7.3 水平定向钻机的控制要求

水平定向钻机的控制系统应实现以下目标:

(1)实现对水平定向钻机各基本动作的控制。

(2)改善水平定向钻机作业的经济性和动力性,提高生产率。

(3)减轻操作员的劳动强度。

(4)在监测、通信、故障诊断方面体现出先进性和智能化。

(5)便于进行功能扩充。

控制系统的任务之一就是将液压传动的优势充分发挥出来,使钻机在任何状态下都能获得最佳的动力输出,提高钻机的作业效率,同时简化驾驶员的操作,通过友好的人机界面,在操作灵活简便的同时还能保证作业的精度。

钻机的作业环境恶劣、荷载波动大,为此,有必要对作业过程中的重要参数进行实时监测,以便随时了解各部件的工作状态,并积累操作经验。

故障诊断系统可根据监测到的各参数数据帮助操作员判断故障类型和位置,并能根据历史数据对将来可能发生的故障做出预测,从而大大缩短故障维修时间,保证作业顺利完成。

7.3.1 工作装置的控制要求

工作装置的控制主要实现钻进装置的钻进与回拖控制、泥浆泵控制、钻杆的装卸控制以及发动机的功率分配控制。其功能要点如下:

(1)钻进装置(钻杆)的钻进与回拖控制:

①钻杆的钻进与回拖控制通过双向变量泵(即钻进/回拖泵和旋转泵)与双速马达协同实现。

②通过改变钻进/回拖泵的液压油输出方向,来改变钻进/回拖马达的旋转方向,马达正转时钻杆钻进,马达反转时钻杆回拖。

③通过对钻进/回拖泵的比例调节实现钻杆钻进的无级调速。

④通过改变旋转泵的液压油输出方向,来改变旋转马达的旋转方向。马达正转时动力头正向旋转,马达反转时动力头反向旋转。

⑤通过对旋转泵的比例调节实现动力头旋转的无级调速。

⑥双速马达通过挡位切换,实现高转速小转矩与低转速大转矩两种不同驱动方式,满足各种不同工况的需要。

⑦钻进与回拖过程,动力头都为正向旋转;反向旋转主要用于卸杆过程,且动力头旋转马达工作在最大排量一般即可满足需要。

⑧设手动/自动模式切换开关。自动模式下,动力头的推拉、旋转动作由控制器自动控制;手动模式下,动力头的推拉、旋转动作由操作员人工控制。

(2)泥浆泵控制。泥浆泵的作用在于将泥浆通过动力头、钻杆、钻头打入钻进孔内,以稳定孔壁、降低回旋转矩和拉管阻力,以及冷却钻头、发射探头和清除钻进产生的土屑等。在装卸钻杆时,必须关闭泥浆泵,正常情况下,只有在推拉动力头时才需要开启泥浆泵。

设置泥浆泵开启/关闭按钮。按下按钮后,开启泥浆泵,向钻杆灌注泥浆,再次按下该按钮,关闭泥浆泵。

(3)钻杆的装卸控制。钻杆的装卸是通过定虎钳、动虎钳、上杆机构与动力头的协作来完成的,操作员通过控制台上的开关选择钻杆装卸时的各个操作,按一定顺序分别执行,以此实现钻杆的装卸。

①定虎钳用于完成钻杆装卸时的夹紧操作,由一个三位开关控制。

②动虎钳用于钻杆卸杆时的夹紧与旋转操作,分别由两个三位开关控制虎钳夹紧和旋转油缸。

③动虎钳旋转的速度、行程固定,可通过改变旋转电磁阀的通断时间控制。

④上杆机构用于钻杆装卸时的送杆与收杆动作,由 4 个手柄式三位六通电磁阀控制。

(4)发动机的功率分配控制。发动机的加速踏板调节是通过发动机手动挡位实现的。在钻机正常工作情况下,发动机的输出功率能够满足外负载的需要。当工况发生变化,钻进遇到较大外负载时,液压系统压力的增加会导致液压泵的驱动转矩增加,当液压泵的驱动转矩大于发动机飞轮可能输出的转矩时,会引起发动机掉速;如果液压泵驱动转矩继续增加至超过发动机最大转矩点时,将导致发动机熄火。

钻机控制系统通过监测给定加速踏板状态下的发动机转速,自动完成发动机的功率分配。分配原则是:优先保证动力头的旋转速度,在发动机功率富余的条件下,应尽可能增加动力头的钻进/回拖速度,以保证发动机的功率得到充分利用,使发动机工作在最佳转速范围内并使输出功率恒定。当发现由于负荷增加导致发动机掉速时,通过调节动力头旋转泵与动力头钻进/回拖泵,减小泵排量而使泵的驱动转矩减小,使发动机转速回升。

控制策略如下:

①当发动机的转速降低,偏离最佳工作状态时,首先调低钻进/回拖泵比例电磁阀的电流至原值的 $A\%$,以减小泵排量而使泵的驱动转矩减小,使发动机转速回升。

②如果发动机的转速并未回升,而是继续降低,则将钻进/回拖泵比例阀的电流降低至原设定值的 $B\%$,并同时把旋转泵比例电磁阀的电流调低至原值的 $C\%$。

③在采取以上操作后,如果发动机的转速仍不能回升,则需要将钻进/回拖泵比例阀和旋转泵比例阀的电流值同时调低到原设定值的 $D\%$。

④在所有以上操作仍不能解决问题时,水平钻机不能再继续工作,此时需要进行人工调节,并采取停机或回拉钻杆的办法。

⑤反之,在发动机转速升高、功率输出超出外负载的功率需求时,则逐步调高钻进/回拖泵比例阀的电流,直到发动机的转速回调至最佳工作状态。

7.3.2 地面行走控制

水平定向钻机地面行走控制主要是行走方向的控制,行走系统与工作装置共用动力头钻进/回拖泵与动力头旋转泵以提供左右履带行走的动力,行走模式与工作模式彼此互锁,不能同时进行,通过两个二位六通阀实现行走模式与工作模式的切换。其功能要点如下:

(1)行走控制由两个操作杆实现,分别向左右两个行走泵输出控制信号,改变泵排量与液流方向,以此实现对左右履带行走方向与行走速度的控制,从而完成钻机以不同的速度前进或后退以及原地转弯等动作。

(2)起步停车的斜坡控制。起步(停车)时为防止冲击过大,采用斜坡加速(减速)方式,即采用如图7-13所示速度控制曲线。

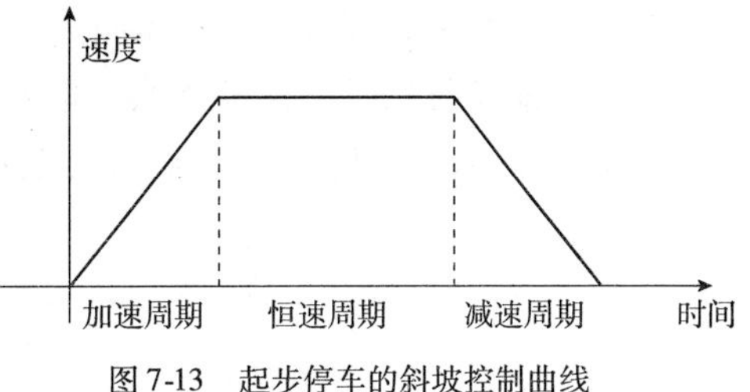

图7-13 起步停车的斜坡控制曲线

7.3.3 仪表监控系统

仪表监控系统主要是通过显示模块及其他声光报警形式,监控液压系统及整机的工作状态,由传感器及其他检测元件得到的数据经控制器处理后,传送至显示器或相关仪器仪表,显示系统当前状态及有关参数,并在故障发生时,进行声光报警,提示操作员采取安全措施。其功能要点如下:

(1)液压系统的状态监测:

①监测液压油温,当油温过高时进行报警。

②监测液压系统压力,供操作员参考,当系统压力过高时进行报警。

③监测液压系统油滤器,当出现油滤器堵塞时进行报警。

(2)车身安全的状态监测。主要考虑防触电保护问题。正常情况下,钻机在工作时,在由钻头、钻杆、动力头、车身、车身接地杆与大地之间组成的回路间是没有电流通过的,一旦钻头在钻进过程中破坏了地底电缆,在这一回路间将有强电流通过。防触电保护的工作原理就是设置霍尔电流传感器,通过判断在这一回路间有无电流通过,以此为依据来判断钻机在钻进过程中是否损坏了地底高压电缆,一旦发现破坏了地底电缆,立即发出报警声音。

(3)操作人员工作位置的状态监测。监测操作人员是否在座椅上,当操作人员没有位于座椅之上时,工作装置控制系统处于不工作状态。

(4)钻机钻进角的状态监测。通过安装在动力头推拉装置上的角度传感器监测钻机的钻进角,供操作员参考。

7.3.4 显示系统

显示系统通过友好的人机界面和交互方式完成对机器主要参数、运行状态、故障的显示及参数设定,使操作员及时掌握系统的工作状态,简化操作,实现人机合一。其功能要点如下:

(1)显示钻机工作装置信息。

(2)显示故障信息。

1)故障诊断系统

故障诊断可在线实时地了解系统的运行状况,判断出故障的部位和原因,并能在一定程度上预测出液压系统未来的工作性能。控制器加电自检后,能将自检的结果显示出来,包括一些错误信息和系统状态正常的信息。其功能要点如下:

(1)显示故障代码。

(2)监测信号超出正常范围时在故障界面进行显示。

(3)出现故障时进行报警,排障后报警复位。

2)通信系统

将控制器采集到的传感器数据发送到显示器上,完成对钻机工作状态的监测;通过显示器完成对控制器中相关参数的设定与修改。其功能要点如下:

(1)控制器加电、自检后,显示自检结果,包括错误信息和系统状态正常信息。

(2)通过现场总线将各种传感器信号准确传送至控制器,然后再进行处理。

(3)具有参数存储功能,使得下次重新运行时能够将经验参数读入控制器。

7.4 水平定向钻机的关键控制技术

水平定向钻机作业过程中,地质情况十分复杂,作业循环工况多,外负载变化大,直接影响钻进及旋转系统的功率消耗,因此,有必要对水平定向钻机的钻进与旋转系统之间功率自动匹配问题进行研究,实现发动机额定工作状态下钻进与旋转系统之间的功率匹配,既能充分利用发动机功率,又能防止发动机过载熄火,发动机—液压系统的力学性能达到良好状态,动力性、经济性得到明显提高。

水平定向钻机作业过程中,钻头的旋转荷载一面随着钻头钻进的深入逐渐增大,另一面受地质土壤情况的影响,当钻头旋转阻力因土壤中含有石头、土壤变为黏土等原因而增加时,外负载转矩相应增加,钻头旋转系统所需功率也随之增大,当发动机所提供的转矩不足以提供外负载转矩时,发动机进入非调速段工作,转速降低以提高输出转矩,从而导致功率利用率降低。此时,若降低钻头钻进速度,可使钻头旋转阻力减小,维持旋转速度不变,有利于保证成孔质量,与此同时,钻进速度的降低也可使动力头钻进系统所需功率下降,使钻头旋转系统功率得到补偿,确保了钻头转速不致下降。这样,既保证了成孔质量,同时使钻进系统与旋转系统的功率合理匹配,保证了发动机功率得到充分应用。反之,当钻头旋转阻力下降时,旋转系统的转速将升高,此时,提高钻进速度,将使钻头的旋转阻力升高,阻止钻头旋转速度的增高,从而保证钻头钻速恒定以保证成孔质量,最终旋转系统的功率因旋转阻力的下降而下降,多余的功率用于补偿由于钻进速度提高而增加的钻进系统功率。根据钻头旋转荷载的变化,对钻进速度进行调节,实现旋转系统和钻进系统之间的功率自适应,并保证成孔质量,成为水平定向钻机功率自适应调节设计的主导思想。

发动机曲轴上负荷的测量主要有两个途径:一是以发动机转速作为输入信号,根据发动机转速的变化调节钻机的作业速度,达到调节负载的目的;另外,也可以液压系统的压力及流量作为输入信号。采用以发动机的转速作为功率控制系统的输入信号时,作用原理是:当发动机在全负荷状态下作业时,通过检测发动机转速的变化进而调整钻进液压泵的排量使钻机的钻进速度发生变化。如果发动机的转速超出设定转速(额定转速),将增加泵的排量使钻机的钻进速度加快,从而增加钻机钻进系统及旋转系统所消耗的功率,使发动机转速回到设定值,反之则减小泵的排量,最终使发动机在设定的状态下工作,保证发动机的额定功率能够被充分利用;当发动机处于小负荷的情况下工作时,即使把钻进变量泵的排量调节到最大,发动机也不能输出其额定功率,那么就通过调节发动机加速踏板开度来调节发动机的最大输出功率,进而达到节能目的(图7-14)。

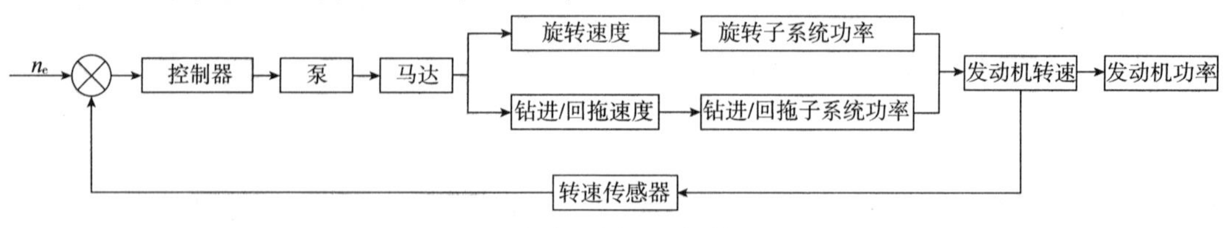

图7-14 发动机功率闭环控制原理图

7.5 水平定向钻机的控制系统

7.5.1 水平定向钻机控制系统的输入输出信号

水平定向钻机控制系统的输入输出信号可按控制系统的组成分为基本电气系统输入输出、工作装置控制系统输入输出、地面行走控制系统输入输出、仪表监控系统及故障诊断系统输入输出，如表 7-3 ~ 表 7-7 所示。

基本电气系统输入输出　　表 7-3

编　号	信号名称/来源	类　型
I1	安全急停信号	DI
O1	至发动机进气口电磁阀	DO
O2	发动机停机信号	DO

工作装置控制系统输入输出　　表 7-4

编　号	信号名称/来源	类　型
I2	行走/工作模式切换信号	DI
I3	自动/手动模式切换信号	DI
I4	动力头双速信号	DI
I5	动力头前推信号	DI
I6	动力头后拉信号	DI
I7	动力头左旋信号	DI
I8	动力头右旋信号	DI
I9	动力头始点传感器信号	DI
I10	动力头卸扣点传感器信号	DI
I11	动力头终点传感器信号	DI
I12	泥浆泵开启/关闭信号	DI
O3	至左泵比例阀左电磁铁信号	PWM
O4	至左泵比例阀右电磁铁信号	PWM
O5	至右泵比例阀左电磁铁信号	PWM
O6	至右泵比例阀右电磁铁信号	PWM
O7	至动力头/行走切换电磁阀	DO
O8	至定虎钳夹紧电磁阀	DO
O9	至定虎钳松开电磁阀	DO
O10	至动虎钳夹紧电磁阀	DO
O11	至动虎钳松开电磁阀	DO
O12	至动虎钳顺时针旋转电磁阀	DO
O13	至动虎钳逆时针旋转电磁阀	DO
O16	至泥浆泵/定、动虎钳切换电磁阀	DO
O17	至汽吊、地锚/上杆机构切换电磁阀	DO

地面行走控制系统输入输出 表 7-5

编　　号	信号名称/来源	类　　型
I13	前进信号	AI
I14	后退信号	AI
I15	右转信号	AI
I16	左转信号	AI

仪表监控系统输入输出 表 7-6

编　　号	信号名称/来源	类型	备　　注
I17	发动机转速值	PI	转速太高时强制停机、报警、显示
I18	液压油油温	AI	温度过高时报警、显示
I19	液压油油压	AI	油压过高时报警、显示
I20	液压系统油滤器阻塞信号	DI	阻塞时报警、显示
I21	车身接地杆霍尔电流传感器信号	AI	有电流通过时报警、停机
I22	座椅开关	DI	工作人员不在座椅之上时，工作装置不工作
I23	动力头推拉装置角度传感器	AI	

注：报警功能的实现——各传感器信号都有一个正常范围，当超出此范围时，控制器要发出报警信号，提醒操作者停机排障。

故障诊断系统输入输出 表 7-7

编　　号	信号名称/来源	类　　型
IA - X1	液压油油箱温度	AI
ID - X2	滤油器阻塞	DI
IA - X3	液压油油位	AI
IP - F1	发动机转速	PI
IA - G1	工作装置油泵出口压力	AI
IA - G2	车身接地杆电流信号	AI
ID - G3	座椅开关信号	DI
OD - X1	故障报警	DO

在智能故障诊断系统中，检测环节由若干检测传感器组成，诊断是对各通道传来的信号进行识别和模糊推理，然后通过显示器给出相应的诊断结果。传感器除用于工作状态的实时监测外，绝大部分测得的信号还可用于故障诊断。系统分成两个相对独立的模块：一为故障自诊断模块，二为常见故障诊断帮助模块。对一些常见故障，根据故障现象进行逻辑判断，给出相应的故障原因。

显示系统显示机器的主要参数、运行状态及故障信息，内容见表 7-8。

显示系统显示内容 表 7-8

显 示 内 容		显 示 内 容	
主显示页面	发动机转速	故障显示	液压系统油滤器阻塞
	液压油温		液压油油位过低
	液压系统压力		液压系统压力过高
	钻机钻进角		钻进过程中破坏了地底电缆
故障显示	发动机转速过高		操作人员未就位
	液压油温过高		

7.5.2 水平定向钻机控制系统组成

针对水平定向钻机控制系统所要完成的任务,结合传统以及最新的一些控制技术,给出以下两套具体控制方案。需要指出的是,某些功能无需自动控制,则在方案中并没有特别予以说明。

1)控制方案 1:基于 PLC 的控制方案

图 7-15 所示为某水平定向钻机采用的液压系统,钻进/回拖和旋转系统均采用一个变量泵两个双速马达闭式回路驱动,马达通过挡位切换,实现高转速小转矩与低转速大转矩两种不同驱动方式,满足各种不同工况的需要。通过 2 个 6/2 - 换向阀实现旋转、钻进/回拖系统与行走系统的切换,用旋转和钻进/回拖系统的泵分别驱动两边行走马达,满足车辆行走需要。该方案相对来说比较理想,也是目前普遍采用的一种水平定向钻机液压系统方案。旋转、钻进/回拖采用同排量的液压泵,虽然会使成本有所增加,但从另外一方面来说,可以提高钻进/回拖速度,同时也容易实现行走控制。

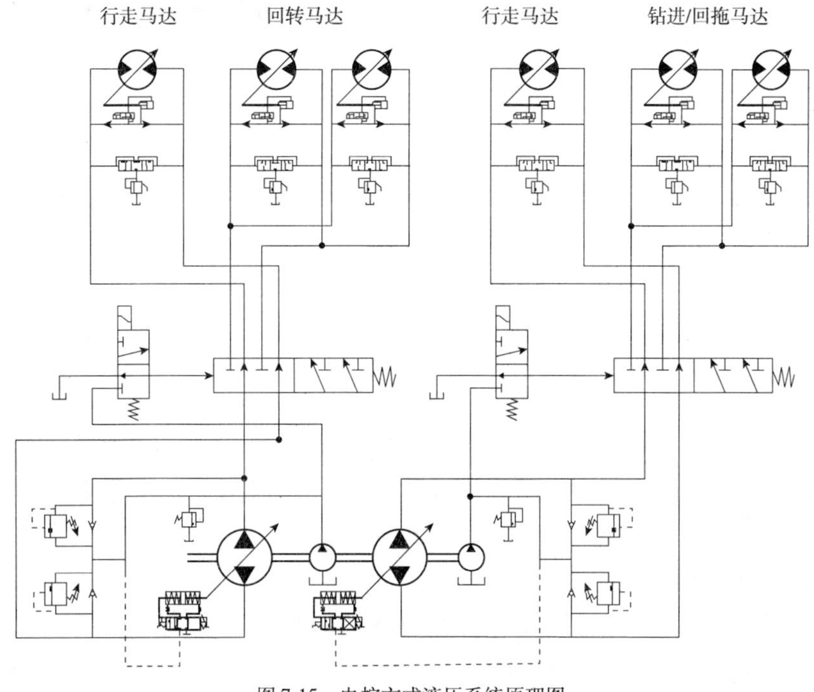

图 7-15 电控方式液压系统原理图

基于 PLC 的控制系统方案针对图 7-15 所示液压系统设计，选用西门子公司的 S7－200 系列 PLC 来实现控制任务。该系列产品可满足各种自动化控制的需要。具有紧凑的设计、良好的扩展性、低廉的价格以及强大的指令集，可满足小规模控制要求；此外，丰富的 CPU 类型（CPU212、CPU214、CPU215、CPU216、CPU224、CPU226 等）和电压等级（交、直流 24V，交、直流 120V，还可以使用 TTL 电平等）使其在解决不同工业自动化问题时，具有很强的适应性。通过考察水平定向钻机的 I/O 点数及信号类型，最后确定 PLC 为 S7－200 系列 CPU224XP 型，其外形如图 7-16 所示。

显示系统选用西门子公司生产的 TD200 中文文本显示器，除完成各显示功能外，还可以通过按键实现输入功能。所有输入和输出参数通过 PROFIBUS 数据总线传送。使用功能键可以进行实际操作。TD200 显示器外形如图 7-17 所示。

图 7-16　S7－200 系列 CPU224XP

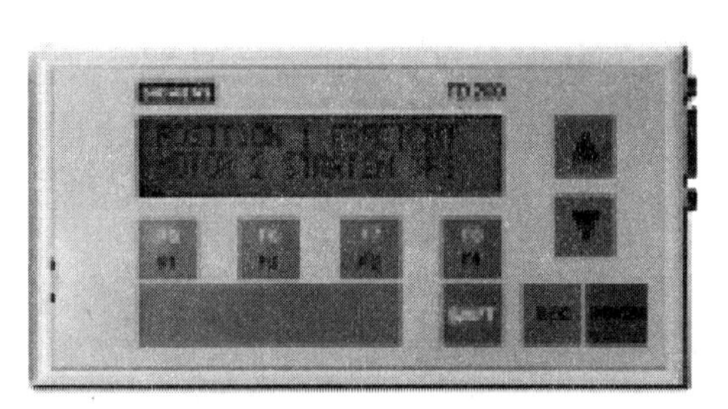

图 7-17　TD200 文本显示器面板图

目前国内市场上导向定位系统主要有 DCI 公司的 DigiTrak 导向装置、雷迪公司的系列产品及北京博泰克等。其中以 DCI 的应用最为广泛，其精度和数据处理速度最快，技术较为先进。DCI 的 Mark III 或 Mark V 导向仪/手持式跟踪系统由孔底探头、地表手持式接收机和同步显示器 3 部分组成。

控制系统的硬件选择如表 7-9 所示。

硬件选型表　　表 7-9

控制系统	器　件	控制系统	器　件
发动机管理系统	发动机自带	人机界面	TD200 中文文本显示器
控制器	S7-200 系列 CPU224XP	导向定位系统	Mark III 导向仪/手动式跟踪系统

控制系统结构如图 7-18 所示。

控制器将采集到的传感器数据及产生的一部分控制信息发送到显示器上，完成对钻机工作状态的监测，可通过显示器对控制器中相关的参数进行设定和修改。

S7 控制器和 TD200 显示器均有 PROFIBUS－BUS 总线接口，二者通过 PROFIBUS 总线进行连接和通信。编程工作完成后，通过编程电缆将程序下载到控制器和显示器中即可。

PLC 硬件引脚分配如图 7-19 所示。

2）控制方案 2：基于专用控制器、显示器及 CAN 总线的数字控制网络方案

本方案针对图 7-14 所示的液压系统，选用 EPEC Oy 公司的 EPEC 系列控制器和显示器，基于 CAN 总线构成数字控制网络。控制系统硬件配置如表 7-10 所示。

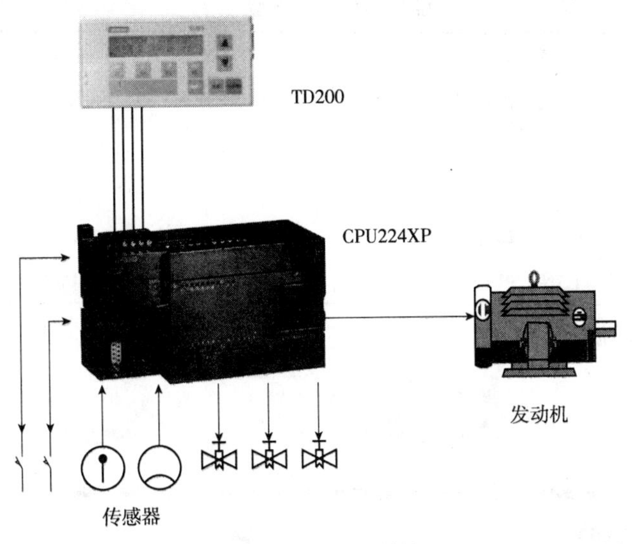

图 7-18　控制系统结构

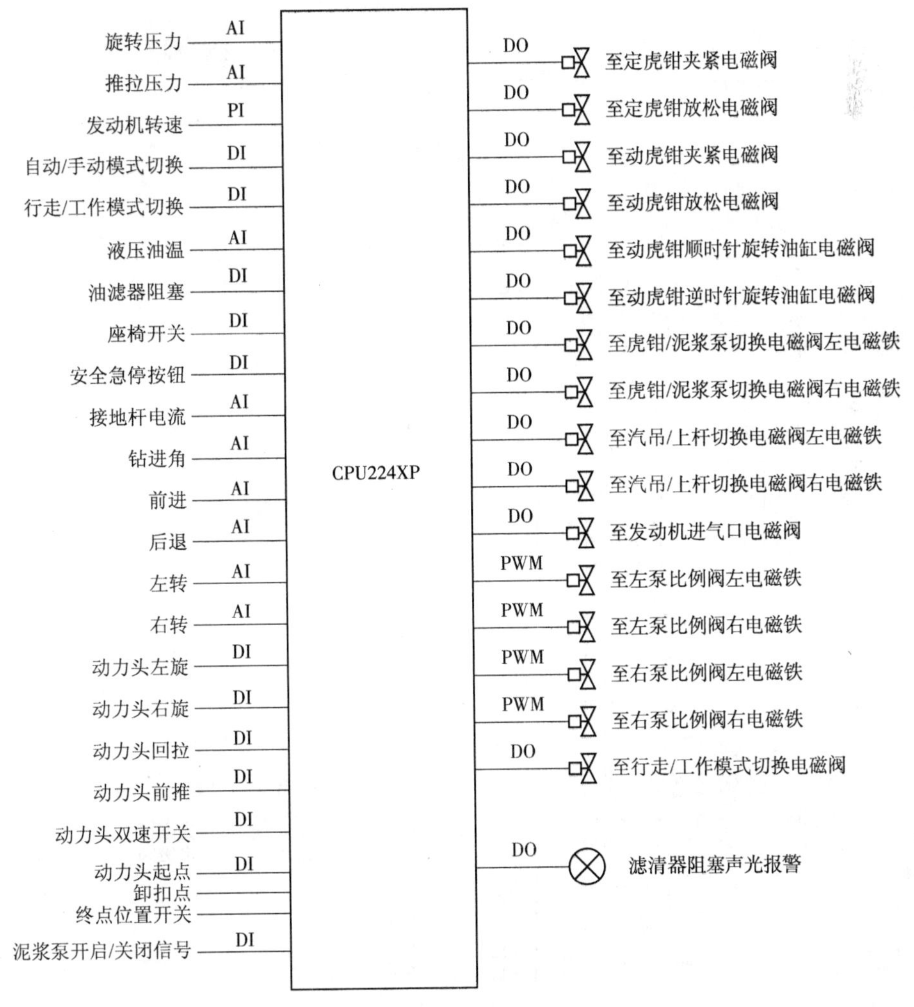

图 7-19　PLC 硬件引脚分配

控制系统硬件选型 表 7-10

控制子系统	器　　件	备　　注
发动机管理系统	发动机自带	需选择接口 GATEWAY 以便发动机管理系统和整机系统相连
行走控制系统	EPEC2023 控制器	
工作装置控制系统		
显示系统	EPEC2025 显示器	
CAN 通信卡	CAN-USB 通信卡	深圳人机公司 PCAN－USB－IPEH－002021E

控制系统结构如图 7-20 所示。

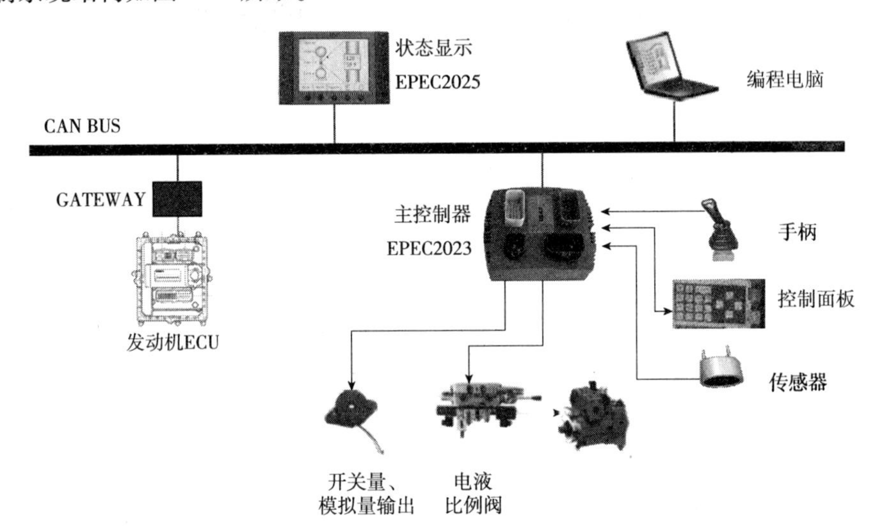

图 7-20　EPEC 方案控制系统结构图

各控制节点输入输出分配如图 7-21 所示。

信号	EPEC2023控制器		信号
前进/后退手柄电位计信号AI	1.1	2.1	DO动力头马达电磁阀
左转/右转手柄电位计信号AI	1.2	2.2	DO行走/工作模式切换
接地杆电流AI	1.3	2.3	DI动力头左旋
钻进角AI	1.4	2.4	DI动力头右旋
至左泵比例阀左电磁铁信号PWM	1.5	2.5	DI动力头前推
至左泵比例阀右电磁铁信号PWM	1.6	2.6	DI动力头回拉
至右泵比例阀左电磁铁信号PWM	1.7	2.7	DI行走/工作模式切换
至右泵比例阀右电磁铁信号PWM	1.8	2.8	DI动力头始点传感器
发动机转速PI	1.9	2.10	DI动力头卸扣点传感器
定虎钳加紧DI	1.10	2.11	DI动力头终点传感器
定虎钳放松DI	1.11	2.12	DI安全急停按钮
动虎钳夹紧DI	1.12	2.13	DI自动/手动模式切换开关
动虎钳放松DI	1.13	2.14	DI座椅开关
动力头双速开关DI	1.14	2.15	
至定虎钳夹紧电磁阀DO	1.18	2.16	DO虎钳/泥浆切换电磁阀左电磁铁
至定虎钳松开电磁阀DO	1.19	2.17	DO虎钳/泥浆切换电磁阀右电磁铁
至动虎钳夹紧电磁阀DO	1.20	2.18	DO汽吊/上杆切换电磁阀左电磁铁
至动虎钳松开电磁阀DO	1.21	2.19	DO汽吊/上杆切换电磁阀右电磁铁
至动虎钳顺时针旋转油缸电磁阀DO	1.22	2.20	DO泥浆泵开启/关闭
至动虎钳逆时针旋转油缸电磁阀DO	1.23	2.21	DO滤清器阻塞声光报警
	3.1	3.12	DO发动机进气口电磁阀
液压油温度AI	3.3	3.13	
旋转压力AI	3.5	3.14	
推拉压力AI	3.7	3.18	
油滤器阻塞AI	3.10	3.20	
	3.11	3.22	

图 7-21　EPEC 2023 引脚分配

7.5.3　小结

7.5.2 节中给出了基于西门子 S7－200 PLC 和 EPEC2023 控制器的两套控制方案，这两种方案与传统控制系统方案相比较，优缺点如表 7-11 所示。

3 种控制系统方案优缺点对比　　表 7-11

项目＼方案类型	方案 1(PLC 方案)	方案 2(EPEC 方案)	方案 3(传统控制方案)
实现方式	采用通用控制器件	采用专用控制器件	电控或液控
功能	功能丰富，能够适应各种复杂工况，自动化程度高	功能丰富，能够自适应各种复杂工况，自动化程度高	简单，不能很好地适应各种复杂工况，无法实现自动控制
成本	适中	较高	较低
开发周期	相对较长	适中	短
可靠性	较高	较高	较高
对操作人员要求	相对较高	相对较高	相对较低
适用情况	面向中、高端产品市场，有技术积累需要，有长期进行同类产品开发的计划	面向高端产品市场，希望提高产品竞争力	需要快速推出产品，市场定位主要为低端产品

本章思考题

1. 简述水平定向钻机控制中发动机功率分配的要点。
2. 水平定向钻作业过程中如何考虑触电保护问题？
3. 钻杆的自动装卸是如何实现的？

第8章　同步碎石封层车控制系统与控制技术

碎石封层是一种常用的柔性路面预防性养护技术，将符合一定要求的沥青黏结材料（道路石油沥青、煤沥青）和碎石洒（撒）布在旧路面或基层上，通过胶轮压路机及时碾压或通车自然碾压，形成一种沥青碎石磨耗层。1985年，法国SECMAIR公司提出了采用一台设备，同时进行沥青洒布和碎石撒布的施工工艺——同步碎石封层工艺，并发明了第一台同步碎石封层车。20世纪90年代，同步碎石封层工艺传播到整个欧洲及美国，在俄罗斯、印度、非洲、澳洲等数十个国家和地区得到应用，2002年，同步碎石封层工艺开始进入中国。

8.1　同步碎石封层的作业特点

碎石封层最主要的目的是修复路面的微小病害，防止水侵入基层和地基，由于同其他养护技术相比较更为经济，尤其是在现有道路结构性能足以支撑车辆荷载的情况下，经济性更为明显，因此在全世界范围内得到了广泛应用。英国、美国、法国、澳大利亚、加拿大、新西兰和南非等国家对碎石封层技术都进行了大量的技术研究和应用。国外同步碎石封层与其他养护技术的应用情况如表8-1所示。

国外同步碎石封层应用情况（%）　　表8-1

国　家	同步碎石封层技术	黏结罩面	冷拌和	稀浆封层	其　他
英国	75	10	15	0	0
新西兰	65	25	0	10	0
法国	60	15	20	3	2
德国	59	20	17	3	1
西班牙	56	17	15	6	6
澳大利亚	55	19	5	10	11
荷兰	51	34	3	9	3
希腊	0	87	3	10	0
意大利	5	85	0	5	5
土耳其	42	52	5	0	1
墨西哥	40	4	50	5	1
葡萄牙	12	33	49	4	2
巴西	40	4	44	12	0

8.1.1 同步碎石封层技术的特点

同步碎石封层技术的优点主要包括：

(1)可改善路面的整体外观，保证路面外观统一性，改善光反射。

(2)增加路面的粗糙度，提高路面的防滑性。

(3)碎石封层靠喷洒的沥青渗进裂缝中，在路面形成沥青结合料薄膜，具有持久的防水性。

(4)减缓水和光照对路面的老化，能够有效延长路面的使用寿命。

(5)在强度较高的道路上进行碎石封层，提高路面的承载能力。

(6)对原路面的小裂缝有一定的修复作用，可起到预防性养护的作用。

(7)通过采用局部多层摊铺不同粒径碎石的施工方法，碎石封层能够有效地治愈深达10cm的车辙、沉陷等病害，这是其他养护方法无法比拟的。

(8)施工工艺简单，工期短，可以快速开放交通，实现道路的快速养护，确保道路的正常使用。

(9)相比其他的养护维修更经济，可作为一般沥青路面的过渡层，有效地延长现有路面的寿命，减少养护维修的费用。据测算，每平方米路面使用1.5kg沥青结合料，8～12L集料即可，其成本只是微表处的约50%，是3cm热铺的30%左右。

同步碎石封层的主要技术特点是：

(1)同步洒(撒)布黏结材料和碎石。传统石屑封层中，沥青与集料的结合温度已经降到很低(约70℃)，结合性差；同步碎石封层中，沥青与集料的结合温度下降很小(约120℃)，结合性能非常好，甚至可以实现喷洒到路面上的高温黏结料在不降温的条件下即时与碎石结合的效果，从而确保黏结料和碎石之间的牢固结合。

(2)采用的石料最大粒径与处治层的厚度相等。采用"一石到顶"的结构，荷载主要由石料承担，通过沥青材料黏结作用和石料嵌挤作用使石料稳定。

(3)沥青与碎石不经过拌和黏结。先将沥青和碎石同步洒(撒)布后再经胶轮压路机碾压而黏结成型，碎石有2/3左右的表面被沥青包覆，其余1/3的表面裸露于沥青层外，与外界环境直接接触，其整体力学特性是柔性的。

8.1.2 同步碎石封层技术的应用范围

同步碎石封层技术的主要应用包括：

(1)各等级公路(高速公路、高等级公路、国道、省道等)旧沥青路面加铺防水磨耗层。

(2)低等级道路、乡村道路建设。

(3)沥青路面应力吸收膜(SAMI)防反射裂纹施工、下封层施工。

(4)旧水泥路面改造为沥青路面的防水黏结层。

(5)桥梁防水施工。

(6)与稀浆封层、微表处结合施工(开普封层CAPESEAL)。

一般情况下，同步碎石封层适用于小到中等车流量的道路(≤10000辆/天)，主要是因为在同步碎石封层完成后开放交通初期，随着车速的逐渐升高，飞溅碎石会破坏汽车风窗玻璃。但在施工组织好，并增加辅助处理工艺的情况下，同步碎石封层也可以用于高速、大交通流量的道路养护，美国已采用该技术进行洲际公路的养护。

8.2 同步碎石封层车的主要品牌与技术参数

同步碎石封层技术在国外已经经历了相当长的发展历程，技术日趋成熟。美国明尼苏达州（Minnesota）、加利福尼亚州（California），SHARP 计划和 NCHRP 项目等都将碎石封层技术作为一项重要道路养护技术进行研究，并对同步碎石封层的施工工艺和材料用量设计等提出了解决方案。

目前，国外同步碎石封层设备的制造厂家主要有法国 SECMAIR 公司、德国 FAYAT 公司及 Schäfer – technic 公司等。

SECMAIR 公司的同步碎石封层车是牵引式和举升料斗式同步碎石封层车的代表，其“路霸”同步碎石封层车也是目前唯一一款具有连续作业能力的同步碎石封层车。图 8-1 所示为 SECMAIR 公司制造的几款典型同步碎石封层设备。

a)带上料斗式

b)连续式

c)前顶举料斗式

d)后顶举料斗皮带输料

图 8-1　SECMAIR 公司的同步碎石封层设备

FAYAT 公司的同步碎石封层车是一体式和固定料斗式同步碎石封层车的代表，固定的料斗碎石落料角度恒定，易于控制碎石撒布量，如图 8-2 所示。

图 8-2　FAYAT 同步碎石封层设备

SECMAIR 公司与 FAYAT 公司主要产品的技术参数见表 8-2。

国外同步碎石封层产品技术参数 表 8-2

厂家	型号	最大洒布宽度(m)	沥青		碎石	作业速度(km/h)	工作质量(t)
			洒布量范围(kg/m^2)	罐体容积(m^3)	料斗容积(m^3)		
SECMAIR	30 通用型	3.1	—	3.5	7	理想 3.6	空载 9.5/满载 26
	40 通用型	4	—	6	12	理想 3.6	空载 0.5/满载 40
	41 通用型	4	—	6	10	—	满载 40
	45 通用型	4	—	6	10	—	—
	凯撒路霸连续式	4	—	6	16	—	—
FAYAT	VS	4	1 ~ 2.5	8.7	6	—	—

2002 年,我国辽宁省沈阳三鑫公司首先从 SECMAIR 公司引进了同步碎石封层技术和国内第一台同步碎石封层车——Chipsealer 40。其后,同步碎石封层技术在我国逐步得到了推广应用。

瞄准国内同步碎石封层市场,国内从事公路筑养护机械制造的企业纷纷启动同步碎石封层产品的研发,目前,已推向市场的同步碎石封层设备有:中交西安筑路机械有限公司的 TBS350 型同步碎石封层车;西安达刚路面机械股份有限公司的 DGL5311TFC、DGL5310TFC、DGL5255TBS 型同步碎石封层车;浙江美通筑路机械股份有限公司的橡胶沥青碎石同步封层车;北京欧亚波记机械设备有限公司的 CB638、CB840、BI844、VS738 型同步碎石封层车;河南高远公路养护设备股份有限公司的 GYKT0608、GYKT0610、GYKT0616A、GYKT0616B 型同步碎石封层车,GYKT0610A、GYXKT0812 型加纤同步碎石封层车及 HGY5310TLS 型橡胶沥青同步碎石封层车;河南新友工程机械有限公司的 XY5318TFC 型同步碎石封层车等。如图 8-3所示。

a)西筑TBS350型同步碎石封层车

b)美通橡胶沥青同步碎石封层车

c)达刚DGL5255TBS型同步碎石封层车

d)高远GYKT0616A型同步碎石封层车

图 8-3

e)欧亚CB840型同步碎石封层车

图 8-3　国产同步碎石封层设备

8.3　同步碎石封层车的组成与工作原理

8.3.1　同步碎石封层车的组成与工作原理

牵引式同步碎石封层设备典型结构如图 8-4 所示。

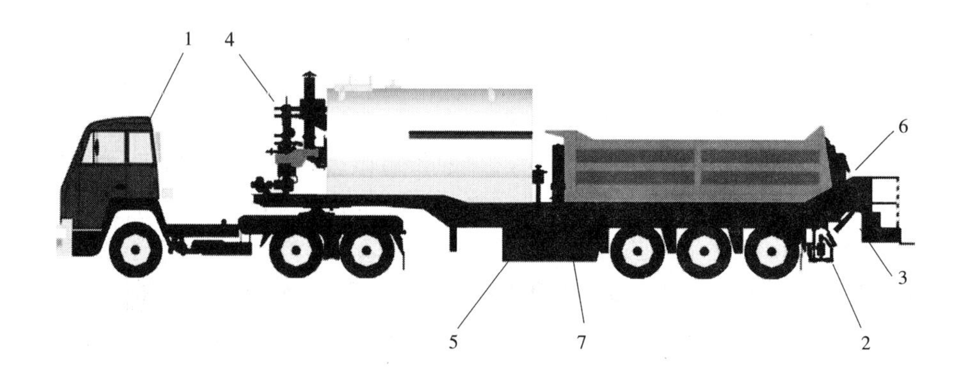

图 8-4　牵引式同步碎石封层车

1-牵引车;2-沥青洒布装置;3-碎石撒布装置;4-沥青系统;5-液压系统;6-气路装置;7-动力及传动装置;8-电气控制系统(未画出)

沥青喷洒系统由沥青泵、沥青循环管路、喷洒杆和沥青喷嘴组成。沥青泵是沥青喷洒系统的重要组成部分,能够提供沥青喷洒压力,并通过调节转速对沥青流量进行计量。沥青罐中的沥青经沥青循环管路由沥青泵泵送至喷洒杆,喷洒杆由主喷洒杆及两个侧喷洒杆组成,杆上安装有数量不等的沥青喷嘴,并可按照沥青洒布宽度及洒布量的要求来确定喷嘴开启的数量,喷嘴的打开/关闭动作靠汽缸进行。沥青由沥青泵提供的喷洒压力经由喷嘴喷出,完成沥青洒布作业。

碎石撒布装置在工作过程中,将经过碎石撒布辊或螺旋撒布器流下来的碎石料均匀地撒布在一定宽度的施工路面上。碎石放料由数量不等的放料门及碎石撒布辊完成,可根据所要求的撒布宽度来确定料门的开启数量,放料门的开关由汽缸单独控制,料门的开度由限位油缸来限制。碎石撒布辊由液压马达驱动,转速可调。碎石分料部件负责将碎石料由料箱的放料宽度均匀摊开至撒布宽度,碎石溜料装置将摊开的碎石均匀导流到路面上,实现碎石料的打散,并可避免碎石的飞溅。

8.3.2 同步碎石封层车液压系统

同步碎石封层设备的液压执行机构,包括沥青泵驱动液压马达、导热油泵驱动液压马达、布料辊驱动液压马达、碎石料斗举升油缸(仅限于料斗举升式同步碎石封层车)、碎石料斗料门开度调节油缸、车身调平油缸、沥青喷洒杆伸展马达、沥青喷洒杆提升油缸和沥青喷洒杆侧移油缸等。

同步碎石封层作业过程中,沥青泵、导热油泵和布料辊处于持续运转状态,其他液压执行机构主要在作业开始前及作业结束后作相应的调整。

沥青泵驱动液压马达的转速需要实时调节。沥青泵为定量泵,通常选用定量液压马达驱动,调节马达的流量可对其转速进行控制,要求沥青泵驱动液压马达具有较宽的转速调节范围;在喷嘴开启数量一定的情况下,沥青泵的出口压力随着沥青泵转速的增加而增加,与之相对应,沥青泵驱动液压马达的工作压力也增加。

导热油泵驱动液压马达在需要加热、保温沥青的作业过程中驱动导热油泵,高温导热油在管路中循环加热沥青罐、沥青循环管路和沥青喷洒杆等,将沥青温度控制在适合于喷洒的温度范围内;导热油泵驱动液压马达的转速在作业过程中不发生改变,对转速精度的要求低。

布料辊驱动液压马达的转速在作业前调节好之后,除非施工参数发生变化,在整个作业过程中一般不再进行调节,以恒定的转速将石料均匀地撒布到布料器上;撒布不同的石料时,一般需要采用不同的布料辊转速;随着技术的发展,同步碎石封层设备亦开始采用变布料辊转速的方式调整碎石撒布量,提高碎石的撒布精度,这就要求布料辊驱动马达的转速能够进行实时调节。

法国 SECMAIR 公司发明了同步碎石封层设备,其 Chipsealer 40 通用型同步碎石封层车所采用的液压系统如图 8-5 所示。

该液压系统的主要特点包括:

(1)液压系统动力由独立的工作装置发动机提供,发动机功率有足够的冗余,整个工作过程中转速几乎不发生变化,且工作装置液压泵的转速与牵引车发动机转速变化,即牵引车车速变化无关。

(2)所有的液压执行机构采用并联的方式与液压泵连接,除沥青泵驱动马达外,其他液压执行机构的流量需求小且工作中基本不发生变化。

(3)选用负载敏感泵作为液压动力源,但是在该系统中,负载敏感泵以恒压泵的方式工作,通过远程调压阀设定液压泵的工作压力;液压泵自动变量,始终只提供系统需要的流量,确保液压泵的出口压力在设定值。

(4)由于液压泵的出口压力自动调节且恒定,负载变化小、精度要求相对较低的导热油泵驱动马达和布料辊驱动马达的转速通过普通节流阀进行调节,通过两位两通开关阀控制液压马达的启停;负载变化较大、精度要求高的沥青泵液压马达的转速调节阀的两端增设压力补偿装置,减小压力波动对其转速的影响,提高控制精度,转速调节阀采用电比例控制方式,实现对沥青泵驱动马达转速的无级调节,当转速调节阀节流口完全关闭时,可以切断马达的供油,使之关停,无需另设开关阀;其他执行元件的动作和调速通过手动控制的三位四通阀完成。

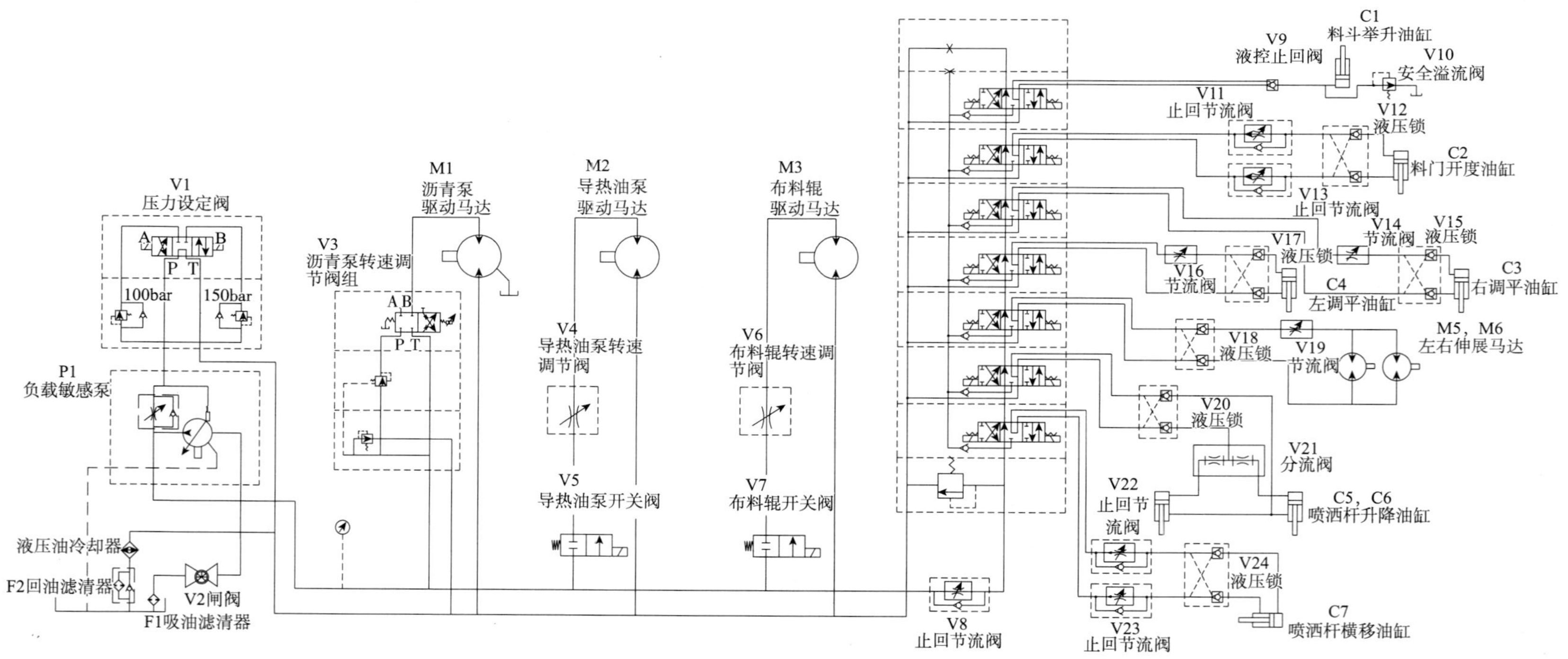

V1
压力设定阀
A B
P T
100bar
150bar
P1
负载敏感泵
液压油冷却器
F2回油滤清器
V2闸阀
F1吸油滤清器
M1
沥青泵
驱动马达
V3
沥青泵转速调
节阀组
A B
P T
M2
导热油泵
驱动马达
V4
导热油泵转速
调节阀
V5
导热油泵开关阀
M3
布料辊
驱动马达
V6
布料辊转速调
节阀
V7
布料辊开关阀
V8
止回节流阀
C1
料斗举升油缸
V9
液控止回阀
V10
安全溢流阀
V11
止回节流阀
V12
液压锁
C2
料门开度油缸
V13
止回节流阀
V14
节流阀
V15
液压锁
C3
右调平油缸
V16
节流阀
V17
液压锁
C4
左调平油缸
V18
液压锁
V19
节流阀
M5，M6
左右伸展马达
V20
液压锁
V21
分流阀
C5，C6
喷洒杆升降油缸
V22
止回节
流阀
V23
止回节流阀
V24
液压锁
C7
喷洒杆横移油缸

图8-5　同步碎石封层设备液压系统原理图

8.4 同步碎石封层车的控制要求

8.4.1 同步碎石封层车控制系统的基本要求

同步碎石封层车控制系统主要完成对沥青喷洒与碎石撒布的控制,精确调节沥青的喷洒量及其均匀性、碎石的撒布量及其均匀性,并能智能联动沥青、碎石同步封层。同步碎石封层设备控制系统属于功能复杂的多输入多输出系统,要求具有洒(撒)布量随车速变化自动调节,温度、速度信号采集,工作状态监测、显示等功能。

(1)能够协调整机按工艺流程及工作程序工作,完成“手动/自动”、“大循环/小循环/喷洒”的切换。

(2)沥青喷洒能随车速及喷洒宽度的变化自动调节。

(3)石料撒布能随车速及撒布宽度的变化自动调节。

(4)沥青温度和导热油温度的自动控制。将沥青温度控制在设定范围内,并对导热油的温度上限进行限制。

(5)能够通过键盘设定作业参数,能够显示工作状态参数、故障警告信息等,人机界面简单直观。

(6)具有自保护功能,误操作时能报警,对工作过程中的异常情况能反馈报警信息。

8.4.2 同步碎石封层设备控制系统的性能要求

(1)要求控制系统参数与同步碎石封层车主车参数实现合理匹配,达到最佳控制效果。

(2)要求沥青喷洒的计量精度控制在 ±2% 以内。

(3)要求碎石撒布的计量精度控制在 ±5% 以内。

(4)人机交互方便。

(5)系统具有高温、强振动恶劣工作条件下的高可靠性。

8.4.3 同步碎石封层设备控制系统功能分解

同步碎石封层车控制系统可分为基本电气系统、工作装置控制系统、人机交互系统、故障诊断系统及通信系统 5 个主要模块,如图 8-6 所示。

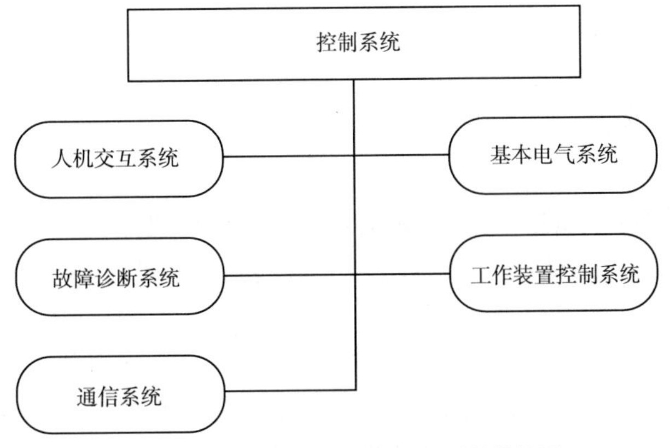

图 8-6 同步碎石封层车控制系统功能模块图

1)基本电气系统

基本电气系统包括电源、照明系统等。

功能要点如下：

(1)设置安全急停按钮，按下该按钮后，控制系统立刻停止工作，等待操作员的进一步处理。

(2)照明系统负责照明灯、工作灯的控制。

2)工作装置控制系统

工作装置控制系统完成沥青循环与喷洒的自动控制，实现对沥青洒布量以及洒布宽度的精确控制；完成碎石撒布的自动控制，实现对碎石撒布量以及撒布宽度的精确控制。

在工作参数输入完毕后，操作员的工作就简化为对同步碎石封层车运行状况的监视，无论工况如何变化，控制系统都会按照预设的沥青喷洒量及碎石撒布量控制同步碎石封层车作业。

操作功能的实现统一在控制台上完成，只需在控制台上进行简单操作，就能实现所有的功能，从而大大降低设备的操作难度。为方便操作，控制台分为前控制台与后控制台两部分。

功能要点如下：

(1)保证同步碎石封层车处于工作状态时，平稳有序地按照工艺流程及工作程序完成各种动作，可进行“联动/分动”模式切换。

(2)“联动”模式下能够由控制器智能联动沥青、碎石同步封层，使施工中的沥青洒布需求和集料撒布需求在同一时间同步进行，保证路面的施工质量。

(3)“分动”模式下能够由操作员根据实际工况实现同步碎石封层，也可以单独完成沥青洒布作业和碎石撒布作业。

(4)沥青洒布系统能够实现3种循环模式的切换(小循环、大循环、喷洒)。

(5)通过喷嘴气阀、沥青循环电磁阀及沥青泵的控制，实现沥青喷洒的自动控制，单位面积沥青洒布量一经设定后，控制系统能够根据车速和喷洒宽度的变化对沥青泵转速进行实时调节，使沥青洒布量不随车速及喷洒宽度的变化而变化，保证沥青洒布精度在±2%以内。

(6)通过挡料板、布料辊及主调节板的控制，实现碎石撒布量的恒定控制，单位面积碎石撒布量一经设定后，控制系统能够根据车速及撒布宽度的变化对布料辊转速进行实时调节，使碎石撒布量不随车速及撒布宽度的变化而变化，保证碎石撒布精度控制在±5%以内。

(7)对导热油温度(高限温度停止喷燃器)进行监控，设定与沥青温度(高限温度停止，低限温度启动喷燃器)一起控制喷燃器的启停；在沥青温度未达到洒布温度时，锁定喷洒功能，同时通过指示灯报警。

3)人机交互系统

人机交互系统通过友好的人机界面和交互方式完成对机器主要参数、运行状态和故障的显示及参数设定，使操作员能够及时掌握同步碎石封层车的工作状态，简化操作，实现人机合一。

功能要点如下：

(1)通过键盘或触摸屏设定各项工作参数：包括单位面积沥青洒布量、单位面积碎石撒布量、导热油加热系统温度(导热油高限温度、沥青高限/低限温度)、车速最高/最低限速等。

(2)通过液晶屏显示:单位面积沥青洒布量(设定洒布量、实际洒布量)、洒布宽度、喷嘴开启数、沥青泵转速(理论转速、实际转速)、沥青实时温度,单位面积碎石撒布量(设定撒布量、实际撒布量)、撒布宽度,挡料板开启数,布料辊转速(理论转速、实际转速),主调节板开度,导热油实时温度,实时车速,故障报警信息。

4)故障诊断系统

对同步碎石封层车作业过程中的重要参数进行实时监测,以便随时了解各部件的工作状态,并积累操作经验。

故障诊断系统在出现误操作或故障时能通过声、光发出错误报警信息,可根据监测到的各项工作参数帮助操作员判断故障类型和位置,并能根据历史数据对将来可能发生的故障做出预测,从而大大缩短故障维修时间,保证作业顺利完成。

功能要点如下:

(1)出现故障时进行报警,排障后报警复位。

(2)显示故障代码。

5)通信系统

将控制器采集到的传感器数据发送到显示器上,完成对同步碎石封层车工作状态的实时监测;通过显示器完成对控制器中相关参数的设定与修改;前、后控制台之间信息的传递。

功能要点如下:

(1)完成控制器与显示器之间的信息交换。

(2)完成前、后两个控制台间控制信息的交换。

8.5 同步碎石封层车的关键控制技术

同步碎石封层设备控制的关键在于保持设备作业过程中沥青洒布和碎石撒布的均匀性。

8.5.1 同步碎石封层车沥青洒布控制

沥青洒布的控制可以分为沥青喷洒功能的实现和沥青喷洒精度的控制两部分。沥青喷洒功能的实现包括沥青喷洒循环控制与沥青温度控制;沥青喷洒精度控制主要是在车速变化的情况下,通过对沥青泵转速的调节,改变沥青泵的出口流量即喷嘴的喷出流量,保持沥青洒布量的恒定。

1)沥青喷洒功能的实现

沥青洒布作业过程中,要完成循环控制包括小循环、大循环、喷洒,如图8-7~图8-9所示。

(1)小循环。对沥青进行加热升温时,搅拌沥青,使沥青加热均匀,防止局部过热、老化;洒布稀释沥青时,使沥青与稀释剂混合均匀;同步碎石封层设备在运输、装料以及之间的等待过程中,都需要进行小循环作业,小循环时间占整个作业过程的80%以上。

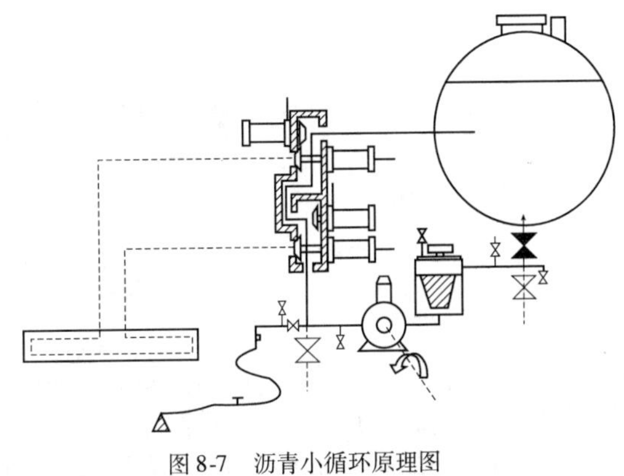

图8-7 沥青小循环原理图

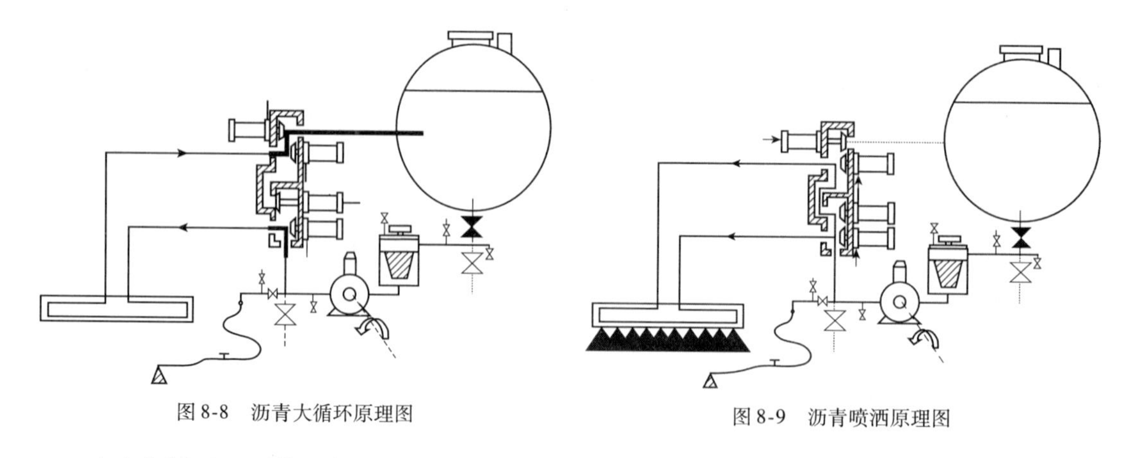

图 8-8　沥青大循环原理图

图 8-9　沥青喷洒原理图

(2)大循环。预热沥青喷洒管道,防止沥青在喷洒管道内降温,黏度上升,堵塞喷嘴,不能正常喷洒。沥青大循环的质量还直接关系到沥青起步喷洒质量。

(3)喷洒(清洗)。将沥青泵泵出的沥青从喷嘴喷出,完成沥青洒布作业。喷洒循环是最重要的循环,在此循环中,需要对沥青泵的转速进行调节,以确保车速变化情况下,沥青洒布量不发生改变,沥青泵的特性及控制对于保证沥青洒布量的恒定具有重要意义。

沥青温度控制是沥青洒布量控制的重要环节,相关研究表明:沥青的黏度会影响沥青泵的计量精度和沥青喷嘴的喷洒扇面,要保持高的沥青洒布精度,必须将沥青黏度控制在设定值,热熔式沥青的黏度控制是通过控制沥青的温度来实现的。

图 8-10 所示为沥青导热油加热系统。通过控制喷燃器的启停,控制导热油的温度,导热油在导热油泵的作用下在管路内循环,加热沥青;与此同时,沥青泵持续运转,沥青以小循环状态在罐内流动,温度均匀且保持适当的温度值。

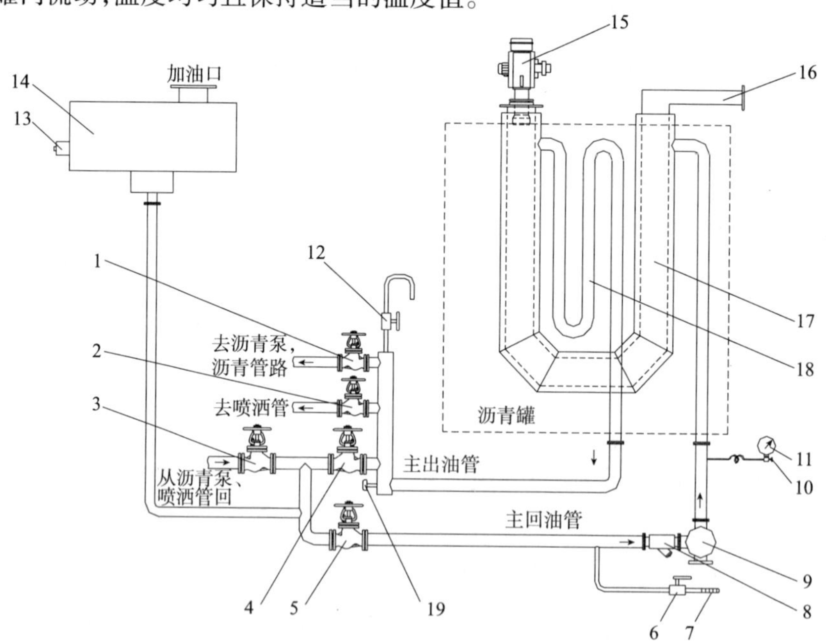

图 8-10　导热油加热系统

1-热油阀 1;2-热油阀 2;3-热油阀 3;4-热油阀 4;5-热油阀 5;6-吸油阀;7-吸油管;8-脏物过滤器;9-热油泵;10-压力表开关;11-压力表;12-放气阀;13-浮球液位控制器;14-膨胀箱;15-柴油燃烧器;16-排烟管;17-U 形火管;18-导热油管组;19-热油温度计

2)沥青喷洒精度的控制

沥青罐中的沥青经沥青循环管路传输后,全部通过喷嘴喷出,均匀洒布到道路表面上,对沥青喷洒精度的控制,理论上讲应该是对沥青喷嘴的出口流量进行测量,建立闭环反馈,通过对沥青泵泵送沥青能力的调节实现对沥青喷洒精度的控制。但依现有技术条件,不仅沥青喷嘴出口流量难以准确测量,沥青泵出口流量的准确测量也难以实现。

现有技术条件下,对沥青泵出口流量的计量主要通过对沥青泵转速的测量和对容积效率的估算实现。沥青泵转速测量技术上已经非常成熟,计量精度能够满足对沥青洒布量控制的要求,因此沥青泵出口流量计量得准确与否,主要取决于当前工作点沥青泵容积效率值的选取。

同步碎石封层车作业工程中沥青洒布量 λ 可由式(8-1)得出

$$\lambda = \frac{n_A q_A \eta_{VA}}{v_c B} \times 10^3 \tag{8-1}$$

式中:λ——沥青洒布量,L/m^2;

n_A——沥青泵转速,r/s;

q_A——沥青泵排量,L/r;

η_{VA}——沥青泵的容积效率;

v_c——车速,m/s;

B——洒布宽度,m。

在实际控制过程中,由沥青洒布量 λ、洒布宽度 B 及测量所得的实际车速 v_c 等计算出沥青泵当前时刻的目标转速,与当前时刻沥青泵的实际转速进行比较,获得偏差信号 e。偏差信号 e 经过控制装置处理后,控制装置输出对应占空比的脉宽调制(PWM)信号,PWM 信号经功率放大后驱动电比例阀,控制沥青泵驱动马达的流量,调节沥青泵转速。控制系统不断调节,使沥青泵的实际转速逐步趋近目标转速。沥青泵转速闭环控制原理如图 8-11 所示。

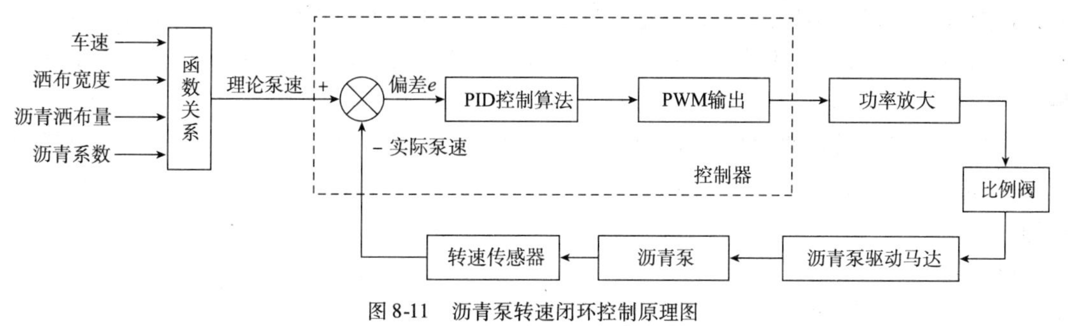

图 8-11　沥青泵转速闭环控制原理图

8.5.2　车速变化对沥青洒布精度的影响

国内外现有同步碎石封层设备,无论是一体式结构,还是牵引式结构,均采用通用底盘搭载或牵引,没有特设的控制装置对车速进行精确控制,车速稳定性差。

根据系统误差和标准差理论,影响车速的因素可分为随机误差和线性误差两大类:

(1)随机误差。包括道路表面状况突变对车速的影响、操作员操作习惯和水平对车速的影响、道路表面滑转系数差异对车速的影响。

(2)线性误差。包括载质量减小对车速的影响、载质量减小后车轮驱动半径增大对车速的影响。

为了使工作装置和行走驱动装置相互之间不影响，提高车速的稳定性，同步碎石封层设备大量采用上装独立发动机的设计，牵引车发动机的动力仅供行走驱动所需。

牵引车发动机要能够满足同步碎石封层车在料场与施工地点之间80km/h高速满载运输工况下的动力需要，而同步碎石封层车的作业速度一般不高于10km/h，因此同步碎石封层设备牵引车的发动机功率储备较大，作业时发动机始终工作在调速区段。发动机的转速通过加速踏板控制，也受外负荷的影响，如图8-12所示。

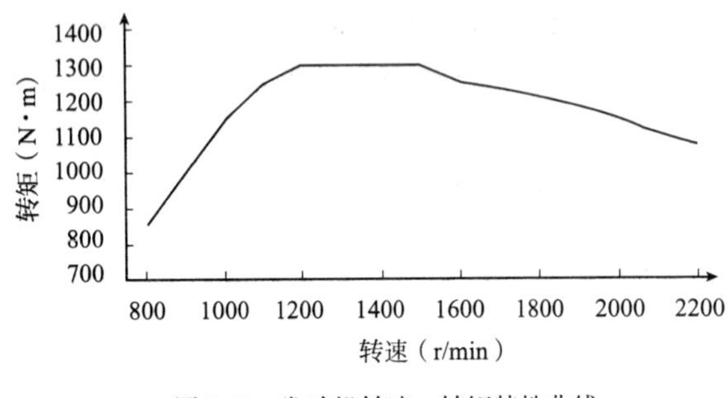

图8-12　发动机转速-转矩特性曲线

发动机加速踏板位置一定时，随着负荷转矩的增加，发动机转速降低，全程调速器起作用，自动调节发动机循环供油量，将发动机转速控制在一个相对稳定的区域内，这一稳定转速区域称为发动机调速区段。发动机调速区段的斜率由调速器的弹簧刚度决定，通常为发动机额定转速的10%，且近似线性。加速踏板位置变化时，发动机设定转速会发生变化，调速特性曲线会相应平移，但调速区段的斜率保持不变。因此，相同转矩变化情况下，发动机设定转速越高，车速变化量与设定值的比值越小，车速也越稳定；发动机转速设定在加速踏板最大位置时，车速稳定性达到最高。

$$\Delta M_e = \frac{\Delta M_T}{i_e} \tag{8-2}$$

式中：M_e——发动机输出转矩，N·m；

M_T——驱动轮驱动转矩，N·m。

同步碎石封层设备工作挡位越低，车轮与发动机之间的传动比 i_c 越大，相同的外部负荷变化传递到发动机输出轴的转矩变化量越小，发动机的转速变化也越小，车速越稳定。因此：同步碎石封层设备工作挡位越低，车速越稳定；在“低速挡”工作时，速度稳定性达到最高。

同步碎石封层设备通常采用充气轮胎，随着洒（撒）布作业的进行，车载沥青和碎石量越来越少，同步碎石封层设备的整机质量逐渐降低，轮胎的驱动半径也相应增大，进而影响车速。

同步碎石封层设备质量减小时，轮边驱动转矩减小，发动机转速升高，车速增加；轮胎驱动半径变大，又会增加驱动转矩，提高车速；总体来讲，车重降低，车速会升高，但其对车速的影响是一个复杂过程。

综合考虑载质量对发动机转速和轮胎驱动半径的影响，可以得出随着载质量变化，同步碎石封层车的速度变化特性。随着同步碎石封层作业的进行，载质量对发动机转速、轮胎驱动半径的影响而引起的车速变化达到空车车速的4%以上。

8.5.3　牵引车速度范围对沥青洒布精度的影响

以某公司生产的牵引式同步碎石封层车为例。牵引车发动机选用WD615.69型发动机，最大转矩转速为1500r/min，最大输出功率转速为2200r/min（额定转速），车轮半径0.6m，发动机工作过程中转速保证在发动机最佳动力性与经济性工况下工作。变速器为法士特公司的 RT－11509C 型变速器，后桥速比为 6.72。

根据汽车理论，牵引车车速方程如下：

$$v_c = \frac{2\pi r_L n_e (1 - k_h)}{i_e} \tag{8-3}$$

式中：n_e——牵引车发动机转速，r/s；

r_L——牵引车驱动轮驱动半径，m；

k_h——地面滑转系数；

i_e——发动机到车轮的各挡传动比。

在上述分析基础上做出的牵引车各个挡位的速度范围见表 8-3。分析可知，牵引车一挡速度适合洒布工作。设备工作过程中，车速是控制器的一个反馈，应行驶在控制器给出的推荐挡位，且在允许的范围内波动。

各挡行驶速度　　表 8-3

变速器挡位	变速器速比	后桥速比	轮胎变形系数	各挡最低速度（km/h）	各挡最高速度（km/h）
1	12.42	5.73	0.86	4.10	6.01
2	8.29			6.14	9.00
3	6.08			8.37	12.28
4	4.53			11.24	16.48
5	3.36			15.15	22.22
6	2.47			20.61	30.22
7	1.81			28.12	41.24
8	1.35			37.70	55.30
9	1			50.90	74.65
倒	12.99			3.92	5.75

沥青洒布量 λ 的范围一般为 0.3～3.0L/m²；洒布宽度 B 的范围一般为 0～4m；推荐挡位为一挡。可以计算出施工行驶速度为 4.1～6.0km/h。在这一速度范围内进行 0.3～3L/m² 洒布量的沥青洒布作业，所需沥青泵流量如图 8-13 所示。

由图 8-13 可以看出：

（1）沥青泵的最大流量由最低车速、最大洒布宽度及最大洒布量作业时所需的流量决定，最小流量由最高车速、最小洒布宽度、最小洒布量作业时所需的流量决定。

（2）沥青泵最大流量必须大于 800L/min。若沥青泵的最高转速为 1000r/min，则其排量必须大于 800mL/r；沥青泵的排量不宜过大，否则在预设的沥青流量范围内工作时，沥青泵转速偏低，可用于调速的范围较窄，沥青泵流量控制精度降低。

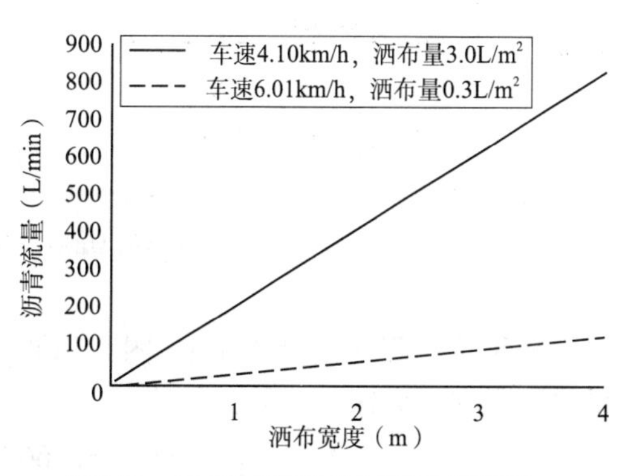

图 8-13　不同洒布宽度对应沥青泵流量图

(3)沥青泵转速过低时,工作稳定性差,甚至不能正常工作,因此,设备作业过程中要避开此工作区域。

8.5.4 沥青洒布控制算法

当车速变化时,沥青泵流量要随之变化,以保证洒布量 λ 稳定,即沥青泵驱动马达的转速要随车速改变而变化,驱动系统采用节流调速的方式调节马达转速,当电液比例方向阀输入电流(与 PWM 波占空比对应)改变时,马达转速随之改变,进而随车速调节沥青流量。由式(8-1)可得

$$n_{\mathrm{m}} = n_{\mathrm{A}} = \frac{v_{\mathrm{c}} B\lambda}{q_{\mathrm{A}}\eta_{\mathrm{VA}}} \times 10^{-3} \tag{8-4}$$

因此,当沥青洒布量、洒布宽度确定后,沥青泵驱动马达转速(与沥青泵转速相同)与车速之间建立起一一对应的关系。

1)L90LS01 比例阀的流量特性

L90LS01 型电比例负载敏感压力补偿多路阀采用 ECH 电—液阀芯执行器,装有辅助的手柄用于直接控制。表 8-4 所示为该比例阀工作时的最小、最大工作电流,图 8-14 为比例阀行程—流量曲线。

比例阀电流参数 表 8-4

参数 \ 开启位置	中位(启动)	全开启
弹簧力	60N	350N
PVC25,24V 电压	最小 260mA	最大 510mA

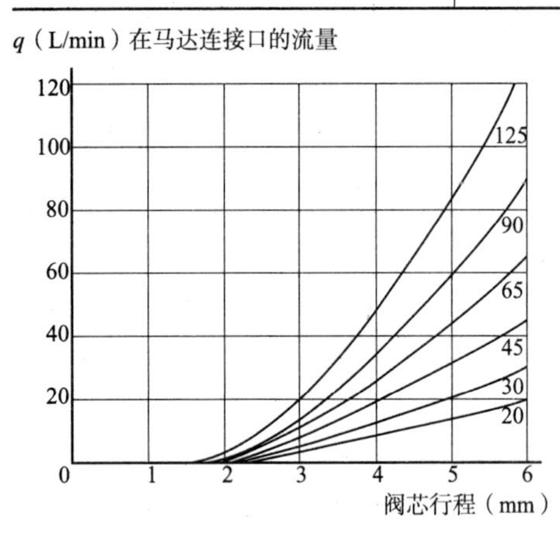

图 8-14 比例阀流量曲线

工作过程中,沥青泵转速为 100 ~ 700r/min效率较高,进而比例阀在最大行程 6mm 时流量达到 112L/min。取最大流量 125L/min 进行计算,在图 8-14中找出 125L/min 对应的流量特性曲线进行分析。

比例阀工作过程中存在死区,由表 8-4 可知,当比例阀控制电流小于 260mA 时,处于阀芯移动的死区,当电流大于或等于 510mA 时,阀芯可以保证全部开启。

由此可以得到,阀芯行程与工作电流间的关系为

$$\begin{cases} x = 0 & (i < 260) \\ x = 0.024i - 6.24 & (260 \leqslant i < 510) \\ x = 6 & (i \geqslant 510) \end{cases} \tag{8-5}$$

在阀芯行程与流量曲线中(图 8-14),当阀芯移动到 2mm 时才有流量通过,即行程与流量之间也存在死区,关系式为

$$\begin{cases} Q_{\mathrm{m}} = 31.667x - 78 & (x \in (3,6]) \\ Q_{\mathrm{m}} = 16x - 31 & (x \in [2,3]) \end{cases} \tag{8-6}$$

综合式(8-5)、式(8-6)可得,电磁阀工作电流与阀出口流量的关系为

$$\begin{cases} Q_{\mathrm{m}}=16(0.024i-6.24)-31; & (i\in[343.33,385]) \\ Q_{\mathrm{m}}=31.667(0.024i-6.24)-78 & (i\in(385,510]) \\ Q_{\mathrm{m}}=112 & (i\in(510,\infty)) \end{cases} \tag{8-7}$$

PWM 波控制信号的占空比与输出电流间的关系近似为线性关系,则有关系表达式 $i=566.6364\tau-0.0272$。由此可以得到,沥青泵驱动马达流量与比例阀占空比的关系为

$$\begin{cases} Q_{\mathrm{m}}=16(13.59\tau-6.24)-31 & (\tau\in[0.61,0.68]) \\ Q_{\mathrm{m}}=31.667(13.59\tau-6.24)-78 & (\tau\in(0.68,0.9]) \\ Q_{\mathrm{m}}=112 & (\tau\in(0.9,1]) \end{cases} \tag{8-8}$$

由于沥青泵和马达转速相同,因此二者流量之比等于排量之比,关系见式(8-9)。图 8-15所示为比例阀工作特性曲线,表明了比例阀控制信号的占空比对其阀芯行程与流量的影响。

$$Q_{\mathrm{lp}}=5.3125Q_{\mathrm{m}} \qquad (\tau\in(0.61,1)) \tag{8-9}$$

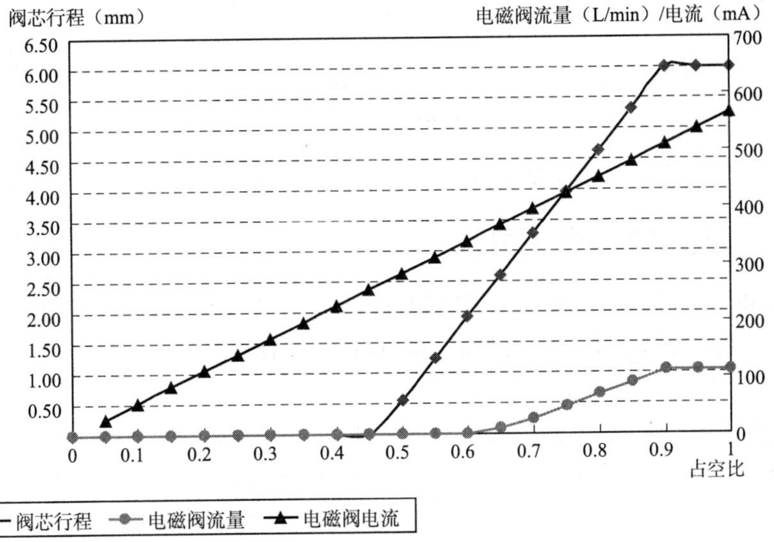

图 8-15　比例阀特性曲线

2)"车速—占空比—转速"的关系

PWM 波占空比是数字 PID 调速算法的输出,用以调节沥青泵转速,为此必须首先确定沥青泵转速和 PWM 信号占空比之间的对应关系。

根据作业前设定的洒布参数要求,可得沥青泵的目标转速为

$$n_{\mathrm{m}}=n_{\mathrm{b}}=\frac{60vB\lambda}{q_{\mathrm{b}}} \tag{8-10}$$

马达转速与控制信号占空比之间的关系为

$$\begin{cases} \tau=\dfrac{n_{\mathrm{m}}+817.82}{1359.93} & (n_{\mathrm{m}}\in[7,106]) \\ \tau=\dfrac{n_{\mathrm{m}}+1722.65}{2691.56} & (n_{\mathrm{m}}\in(160,700]) \\ \tau\geqslant 0.9 & (n_{\mathrm{m}}=700) \end{cases} \tag{8-11}$$

当初始洒布量与洒布宽度设定后，沥青泵驱动马达转速随车速变化，利用式(8-11)可以确定出该转速对应的PWM信号占空比，进而实现转速控制。

当洒布量、洒布宽度变化时，车速与占空比之间的控制关系也随之改变。下面以牵引车工作在一挡，洒布宽度为2m、4m，洒布量要求3.5L/m²、1.5L/m²为例，计算PWM信号占空比与牵引车行驶速度间的关系。

当$B=4\text{m}$、$\lambda=1.5\ \text{L/m}^2$时，根据式(8-10)可得，当牵引车在一挡工作时，马达转速范围为

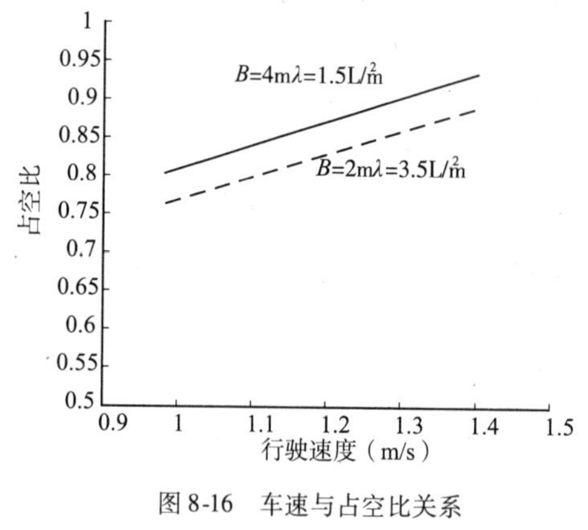

图8-16　车速与占空比关系

$$n_{\text{mmin}}=\frac{60v_{\min}B\lambda}{q_{\text{b}}}=415\text{r/min}$$

$$n_{\text{mmax}}=\frac{60v_{\max}B\lambda}{q_{\text{b}}}=606\text{r/min}$$

进而根据式(8-11)，得到占空比与车速的关系为

$$\tau=\frac{423.529v+1722.65}{2691.56}\quad(v\in[0.98,1.43])$$

同理，可分析其他工况下的关系。

由式(8-11)可进一步得出车速与占空比的关系，如图8-16所示。

可见，当洒布量与洒布宽度给定后，占空比和车速呈现一一对应的关系，因此控制系统可利用此关系计算出所需的PWM控制信号占空比，并输出给电磁阀。

8.5.5　碎石撒布量控制方法

碎石撒布量通过手动调节料门开度和布料辊转速来实现，控制目标为：

(1)碎石撒布宽度。通过汽缸控制14块料斗箱门设定。

(2)布料辊转速。通过节流阀手动调节。

(3)碎石流量。通过手动控制料门开度实现。

料门开度过大会使石料堆积在分料器上，下料不畅；料门开度过小则会卡料。碎石撒布量的调节与碎石粒径和行驶速度相关，操作员视作业情况手动调节。

在碎石撒布作业之前，首先根据施工要求的撒布量及撒布宽度调节好料门开度和布料辊转速，经试验符合施工要求后再进行撒布作业。作业过程中，布料辊转速保持不变。

8.5.6　车速测量

同步碎石封层车选用汽车底盘，车辆实际行驶速度随着载质量、轮胎气压、路况的变化而变化。控制系统必须根据车速变化进行实时调节，因此，测速的准确性将会直接影响作业精度。传统测速方法是通过测量传动轴转速或是驱动轮转速来进行换算的，常用的传感器是霍尔齿轮传感器，非接触式测量，使用简单方便，成本低，见图8-17a)。这种方法的缺点是无法消除车辆滑转率(地面条件、载质量)、动力半径(轮胎气压、气温、轮胎磨损程度)等参数变化对车速的影响。随着雷达测速技术的进步，低速区雷达测速的精度已经可以满足同步碎石封层车控制系统的需求，这一技术可以消除车辆滑转率和动力半径变化等因素造成的车速测量不准的缺陷。采用测速雷达对车速进行实时测量时，测速雷达产生一系列频率与车速成正比的脉冲信号，该脉冲信号通过高速计数输入，经控制器处理后，可进行车速计算。

图 8-17b)所示为美国帝强(DICKEY - john)公司生产的地面雷达测速传感器,型号 RA-DERII。测速范围为 0.53 - 107km/h。测量精度为:(实测误差) < ±5%(0.53 ~ 3.2km/h);< ±3%(3.2 ~ 107km/h)。速度输出响应:对于综合物,过滤器选择的延时 <200ms,通过内部校准,速度误差可控制在 ±1% ~3%。

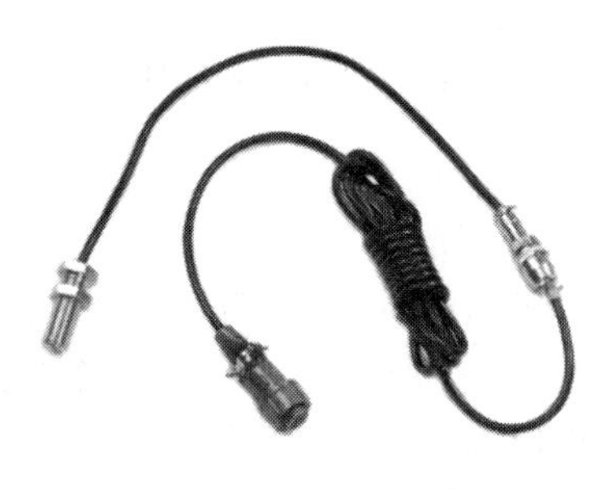
a)霍尔齿轮传感器

b)测速雷达

图 8-17　车速测量传感器

同步碎石封层设备工作环境复杂、振动频繁、噪声干扰大,若这些干扰随输入信号一起进入控制系统,会使控制准确性降低,产生误动作,因此需要对噪声信号进行隔离,并对输入信号进行整形,以提高测速脉冲信号的质量。

测速雷达的输出信号为变频方波,常用的数字式速度测量方法中 M 法、T 法和 M/T 法均可用于车速测量。

1)M 法

M 法又称频率法,在规定的时间间隔 $T_g(s)$ 内,测量所产生的脉冲数 m_1 来获得被测速度值,则 $f=\frac{m_1}{T_g(s)}$,如图 8-18 所示。

此方法虽然检测时间一定,但检测的起始时间具有随机性,因此测量过程在极端情况下会产生 ±1 个光电脉冲的检测误差,则相对误差为 $1/m_1$。当被测车速较高时,才有较高的测量精度。即随着车速增加,m_1 即增大,相对误差会减小,说明 M 法适用于高速测量场合。

2)T 法

T 法又称周期法,即通过测量相邻两个光电脉冲的时间间隔来确定被测速度的方法。用一已知频率为 f_c 的高频时钟脉冲向计数器发送脉冲数,此计数器由测速脉冲的两个相邻脉冲控制其起始和终止。若计数器的读数为 m_2,则 $f=\frac{f_c}{m_2}$,如图 8-19 所示。

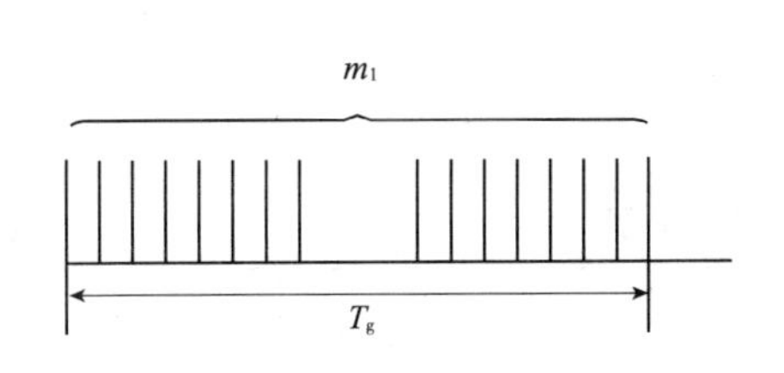

图 8-18　M 法测速原理

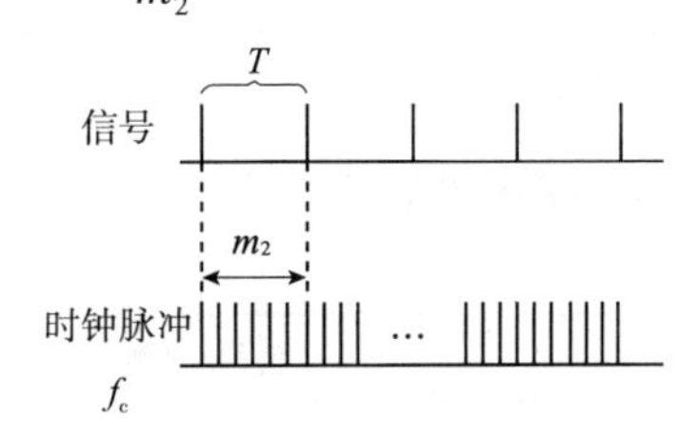

图 8-19　T 法测速原理

在极端情况下,时间的检测会产生 ±1 个高频时钟脉冲周期的测量误差。因此 T 法在被测车速较低(相邻两个光电脉冲信号时间较大)时,才有较高的测量精度。亦即随着车速 m_2 的升高,T 法测速的分辨率 Q 值增大;车速越低,Q 值越小。T 法测速在低速时有较高的分辨率。

可见,随着车速的升高,检测时间将减小。确定检测时间的原则是:既要使 T 尽可能短,又要使控制器在高车速运行时有足够时间对数据进行处理。

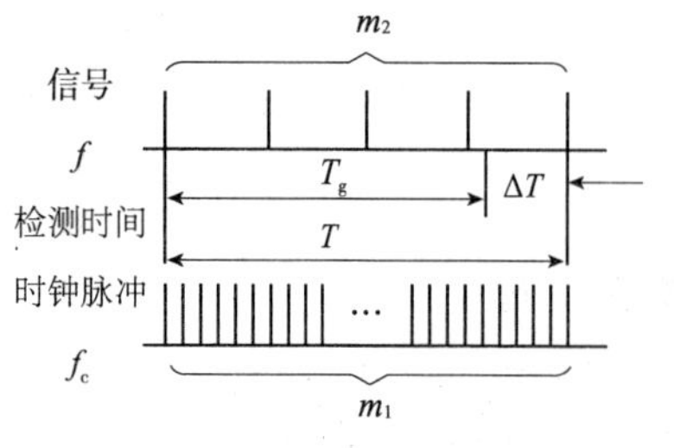

图 8-20　M/T 法测速原理

3)M/T 法

M/T 法又称频率/周期法,同时测量检测时间和在此检测时间内的脉冲数来确定被测速度,则 $f=\frac{m_1 f_c}{m_2}$,其原理如图 8-20 所示。

对 3 种测速方法的分析:

对分辨率而言,T 法测低速时较高,随着速度的增大,分辨率变差;M 法则相反,高速时较高,随着速度的降低,分辨率变差;M/T 法与速度无关,因此 M/T 法比前面两种方法都好。从测速精度上看,也以 M/T 法为佳。

检测时间:标准的 M 法中检测时间与速度无关;T 法中检测时间随着速度的增大而减小;M/T 法检测时间相对前两种方法是较长的,但是若稍微牺牲一点分辨率,选择分辨率在最低车速时,可使检测时间几乎与 M 法相同。

车速测速雷达的输出信号是与车速成正比的变频信号,而同步碎石封层设备一般在低速区工作,测速雷达的输出信号频率较低,此处采用周期法进行车速信号采集。

采用雷达测速测得的速度数据中包含渐变量与随机变量两部分,分别对应于系统误差与标准差。如前面章节的讨论,可以将车速的随机变化归类到标准差中,将车速的渐变归类到系统误差之中。对于车速中渐变量的提取是进行沥青洒布量控制的关键。

8.6　同步碎石封层车的控制系统

8.6.1　同步碎石封层车控制系统的输入输出信号

1)基本电气系统输入输出

基本电气系统输入输出见表 8-5。

基本电气系统输入输出表　　表 8-5

编　号	信号名称/来源	类　型
I1	安全急停信号	DI
O1	至总电源	DO

2)控制器输入输出

控制器输入输出见表 8-6、表 8-7。

控制器输入表　　表 8-6

编　号	信号名称/来源	类　型	数　量
I2	车速	PI	1
I3	泵转速	PI	1
I4	喷嘴启/闭开关	DI	48
I5	沥青喷洒启/停	DI	1

续上表

编　号	信号名称/来源	类　型	数　量
I6	沥青泵启/停	DI	1
I7	挡料板启/闭开关	DI	14
I8	碎石撒布启/停	DI	1
I9	布料辊启/停、主调节板启/闭	DI	1
I10	"联动/分动"选择开关	DI	1
I11	布料辊转速	PI	1
I12	主调节板开度	AI	1
I13	料斗举升角度	AI	1
I14	沥青温度	AI	1
I15	控制器环境温度	AI	1
I16	液压油温度	AI	1
I17	导热油温度	AI	1

控制器输出表　表 8-7

编　号	信号名称/来源	类　型	数　量
O2	沥青洒布启/停	DO	1
O3	碎石撒布启/停	DO	1
O4	控制器风扇	DO	1
O5	散热器风扇	DO	1
O6	泵转速调节	PWM	1
O7	循环模式切换	DO	2
O8	喷燃器控制	DO	1
O9	布料辊转速调节	PWM	1
O10	喷嘴启/闭	DO	48
O11	挡料板启/闭	DO	14

3）人机交互系统输入输出

同步碎石封层车需要显示的参数包括以下几类：初始设定参数，包括沥青初始温度、导热油初始温度等；状态监测参数，包括沥青实时温度、导热油实时温度、实时车速等。

所有需要显示的参数采用分屏显示，要求界面直观、清晰。

4）故障诊断系统输入输出

同步碎石封层车控制系统具有错误识别和报警功能，可以在出现异常故障时采取保护、报警等措施，对应警告指示灯会点亮，以提示当前的状态。

出现错误一般是由于行车速度过快或过慢等原因，使系统处于不正常状态，有可能造成沥青洒布量或碎石撒布量不均匀，必须进行必要的调整后继续工作。

另外，具有6个警告指示灯，分别是"车速过低"、"车速过高"、"泵速过低"、"布料辊转速过低"、"布料辊转速过高"、"后台报警"信号灯。

8.6.2　同步碎石封层车控制系统的硬件组成

选用西门子公司的S7－200系列可编程逻辑控制器来实现控制任务，基于PROFIBUS

总线构成数字网络控制。该系列产品可满足各种自动化控制的需要,具有紧凑的设计、良好的扩展性、低廉的价格以及强大的指令集,可满足小规模控制要求。此外,丰富的 CPU 类型(CPU212、CPU214、CPU215、CPU216、CPU224、CPU226 等)和电压等级(交、直流 24V,交、直流 120V,还可以使用 TTL 电平等)使其在解决不同工业自动化问题时,具有很强的适应性。

控制系统硬件选择和结构如下:

1)系统结构与元器件选型

通过考察同步碎石封层车控制系统的 I/O 点数及信号类型,确定主控制器为 S7-200 系列的 CPU226 CN,喷嘴控制器为 S7-200 系列的 CPU224XP CN。

CPU226 CN 的基本性能如下:集成 24 个输入、16 个输出共 40 个数字量 I/O 点,最多支持 7 个附加的扩展 I/O 模块,6 个独立的 30kHz 高速计数器,2 路独立的 20kHz 高速脉冲输出,具有 PID 控制器、2 个 RS485 通信/编程口,具有 PPI 通信协议、MPI 通信协议和自由方式通信能力,适用于具有较高要求的控制系统,具有更多的输入/输出点、更强的模块扩展能力、更快的运行速度和功能更强的内部集成特殊功能。

CPU224XP CN 的基本性能如下:集成 14 个输入、10 个输出共 24 个数字量 I/O 点,2 个输入、1 个输出共 3 个模拟量 I/O 点,最多支持 7 个附加的扩展 I/O 模块,6 个独立的 100kHz 高速计数器,2 路独立的 100kHz 高速脉冲输出,2 个 RS485 通信/编程口,具有 PPI 通信协议、MPI 通信协议和自由方式通信能力,另外,还具有诸如内置模拟量 I/O、位控特性、自整定 PID 功能、线性斜坡脉冲指令、诊断 LED、数据记录及配方等功能,是具有模拟量 I/O 和强大控制能力的新型 CPU。

人机交互界面选用西门子的 SIMATIC OP170B。OP170B 采用 66MHz 32 位的 RISC 处理器,基于 Windows CE 操作系统、5.7 英寸液晶显示、320×240 像素,具备 35 个系统键、24 个功能键,其中 14 个是软键,使用 SIMATIC ProTool/Lite 组态,接口类型为 2×RS232、1×RS422、1×RS485。

控制系统总体结构如图 8-21 所示。

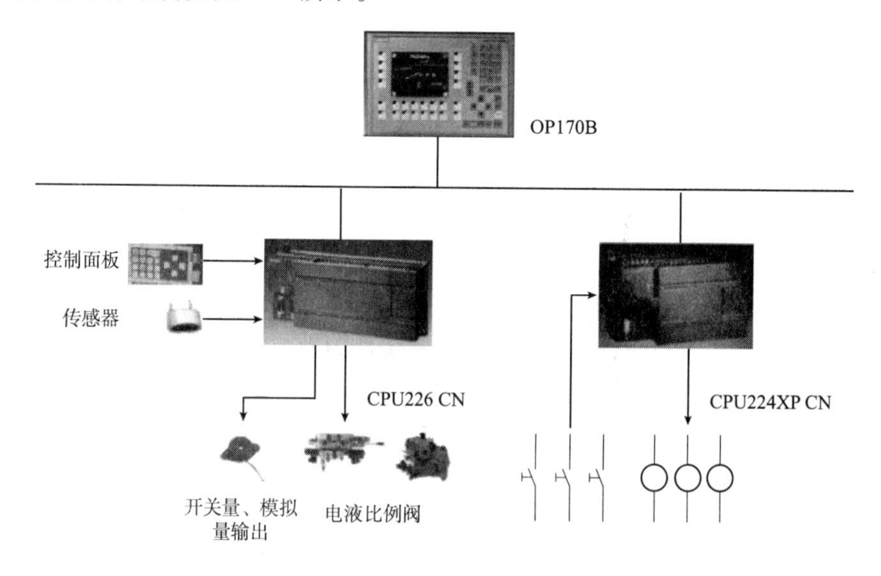

图 8-21　控制系统总体结构图

主控制器采集传感器数据及控制面板输入的控制信息进行处理,完成除沥青喷嘴及石料挡料板控制外所有的控制功能,并通过人机界面实现对工作状态的监测和对控制器中相关的参数的设定和修改。

喷嘴/挡料板控制器负责48路沥青喷嘴与14路石料挡料板的控制。

S7－200系列PLC和SIMATIC OP170B显示器都具有PROFIBUS总线接口,只要用PROFIBUS总线将它们连接起来,再编写相应的通信程序,编程工作完成后通过编程电缆将程序下载到控制器和显示器中即可。

2)各控制节点输入输出分配图

各控制节点输入输出分配见图8-22。

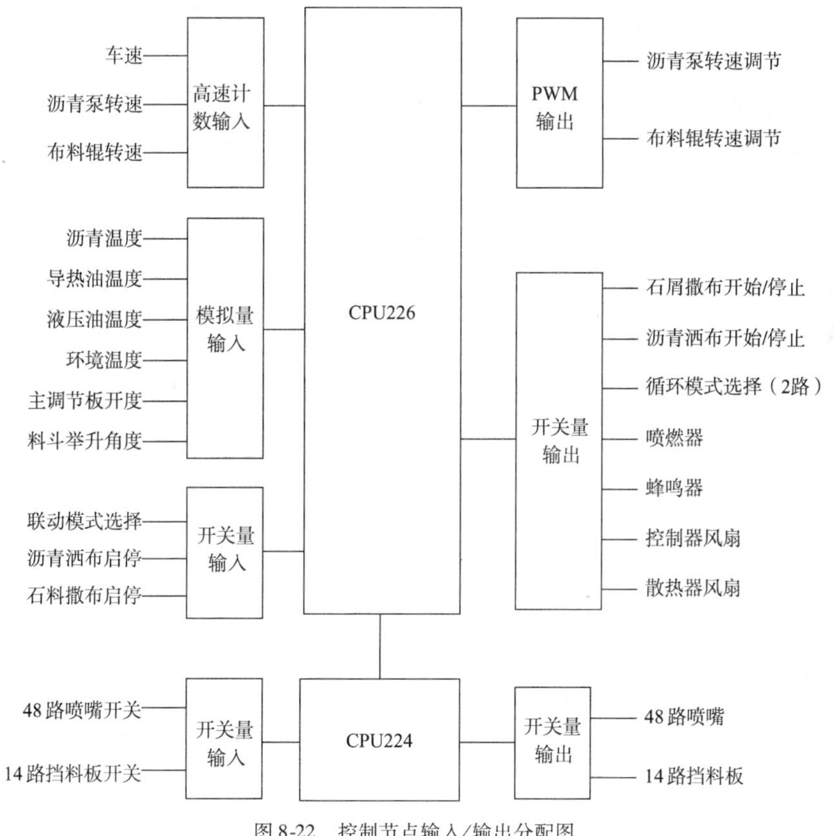

图8-22 控制节点输入/输出分配图

8.6.3 控制系统软件设计方案

1)软件功能分析

系统应该具有以下几个子系统来完成各部分功能:

(1)开机自检子模块,确保工作前控制系统的状态正常。

(2)沥青温度/导热油温度监控子模块,确保沥青洒布过程中沥青温度保持在合适温度范围内。

(3)液压油温度监控子模块,确保液压系统正常运行。

(4)车速测量子模块,对同步碎石封层过程中车速变化情况进行实时测量。

(5)沥青泵转速测量子模块,实时测量沥青泵转速。

(6)沥青泵转速调节子模块，通过对沥青泵转速的精确控制，控制沥青洒布的计量精度在±2%以内。

(7)沥青循环/喷洒控制子模块，实现沥青不同循环模式与喷洒模式之间的切换。

(8)布料辊转速测量子模块，实时测量布料辊转速。

(9)布料辊转速调节子模块，通过对布料辊转速的精确调节，实现碎石的搅匀撒布，控制石料撒布的精度在±5%以内。

(10)主调节板开度测量主模块，对作业工程中的主调节板开度进行实时测量。

(11)料斗举升角度测量主模块，对作业工程中的料斗举升角度进行实时测量。

(12)工作参数设定子模块。

(13)工作状态显示子模块。

(14)故障、误操作报警子模块。

2)总控制流程

同步碎石封层车控制流程如图8-23所示。

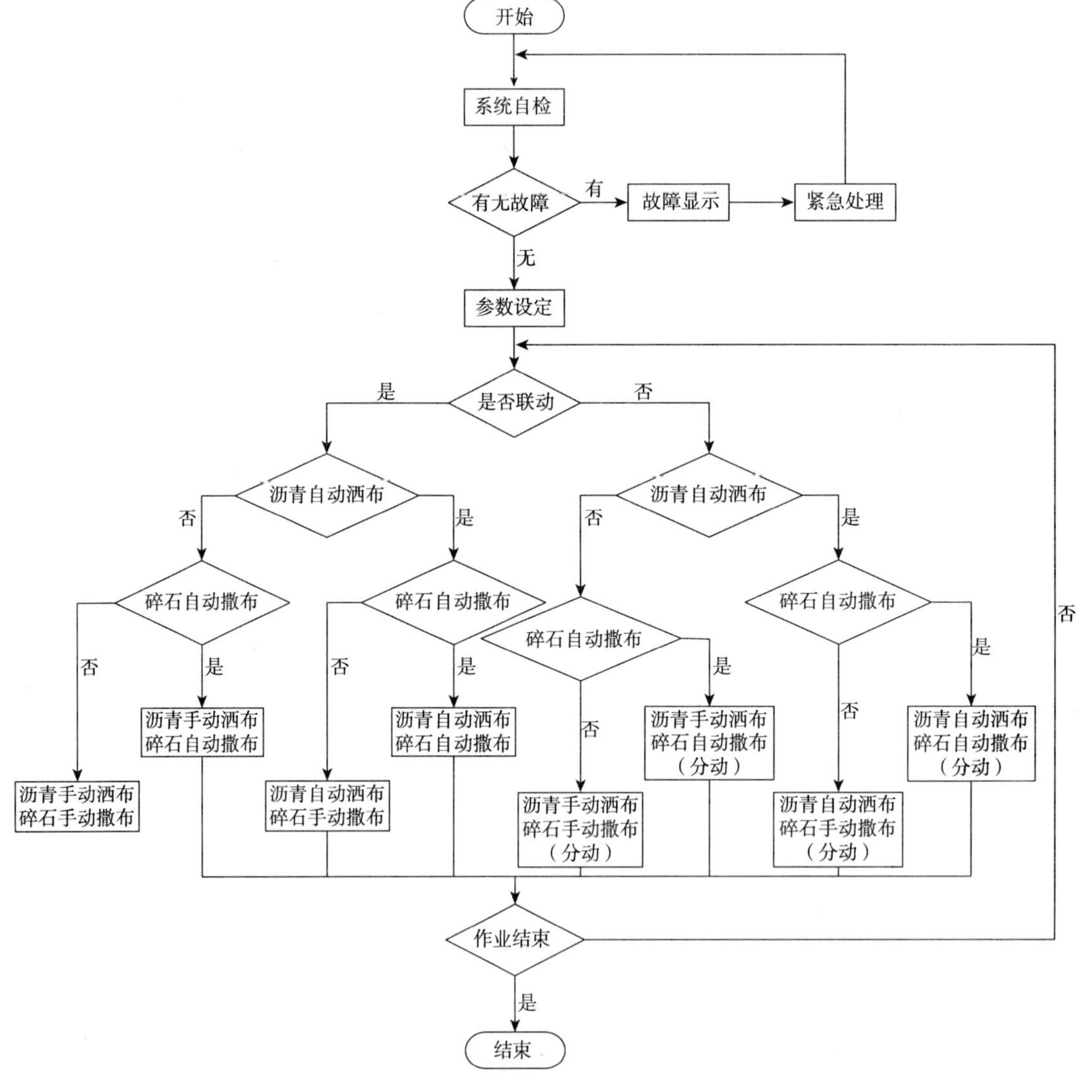

图8-23 同步碎石封层车控制流程

本章思考题

1. 简述同步碎石封层车控制系统的主要功能。
2. 利用脉冲测量速度的方法中,对 M 法、T 法、M/T 法作一比较。
3. 试分析确定同步碎石封层车作业速度的影响因素。
4. 简单分析一下载质量变化对车速的影响机理。
5. 简述同步碎石封层车沥青洒布量的控制原理。
6. 结合公式说明同步碎石封层车沥青洒布量的调整是怎样实现的。

第 9 章　履带式液压挖掘机的控制系统与控制技术

挖掘机是一种多用途的土方施工机械,广泛用于建筑、公路、铁路、矿山与水利等工程中,主要完成土石方的挖掘和装载,有反铲作业、正铲作业、挖沟作业、装载作业和平整地面等作业方式,如图 9-1 所示。通过换装不同的附属装置,如液压锤、液压剪、推土铲或扒斗等,它还可完成破碎、拆卸及抓取等多种作业功能,如图 9-2 所示。

a)反铲挖掘作业

b)正铲挖掘作业

c) 挖沟作业

d) 装载作业

e) 平整地面

图 9-1　挖掘机的主要作业方式

a)破碎作业

b) 抓取作业

c) 液压钳作业

图 9-2　换装附属装置后挖掘机的几种其他作业功能

随着国民经济的发展,挖掘机的需求量越来越大,目前中国已逐步成为挖掘机市场最大的国家,其中中型挖掘机销量最大,本章主要针对采用负流量液压系统的中型挖掘机,对其控制系统和关键技术进行分析和介绍。

9.1 挖掘机的分类与用途

9.1.1 挖掘机的分类

按照驱动方式分，挖掘机可分为内燃机驱动和电力驱动两种，其中电动挖掘机主要应用于高原缺氧、地下矿井和其他一些易燃易爆的场所；按照行驶机构分，可分为履带式挖掘机和轮式挖掘机；按照传动方式分，可分为液压挖掘机和机械挖掘机，机械挖掘机主要用于大型矿山；按照用途分，可分为通用挖掘机、矿用挖掘机、船用挖掘机及特种挖掘机等不同类别；按照铲斗分，可分为正铲挖掘机、反铲挖掘机、拉铲挖掘机和抓铲挖掘机。正铲挖掘机多用于挖掘地表以上的物料，反铲挖掘机多用于挖掘地表以下的物料。

目前，履带式反铲挖掘机的生产数量最大，应用最广。

9.1.2 挖掘机的用途与常用作业方式

(1)反铲挖掘作业。反铲作业一般在地面以下进行，使用斗杆和铲斗共同进行挖掘，实现向后向下、强制切土。当铲斗液压缸与连杆、斗杆液压缸与斗杆都成90°时，可获得最大的挖掘力和挖掘效率。

(2)正铲挖掘作业。正铲作业一般在地面以上进行，铲斗的转动方式与反铲时相反，前进向上、强制切土，使用斗杆液压缸来刮削地面。

(3)挖沟作业。通过配置与沟宽度相对应的铲斗，使两侧履带与待挖沟的边线平行，使用斗杆收缩和动臂上升共同动作来切削路面，实现开沟。

(4)装载作业。进行装载作业时，先将挖掘机移到装载卡车后面，挖掘后通过回转、提升和卸料等动作实现装载。

(5)平整地面。以水平方式前后移动铲斗，填平和削平地面。

(6)其他用途。可通过更换工作装置实现破碎、抓取和液压钳等作业功能。

9.2 挖掘机的荷载特征和作业特点

挖掘机属于高能耗的工程机械，作业时一般重复挖掘—回转—提升卸料—空斗返回这一周期性循环过程，虽然作业循环具有一定规律性，但作业过程中荷载的变化是随机的。由于其作业时间长，作业负载变化大，平均外荷载只有最大外荷载的50%～60%，其能量利用率仅为30%左右。燃油利用率低的主要原因是发动机功率与液压泵功率不匹配造成的，大部分功率损失于液压元件的节流和溢流调节，因此节能技术成为挖掘机研究的热点。

工作装置是挖掘机直接完成挖掘任务的装置，由动臂、斗杆和铲斗3部分铰接而成。动臂起落、斗杆伸缩和铲斗转动都通过往复式双作用液压缸控制，其变化轨迹决定了挖掘机的作业范围。图9-3是某20t挖掘机的作业轨迹图。根据作业要求，改变挖掘机工作装置的关节尺寸(如斗杆尺寸)可实现增长型挖掘机，用于挖深沟作业或破碎钳作业等。

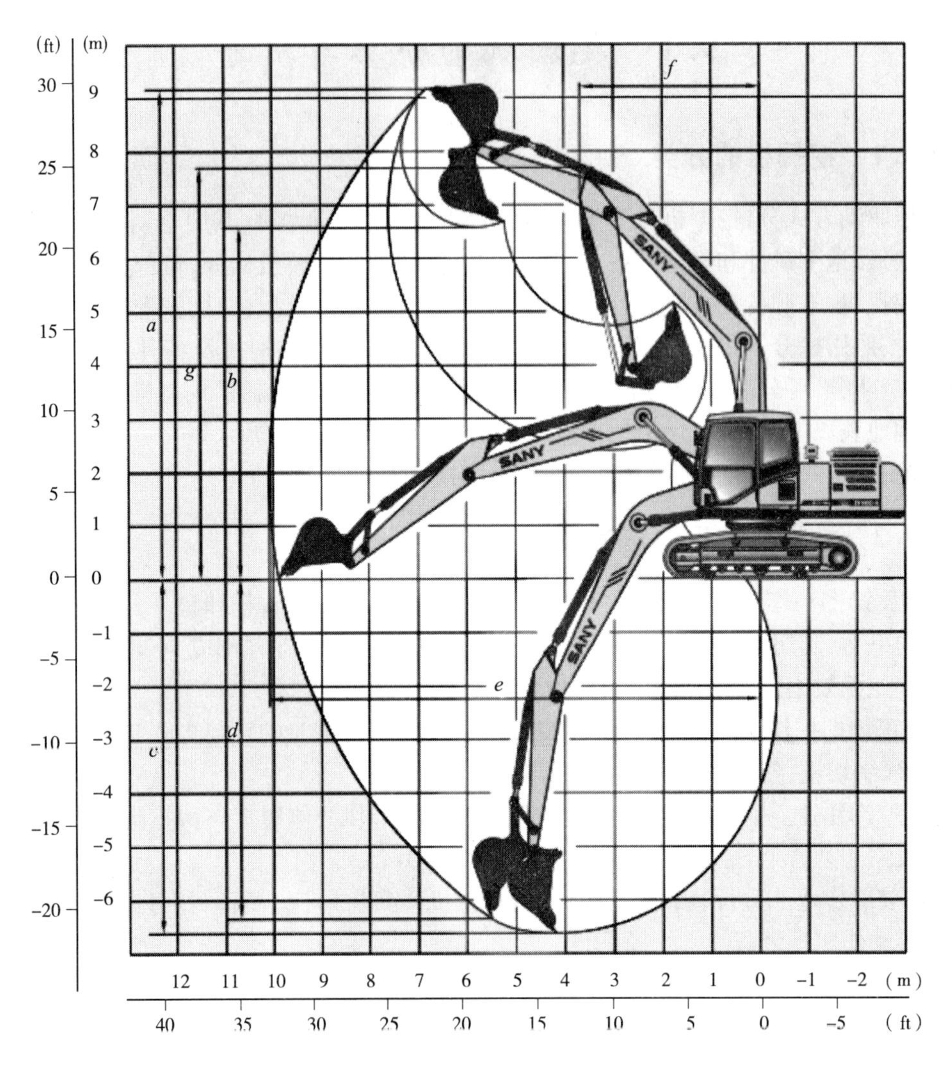

图 9-3　某 20t 挖掘机作业轨迹图

9.3　挖掘机的关键性能指标

挖掘机的关键性能指标为动力性、经济性和操作性。主要性能参数包括整机质量（也称工作质量）、发动机功率、标准斗容、最大挖掘力、最大牵引力、最高行驶速度、爬坡能力和经济性指标等。

（1）工作质量。工作质量是指整机配备工作装置和行驶装置后，在工作状态下的质量，单位为 kg 或 t。挖掘机一般根据其工作质量进行型号命名，如 20t、23t、25t 等。

（2）发动机功率。发动机功率指发动机额定功率，具体包括总功率和有效功率。总功率是指在没有消耗功率附件（如消音器、风扇和交流发电机等）的情况下，在发动机飞轮上测得的输出功率；有效功率是指在装有上述全部消耗功率附件的情况下，在发动机飞轮上测得的输出功率。

（3）标准斗容。标准斗容是指挖掘密度为 1800kg/m^3 的土石的铲斗容量。

(4)最大挖掘力。最大挖掘力是指按照系统压力或主泵额定压力工作时铲斗油缸或斗杆油缸所能发挥的斗齿最大切向挖掘力。有斗杆最大挖掘力和铲斗最大挖掘力之分,需要注意的是,铲斗和斗杆的最大挖掘力并不能完全表征挖掘机挖掘物料时输出力量的大小,因为在挖掘作业时,铲斗、斗杆和动臂一起做复合动作,三力的合力作用在被挖掘的物料上。

(5)最大牵引力。最大牵引力是指行驶装置尤指履带所能发出的驱动整机行驶的最大力。较大的牵引力能使挖掘机在湿软或高低不平的不良地面上行驶时具有良好的通过性能、爬坡性能和转向性能。

(6)行驶速度。履带式液压挖掘机常设置高速和低速两个挡位,中小型履带液压挖掘机的低速挡行驶速度为 0 ~ 3.5km/h,高速挡为 3.5 ~ 5.5km/h。轮胎式挖掘机有公路挡、越野挡和低速挡之分,最高行驶速度能达到 35km/h。

(7)爬坡能力。爬坡能力是指挖掘机在坡上行驶时所能克服的最大坡度,单位为(°)或%。目前,履带式液压挖掘机的爬坡能力大多在 35°(70%)左右。

(8)经济性。经济性是衡量挖掘机整机性能的关键指标,主要包括作业周期、生产率和油耗。由于挖掘机工作模式多,主机厂一般并不将该指标具体参数列入机器性能指标,但是该指标直接关系到使用成本。

9.4 挖掘机的发展历程和技术现状

9.4.1 挖掘机的技术发展历程

液压挖掘机最早出现于美国、日本与德国等发达工业国家,经历了蒸汽驱动、电力驱动和内燃机驱动等多种驱动方式。20 世纪 40 年代以后,液压技术在挖掘机上得到应用,出现了全液压挖掘机。

液压控制系统是挖掘机的重要组成部分,其性能决定了挖掘机的品质,常见的有负流量、正流量、负载敏感等典型液压系统。负流量系统广泛用于中型挖掘机(整机质量为 13 ~ 50t),如川崎和东明液压系统;正流量系统部分应用于中型挖掘机,如三一重工部分中型挖掘机产品采用了力士乐的正流量系统。正负流量系统的差异主要体现在所取压力反馈信号不同,负流量取回油压力作为反馈信号,泵流量与其成反比;正流量取先导压力信号,泵流量与其成正比。负载敏感液压系统广泛应用于小型挖掘机(整机质量小于 13t)。

随着全球工业化的发展,工程项目对液压挖掘机的性能和品质提出了更高的要求,仅靠液压和机械技术无法满足挖掘机的高效率、高精度、高可靠性、工作舒适性和自动化操作等要求,电子控制技术将起关键作用。20 世纪 80 年代以后,随着计算机技术、控制技术、传感器技术和伺服液压技术的发展,特别是电液比例液压阀、微处理器、传感器以及检测仪表在挖掘机上的应用,给挖掘机的发展带来了技术上的革命。美国卡特公司最早将电子技术应用于工况检测,1978 年将微处理器用于挖掘机的故障报警中,1987 年研制出电子监控系统,实现挖掘机的工作状态监测和电子控制。随后,挖掘机主要生产厂家纷纷研制电控节能液压挖掘机,如博世力士乐的 GLB(功率极限控制系统)和大宇挖掘机的 EPOS(电子功率优化系统)等系统配有转速感应控制提高了发动机的功率利用率,并不断融入新技术,使挖掘机的控制系统逐步朝着“智能”、“节能”和“环保”方向发展。

综合国外各挖掘机电控系统,电子节能控制主要围绕重要部件(发动机、变量泵、马达和各种控制阀)的控制和发动机—液压系统—负载的功率匹配等两方面开展研究,其中日立、小松和神钢挖掘机的电控系统达到了较高的水平。电控节能系统主要采用分工况控制、自动怠速控制、发动机功率控制、变量泵功率控制、发动机—变量泵匹配控制及电子负载传感控制等多种控制方式,控制系统硬件主要采用基于 CAN 总线的专用控制器,提高了系统稳定性和可扩展性。

随着计算机和微电子技术与液压技术在挖掘机上的应用,挖掘机的电控系统已逐步从常规的电子监控系统、节能控制系统向轨迹控制、智能化机器人方向发展,今后电控系统的发展主要体现在以下几方面:

(1)采用更先进的柴油发动机技术,如电喷发动机,在保证动力的同时更节能;

(2)采用更节能的液压控制系统,尽量降低能量在液压回路中的损失;

(3)采用智能传感器和智能化电液比例控制技术,提高系统的智能性;

(4)发展能量回收及混合动力系统,通过回收动臂下降的势能和上车回转的动能来实现能量的回收;通过柴油机、电动机和蓄电池的混合实现发动机在燃油高效区运行。

9.4.2 挖掘机的代表品牌和主要参数

目前,国外挖掘机的代表品牌有小松、斗山、日立、神钢、Caterpillar、VOLVO、现代、CASE及住友等;国内主要生产商有三一重工、玉柴、柳工、山重建机、山东临工、厦工、中联、山河智能、徐挖及国机重工等。表 9-1 为国内外 20t 挖掘机的主要参数统计,从表中可知:小松、卡特与沃尔沃等都采用自主生产的发动机;而国内挖掘机普遍采用康明斯或者五十铃发动机,液压元件也大都采用进口元件。

国内外 20t 挖掘机主要参数列表 表 9-1

厂 家	型 号	发动机型号	功率(kW)	整机质量(kg)	行驶速度(km/h)	最大挖掘深度(mm)
小松	PC200-8M0	小松 SAA6D107E-1	103	20400	5.5/4.1/3.0	6620
斗山	DX210W	Doosan DL06	120.8	19900	3.6	5255
日立	ZX200-3G	五十铃 AA-6BG1T	110	19800	3.6/5.5	6660
神钢	SK200	日野 J05E	118	20800	3.6/6	6700
现代	R215-7C	康明斯 B5.9-C	112	20700	3.5/5.2	6800
卡特	CAT 320D	CAT C6.6	111	20970	5.6	6720
沃尔沃	EC200B	VOLVO D6E	123	20500	3.2/5.5	6510
凯斯	CX210B	五十铃 AI-4HK1X	117.3	20500	3.4/5.6	6650
三一	SY205C-8	三菱 6D34TL-20	114	20300	3.2/5.5	6630
玉柴	YC210LC-8	康明斯 6B5.9	112	22000	3.5/5.3	6584
柳工	CLG920D	康明斯 6BTAA5.9	112	20500	2.9/5.6	5875
山重	GC208-8	康明斯 6BTAA5.9	112	20900	3.6/5.5	6504
厦工	XG821	五十铃 AA-6BG1TRP	110	20500	3.3/5.2	6670
中联	ZE205E	康明斯 6BTAA5.9	112	20300	3.3/5.5	6625
国机	ZG3210-9	康明斯 6BTAA5.9	112	21000	3.1/5.6	6690

9.5 履带式液压挖掘机的组成和工作原理

9.5.1 挖掘机的组成

液压挖掘机一般由动力系统、液压系统、工作装置、行驶装置和电控系统等构成。其工作原理是柴油发动机驱动产生机械能,经液压泵转换为液体的压力能,再通过液压执行元件如液压缸和马达等,将液体压力能转换为机械能,推动工作装置完成各种任务。发动机是液压挖掘机的动力源,在特殊场所也可改用电动机替代。电气控制系统包括中央控制器、各类传感器、电磁阀、监视器及发动机控制系统等,实现整机的参数监控和功能控制。

图 9-4 是全液压履带式反铲挖掘机的结构示意图,由工作装置、回转装置和行驶装置 3 大部分组成。

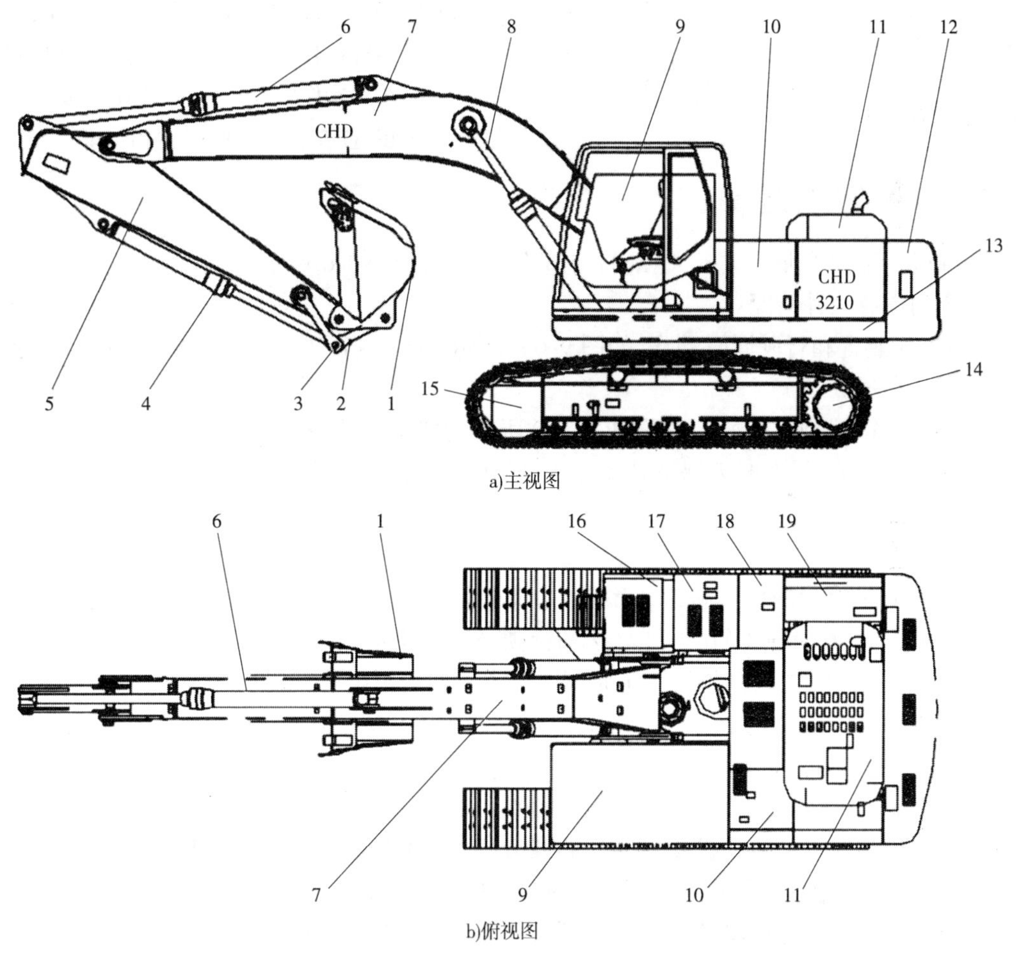

图 9-4　挖掘机结构示意图

1-铲斗;2-连杆;3-摇杆;4-铲斗油缸;5-斗杆;6-斗杆油缸;7-动臂;8-动臂油缸;9-驾驶室;10-电控柜;11-发动机机罩;12-配重;13-回转装置;14-行驶马达;15-导向轮/惰轮;16-工具箱;17-燃油箱;18-液压油箱;19-主液压泵

工作装置由动臂、斗杆及铲斗 3 部分铰接而成。动臂起落、斗杆伸缩和铲斗转动都用往复式双作用液压缸控制,工作装置既可独立工作,也可实现复合动作。

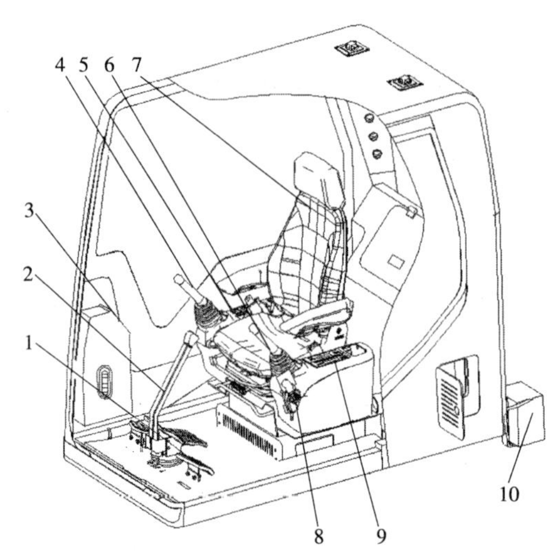

图 9-5　履带式液压挖掘机驾驶室布局图

1-行驶踏板;2-行驶操纵杆;3-监控器;4-动臂/斗杆手柄;5-操作按键面板;6-回转/铲斗手柄;7-座椅;8-安全手柄;9-空调操作面板;10-控制柜

回转与行驶装置是液压挖掘机的机体,均由液压马达驱动。

挖掘机的所有相关操作均在驾驶室内完成。图 9-5 为驾驶室布局图,包括 2 个行驶踏板/行驶操纵杆、1 个监控器、2 个操作手柄、1 个空调操作面板及 1 个按键面板等。一般在座椅旁边配备安全手柄 8,起驾驶室手柄功能使能作用。行驶踏板/操纵手柄具备 1 个自由度,即向前或向后,实现左右行驶马达的前进/后退的控制;操作手柄有 2 个自由度,改变其角度从而改变被控阀的先导压力大小来实现液压油流量的控制,从而对液压油缸和液压马达运行速度进行控制;动臂/斗杆手柄 4 主要用于控制动臂和斗杆动作;回转/铲斗手柄 6 控制回转和铲斗动作。操作 2 个手柄和行驶踏板可同时实现工作装置的动作、转台回转和整车行驶。

9.5.2　动力传递路线

挖掘机在不同作业工况下,能量的传递路线不同,如图 9-6 所示。

复合动作有两种情况:

(1)工作装置和行驶同时动作,如图 9-6a)所示,左泵负责工作装置的能量供应,右泵负责驱动行驶马达。

(2)仅工作装置复合动作,根据图 9-6b)所示的能量路线图进行组合,即同一个泵的能量会分配到多个装置,有时为保证某动作优先,相应能量会被阀块优先分配。

9.5.3　液压系统

采用负流量控制的挖掘机液压系统,主要包括先导油路、6 通开中心多路阀油路、操作手柄先导油路、工作装置油缸、回转马达和行驶马达等油路。

图 9-7 是挖掘机主泵部分的液压原理图。主泵 1、2 泵出的液压油分别由 A1、A2 油口输出到多路阀组;先导泵 3 为先导油路供油,通过操作手柄控制多路阀组来驱动相应工作装置。

主泵 1、2 的排量分别由调节机构 4、5 控制,以泵 1 为例,其受调节机构 4 控制,而调节机构 4 受负流量压力 Pi1、比例溢流阀 7 的调节压力 Pz1 和泵 2(右泵)的工作压力 a2 等 3 个控制压力控制,经过力矩调整机构转换后对泵 1 的排量(流量)进行调节。由于负流量压力 Pi1、泵 2(右泵)出口压力 a2 由负载决定而无法调控,仅能通过控制比例溢流阀 7 的出口压力 Pz1 来控制泵 1 的排量。

泵 2 和泵 1 的控制机构一致,因此比例阀溢流阀 7 可控制两个主泵的排量大小。图中 Dr 为泵壳体泄漏油口,B1、B3 为泵供油口,A3 为先导泵出口油路,a3、Psv 为先导压力。比例阀 7 的入口压力 Psv 经过电液比例调整后,将改变 Pz3(Pz1、Pz2)的大小,从而调整泵排量,实现泵的功率与发动机匹配控制。

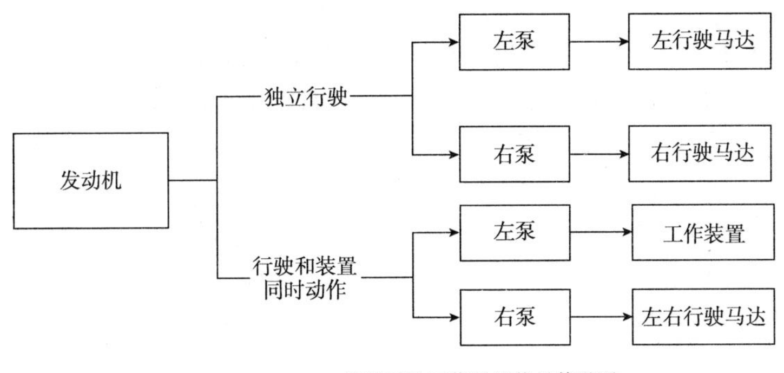

a) 行驶马达工作时的能量传递图

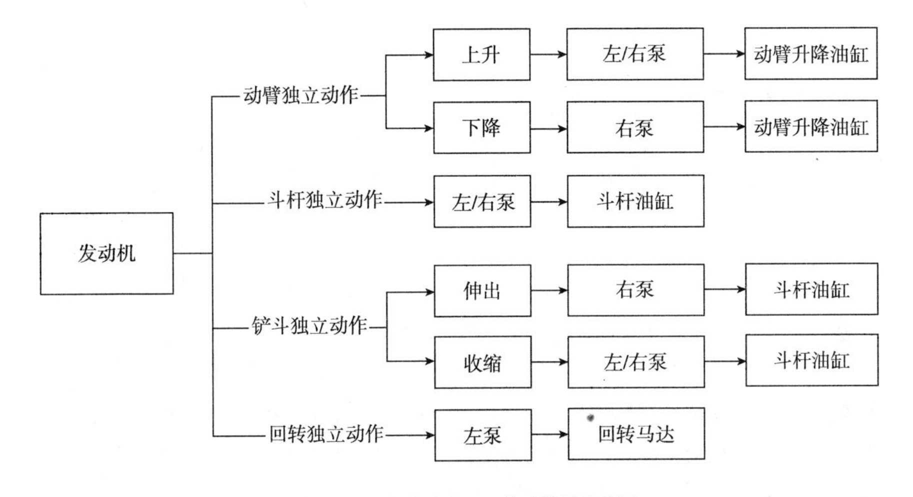

b) 各装置独立工作时能量传递图

图 9-6　挖掘机工作时能量传递图

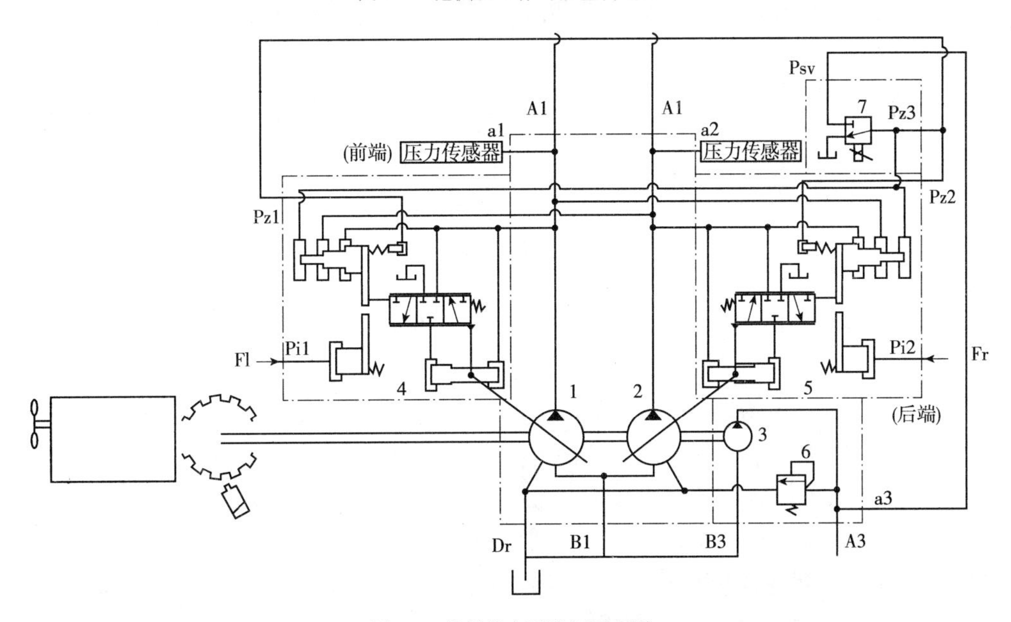

图 9-7　挖掘机主泵液压原理图

1-主泵 1(左泵);2-主泵 2(右泵);3-先导泵;4-主泵 1 排量调节机构;5-主泵 2 排量调节机构;6-先导泵的溢流阀;7-比例溢流阀

图 9-8 是先导油路控制阀组原理图，先导泵 3（图 9-7）给驾驶室手柄和先导油路供油，先导泵的出口油 A3 进入阀组入口，经过溢流阀 1 将先导油压设定压力最大为 40bar，再流过增压电磁阀 2、行驶高低速电磁阀 3 和驾驶室安全手柄先导油路切断电磁阀 4 流向先导油路。图中 MPA 接口分别与各工作装置的阀组先导油口连接，在 6 通开中心多路阀组后形成负流量压力；P2 接口连接主油路阀组的溢流控制阀口，用于切换控制液压系统的最大溢流压力；P3 接口连接行驶马达的高低速阀组切换排量，用于控制行驶速度范围；P4 接口由先导油路切断电磁阀 4 控制，用于控制驾驶室操作手柄油路通断，只有安全手柄合上，先导油路切断电磁阀 4 才会接通 P4 口。

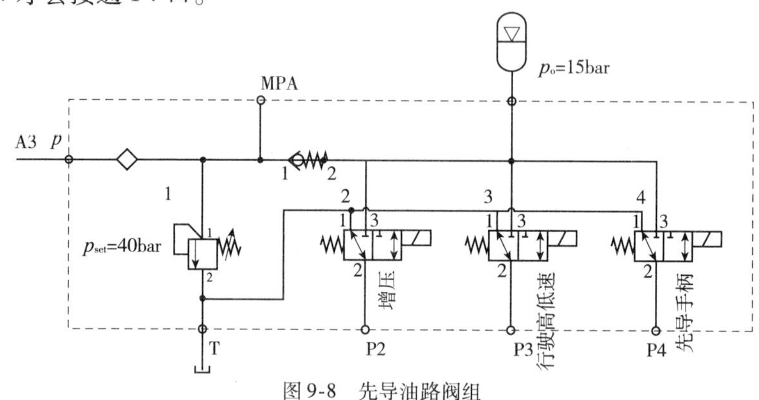

图 9-8 先导油路阀组

1-先导油路溢流阀；2-增压电磁阀；3-行驶高低速电磁阀；4-驾驶室安全手柄先导油路切断电磁阀

图 9-9 是挖掘机驾驶室手柄部分的液压原理图，主要包括 2 个手柄和 1 组行驶手柄/踏板；驾驶室左手柄（图 9-5 序号 6）分别控制回转和斗杆动作，手柄前后动作控制斗杆伸缩，左右动作控制转台左右回转；中间的行驶操纵杆/踏板（图 9-5 序号 1、2）用于控制左右行驶马达；右手柄（图 9-5 序号 4）分别控制动臂和铲斗动作，手柄前后动作控制动臂升降，手柄左右动作控制铲斗伸缩。图中各手柄的出口油路分别作为 6 通开中心多路阀组对应工作装置阀块的先导控制油，控制其动作。

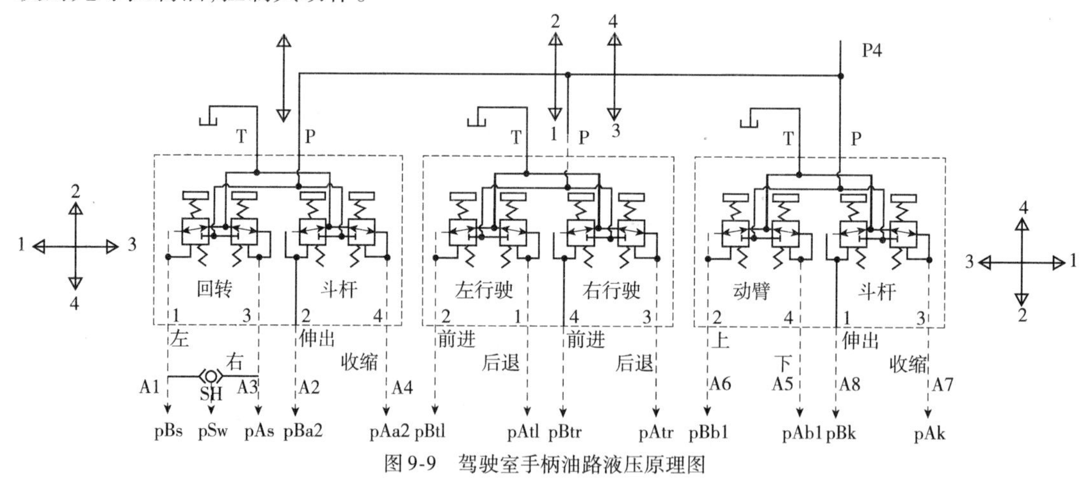

图 9-9 驾驶室手柄油路液压原理图

图 9-10 是挖掘机主阀组 6 通开中心多路阀的液压原理图。挖掘机的各动作均通过主阀组完成，图中序号 5 和 6 为左右行驶马达控制阀块；备用阀块 7 用于加装如破碎、抓具等附属装置；此外还包括回转阀块 8、铲斗阀块 9、动臂阀块 10 和 11、斗杆阀块 14 和 15 等，这些阀块的动作切换都由图 9-9 中手柄先导油控制切换。

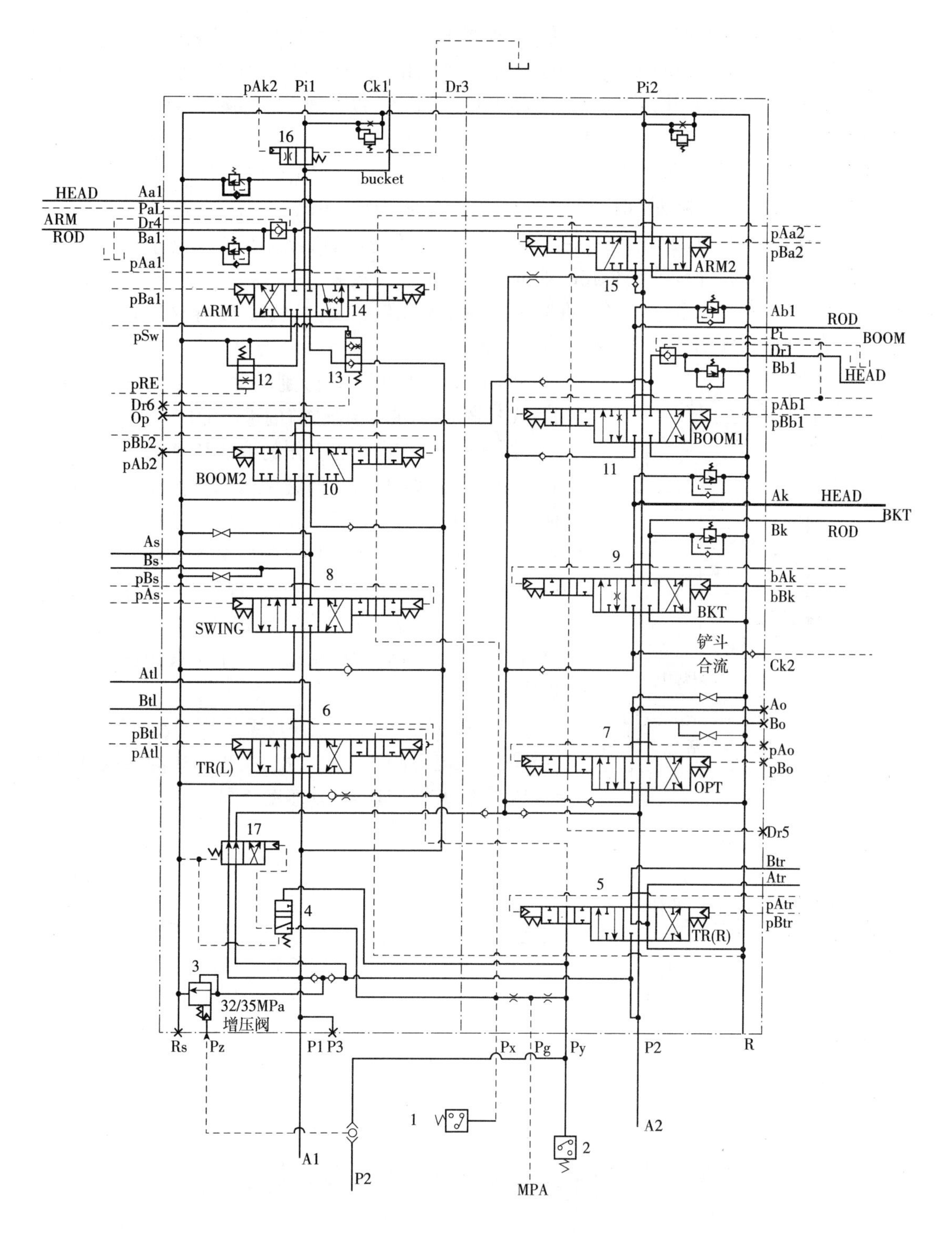

图 9-10　挖掘机主阀组液压原理图

1-工作装置动作检测压力开关 Px;2-行驶动作检测压力开关 Py;3-主阀组溢流阀;4-直线行走阀的先导控制阀芯;5-右行驶马达阀块;6-左行驶马达阀块;7-备用阀块;8-回转阀块;9-铲斗阀块;10-动臂阀块 2;11-动臂阀块 1;12-小臂再生阀 ;13-回转优先斗杆液压阀;14-斗杆阀块 1;15-斗杆阀块 2;16-铲斗合流阀块;17-行驶复合动作油路切换阀

图9-10中1和2分别是工作装置动作检测压力开关Px和行驶动作检测压力开关Py。若上车工作装置动作(包括回转动作),则压力开关Px闭合;若左右马达行驶动作,则压力开关Py闭合。这两个压力开关用于判断机器是否处于工作状态,以实现自动怠速等功能。主溢流阀3的压力默认为33MPa,当其先导油路油压建立时,其溢流压力切换到35MPa,通过图9-8中的增压电磁阀2的油路实现压力切换,用于实现瞬时增压——如挖到树根或者大石块需要瞬时增压以增大挖掘力;当行驶动作时,通过梭阀控制溢流阀实现35MPa的工作溢流压力。

阀块15为直线行走阀的先导控制阀芯,实现直线行走功能;阀块10实现小臂(斗杆)再生功能,通过节流将斗杆油缸小腔回油部分分流至油缸大腔,增大油缸大腔流量,以加快小臂收回速度,以实现不会因小臂自重原因而导致出现停顿现象;阀块11在做回转及斗杆收回复合动作时,实现回转优先斗杆动作的功能。

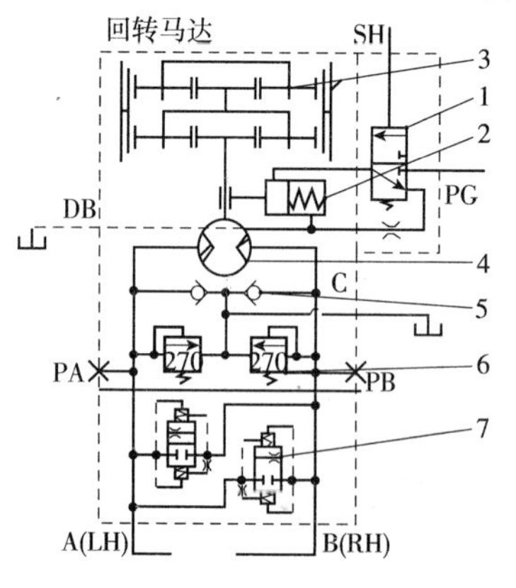

图9-11 挖掘机回转液压原理图

1-液压先导制动阀;2-制动活塞;3-制动片;4-回转马达;5-补油阀;6-溢流阀;7-防反转阀

图中HEAD和ROD分别为动臂、斗杆和铲斗的大腔(无杆腔)和小腔(油缸腔)的进出油口。

图9-11是回转马达工作的液压原理图,SH为先导油路,PG为制动油路,当回转手柄动作控制的液压先导制动阀1的SH口有压力,制动活塞2与液压油路PG连通解除马达制动,图中的A(LH)和B(RH)分别与图9-10回转阀出口As和Bs连通实现回转动作;当回转手柄在中位时,SH失去压力,在弹簧作用下,制动阀1连通制动活塞2油路回油箱,制动活塞可在5s内让回转马达制动。

图9-12是挖掘机行驶液压系统原理图,改变图9-8行驶高低速电磁阀3的通断电,实现马达的高低排量切换,从而改变挖掘机的行驶速度范围。

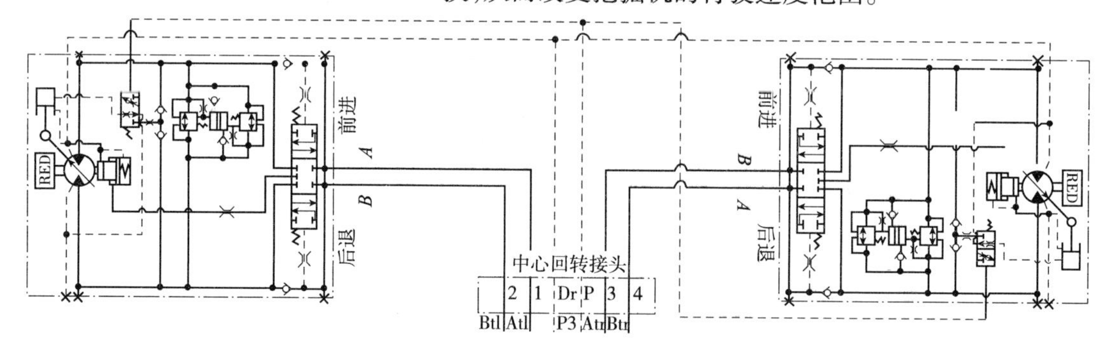

图9-12 挖掘机行驶液压系统原理图

9.6 履带式液压挖掘机的控制系统

9.6.1 控制系统组成

图9-13是某20t履带式挖掘机控制系统的组成图,主要元件包括德国Hersmor G16控制器、派恩科技SPN 5300显示器和吉美思GMS101-4D的GPS模块,三者通过CAN总线相连。若采用电喷发动机,则发动机ECU也通过J1939协议成为CAN控制系统的一部分。

目前,国内现有大多数挖掘机产品采用非电喷发动机,本章内容针对非电喷发动机进行介绍,关于采用电喷发动机挖掘机的控制,可参考相关文献。

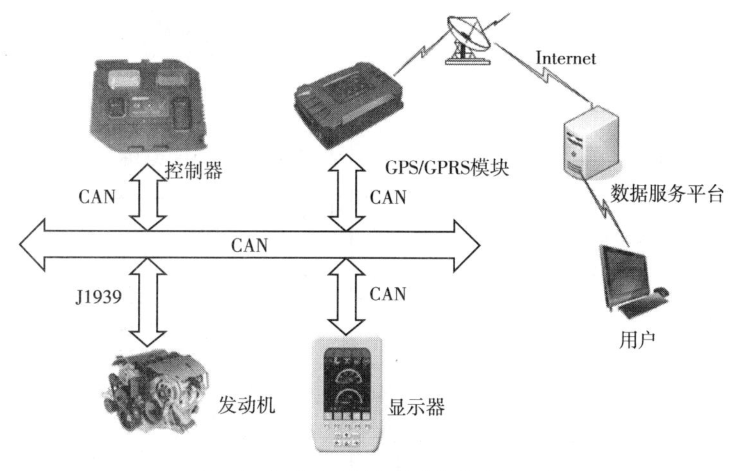

图 9-13 履带式液压挖掘机控制系统组成

9.6.2 控制系统的功能分析

履带式液压挖掘机控制系统的主要功能如下:

(1)行驶控制。由行驶手柄和踏板控制行驶方向和速度,行驶速度范围由行驶高低速电磁阀控制。

(2)工作装置控制。由左右操作手柄实现工作装置的液控,通过工作压力开关检测工作装置是否动作。

(3)液压油路控制。包括先导油路、增压油路、行走高低速等电磁阀控制,以及变量泵排量的控制。

(4)发动机控制。通过加速踏板旋钮设定发动机转速挡位,通过加速踏板电机控制发动机转速。

(5)整车传感器参数的检测。包括液压油温、燃油油位、工作装置和行驶动作检测、发动机转速和水温等参数的检测。

(6)驾驶室按键处理。主要是显示器上自动怠速、行走高低速、功率模式等功能按键处理,扶手箱和手柄上加速踏板旋钮、机械怠速开关、增压开关、喇叭开关等输入功能键。

(7)发动机与泵的功率匹配控制。基于转速感应进行泵转矩调整控制,实现发动机工作在调速特性曲线上的额定点附近。

(8)GPS 通信管理。与 GPS 模块进行通信,实现整机参数的传递和功能控制。

(9)车载监控显示系统通信管理。包括整机工作参数的、故障报警、保养提醒等内容显示,以及处理显示器的功能按键。

(10)应急电路。应急电路独立于控制系统,在控制系统失效的情况下,可以调整发动机转速的大小,设定变量泵为固定排量,实现挖掘机的基本功能。

9.6.3 控制系统的输入输出信号分析

根据系统功能需求,需要控制器至少提供 6 路 AI(模拟量输入)、1 路 PI(频率输入)、7

路 DI(开关量输入)、5 路 DO(开关量输出)和 2 路 PWM(脉宽调制)口。控制系统原理图输入输出配置如图 9-14 所示。

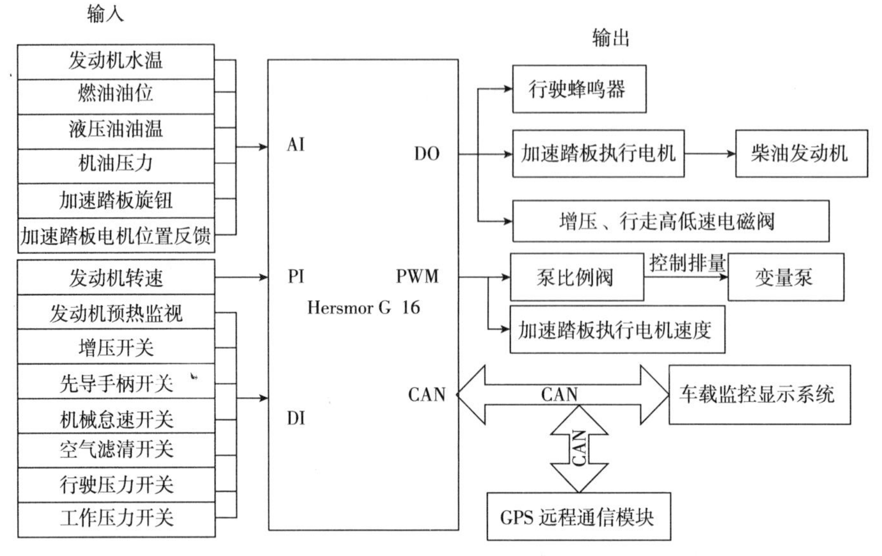

图 9-14　履带式液压挖掘机控制系统原理图

9.7　履带式液压挖掘机关键控制技术

9.7.1　发动机挡位控制技术

挖掘机工况复杂,作业负载变化大,因此其功率控制方式不能采用单一的方式进行,需根据用户的作业要求进行设计。挖掘机的控制模式分为 H(重载,大功率)、S(标准,燃油经济区)、L(轻载平整作业)3 种工作模式,3 个模式最大功率分别为发动机最大功率的 100%、85% 和 70%;若有破碎或吊装等作业,则需要根据作业特性匹配其功率和转矩,设置相应的作业模式。

常用的分工况控制,将发动机功率划分成若干挡位,尽可能满足机器的使用要求,也有厂家将功率控制设置成无级调控,允许用户任意选择期望的发动机转速,但该功能适合于熟练的操作员。采用无级操作和设定挡位操作,在对泵功率匹配控制上无技术差别。

以配置康明斯 6BTA5.9-C 发动机(112kW@ 1950r/min)的 20t 挖掘机为例,该挖掘机设置了 10 个加速踏板挡位,如表 9-2 所示。其中 11 挡代表自动怠速挡位。

挖掘机 3 个模式下工作挡位划分　　表 9-2

挡　位	发动机转速(r/min)		
	L 模式	S 模式	H 模式
1	950	950	950
2	1 050	1 050	1 050
3	1 200	1 200	1 200
4	1 350	1 350	1 350

续上表

挡　　位	发动机转速(r/min)		
	L模式	S模式	H模式
5	1 500	1 500	1 500
6	1 600	1 600	1 600
7	1 700	1 700	1 700
8	1 700	1 800	1 800
9	1 700	1 800	1 950
10	1 700	1 800	2 100
11	1 350	1 350	1 350

9.7.2　状态参数显示和故障报警技术

随着测控技术和配套硬件的发展,控制系统还担负了对整机基本信息的采集显示和统计分析、故障检测、对车辆相关配件的保养提醒及参数设置等任务。国外挖掘机的显示系统较注意人性化设计,不仅能够显示基本的参数信息,还将发动机工作转速分段统计分析,实现智能化监测与控制。

表9-3所示为挖掘机状态参数、报警和保养显示的项目。

9.7.3　发动机与液压泵功率匹配技术

挖掘机的能量损失主要集中在液压系统和负载匹配时的能量损失,以及发动机与泵匹配的功率损失两方面。二者共同的控制目标集中于泵的排量控制,排量控制的本质是调整泵的吸收转矩。

由于挖掘机一般采用分工况控制以适应不同作业要求,但设定的动力模式不一定匹配当前的作业工况,因此对液压泵吸收转矩的控制就成为整机节能控制的关键。在变化负载的作用下,发动机转速不断波动,尤其当发动机工作在欠负荷状态时,是造成挖掘机耗能的主要原因之一,因此减少发动机转速波动是主要控制目标,具体通过调整泵的吸收转矩来匹配发动机的工作点。

设定各个挡位的发动机功率,在理想情况下让这些作业工况点工作在发动机调速特性的额定点上,各挡位的额定点在如图9-15a)所示的调速段(斜直线段)与外特性线段交点的附近区域。在调速特性上,负载转矩从零到最大,转速的变化很小,从而保证发动机的稳定工作。

由于挖掘机的作业工况复杂,不能采用定量泵来工作,采用变量泵可实现功率调节,减少系统发热,同时实现无级调速。图9-15b)是泵的工作曲线,分为恒流量曲线段($p<p_0$)和恒功率曲线段($p>p_0$),其中p为液压系统工作压力,p_0为弹簧调整初始预紧压力。变量泵的调节是通过调整比例阀的电流大小来改变变量泵的转矩,而此转矩是通过弹簧来调整的,因此变量泵的恒功率区间不是一条曲线,而是一段段直线,逼近曲线,如图9-15b)中所示的2条斜线表示泵流量调整的2段弹簧。

挖掘机参数显示和报警项目　　表 9-3

信息分类	信　　息	显示方式	报警状态	图　　标
整机信息	电瓶电压低	文字 + 图标	<22V	
	自动怠速	图标		
	行驶高低速	图标		
	液压系统增压	图标		
	GPS	图标	通信丢失	
	工作装置	图标		
	蜂鸣器	图标		
	工作模式	文字		H,S,L
	加速踏板挡位	文字		1-10
	工作时间	文字		
发动机	冷却水温	文字 + 图标	>105℃	
	转速	文字 + 仪表		
	燃油油位	文字 + 仪表	<10%	
	机油压力	文字 + 图标	<69kPa	
	自动暖机	文字 + 图标	油温 <10℃	
保养	回油过滤器	文字 + 图标		
	先导油过滤器	文字 + 图标		
	管路滤清器	文字 + 图标		
	液压油透气滤芯	文字 + 图标		
	发动机机油	文字 + 图标		
	发动机机油滤芯	文字 + 图标		
	发动机空滤器	文字 + 图标		
	行走驱动齿轮油	文字 + 图标		
	回转齿轮油	文字 + 图标		

发动机与泵直接连接，二者转速相等，当发动机与泵工作在一个稳定点时，除去其他各系统的稳定消耗，发动机输出的转矩和液压泵的吸收转矩相等，应为一个常数，即

$$M_p = 2\pi p Q = M_e$$

式中：M_p——泵转矩；

p——泵出口压力；

Q——泵流量；

M_e——发动机输出转矩。

泵转矩计算式表明，泵吸收转矩由负载压力和排量共同决定，而压力由负载决定，挖掘

机电控系统仅能调整泵的排量大小，通过对泵转矩调整的影响因素进行分析，可获得泵转矩调整的控制方法。

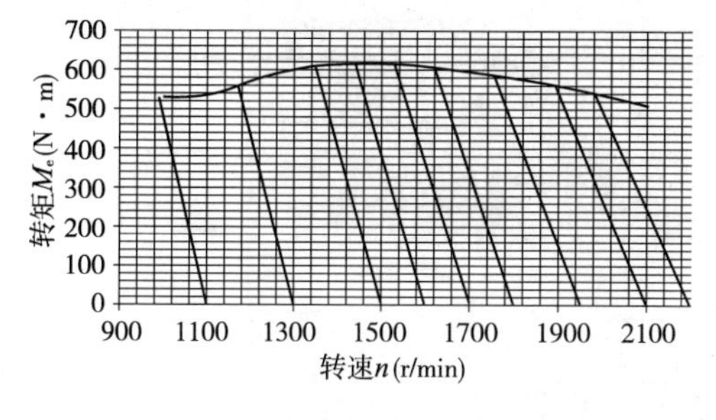

a)发动机的调速特性

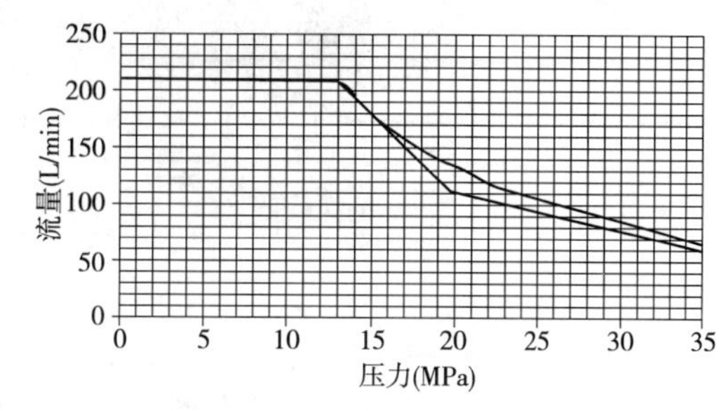

b)变量泵工作的近似恒功率曲线

图 9-15 发动机和泵的工作曲线

在泵与发动机的功率匹配上已确定了二者动态功率匹配的原则，当负载变化时，泵的吸收转矩会发生变化，造成发动机的转速变化，发动机能稳定在调速特性曲线上；当负载过大时会造成发动机熄火，这种情况容易发生在重载功率模式下，因此需要动态实时地对泵的吸收转矩进行调整。泵转矩的调整是通过控制泵比例阀的电流大小改变二次压力的大小实现的，在控制系统中用的 PID 方法是规则化后的 PID 控制。

在泵转矩调整中，比例阀的电流是最终的控制量，为提高控制精度，比例阀的电流的恒流控制也采用了闭环 PID 调节。发动机的转矩一般不能测量，为了能让发动机工作于额定点附近，间接通过发动机在某挡位下的转速变化来估计转矩变化，从而实现对泵转矩的调整。图 9-16 是泵转矩的控制方案，PID 的参数是根据泵电流、转速的震荡情况以及单位时间的工作能耗试验来确定的。

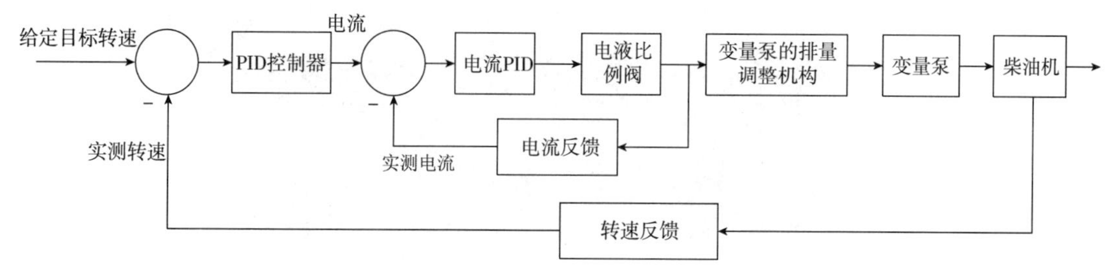

图 9-16 基于转速感应的双闭环 PID 控制的泵转矩调整方案

为了验证泵转矩控制的效果，在 Hersmor G16 上构建了控制系统程序，PID 的控制周期为 50ms，在 S 模式 6 挡下对动臂升降、铲斗伸缩和斗杆伸缩等动作进行了试验。图 9-17 是挖掘试验时发动机转速和泵比例阀电流的调整结果，转速曲线纵坐标单位为 r/min，电流曲线的纵坐标单位为 mA，横坐标均为时间 s。由于电流中增加了 10mA 的颤振电流，所以测量曲线有锯齿状。根据发动机的调速率，可知在 S 模式 6 挡下目标转速在 1800r/min。从动臂升降和斗杆伸缩的试验可知，转速基本控制在目标转速内，保证了发动机工作在调速特性曲线上，验证了泵转矩调整方案的正确性。

9.7.4 发动机加速踏板控制技术

挖掘机的发动机转速由加速踏板旋钮设定，通过控制器控制加速踏板电机拉杆的伸缩来改变加速踏板开度从而实现对发动机转速的控制。图 9-18 是发动机加速踏板控制机构连接图。其中图 9-18a）是连接实物图，图 9-18b）是电气原理图。

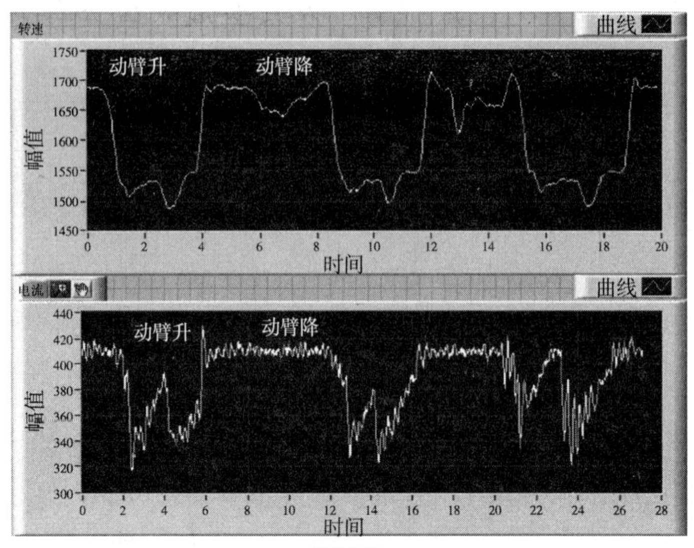

a)动臂升降

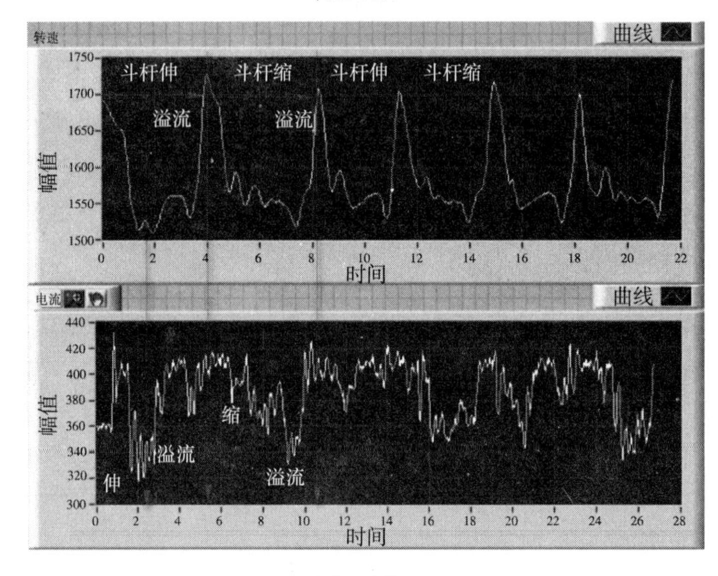

b)铲斗伸缩

图 9-17　泵转矩调整控制试验

发动机加速踏板自定位是控制系统的一个重要功能,发动机转速控制实质上是对加速踏板位置的控制。

加速踏板控制由加速踏板电机完成,加速踏板电机是一个直流伺服电机,其转动惯量较小,可避免过大的超调量。通过改变电机供电电流的大小,即可调整电机的输出转速,从而控制加速踏板拉杆的行程,达到改变发动机加速踏板大小的目的。加速踏板电机具有一个位置反馈的传感器,通过 PID 控制方法实现位置控制,位置反馈控制模型如图 9-19 所示。

图 9-20 是根据加速踏板电机 PID 控制模型进行实验的结果,可知加速踏板位置与发动机转速一一对应,准确定位加速踏板位置可以控制发动机的转速。实际控制发动机转速时,图 9-19 还需要增加一个转速外环的 PID 控制,保证转速快速、准确到位。

a)连接实物图

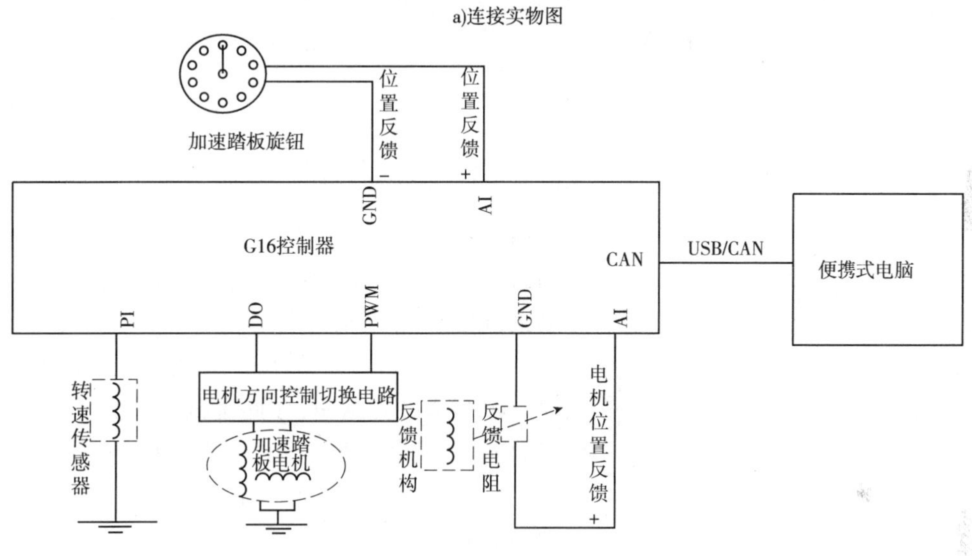

b)电气原理图

图 9-18　发动机加速踏板控制机构连接图

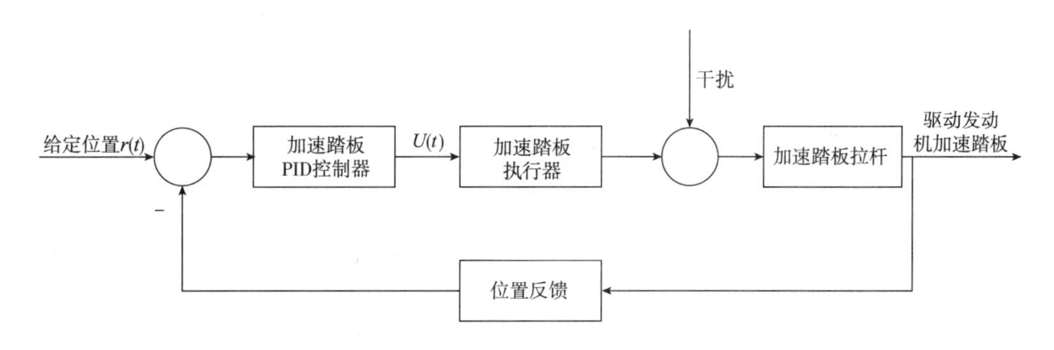

图 9-19　加速踏板电机的位置控制模型

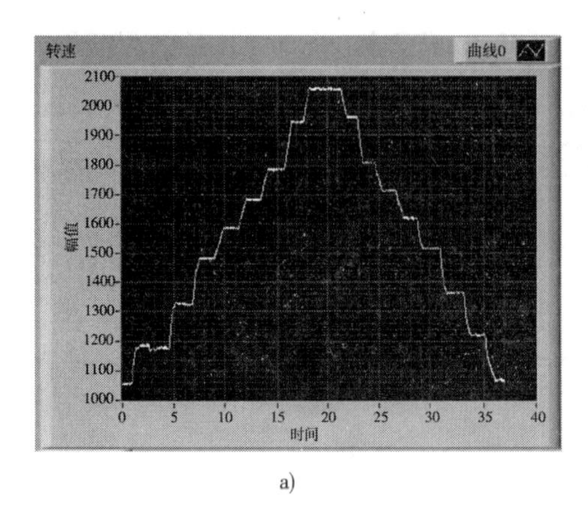

a)

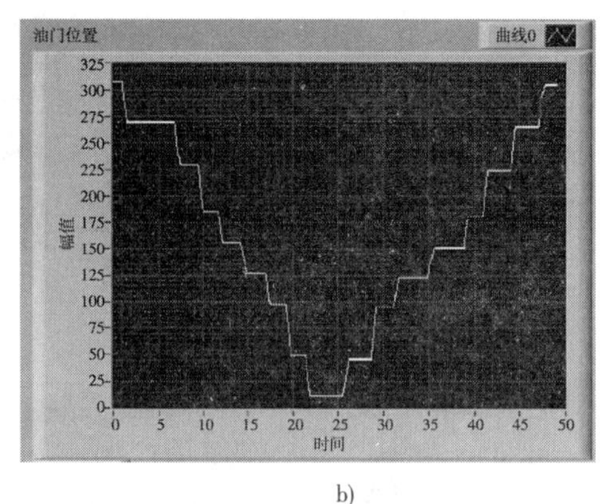

b)

图 9-20　加速踏板电机反馈位置与发动机转速的关系图

9.7.5　自动怠速控制技术

自动怠速功能是实现挖掘机节能的一个重要措施，据统计，挖掘机有 25% 的工作时间处于轻载或空转状态，控制发动机转速降低可以减少大量油耗。其功能是，当手柄回到中位一段时间后，发动机转速自动降至怠速；若手柄有操作时，则返回动力挡位设定速度。根据对小松和日立机型的统计结果，自动怠速平均可节约油耗 10%。

小松机型的设置是当手柄回到中位 3.5s 后，发动机降低到自动怠速；在此基础上还设定了自动加速功能，重载模式下手柄回到中位时，立即将发动机转速降到比最高转速低 400r/min 以降低油耗。日本神钢的 ITCS 电控系统，在无操作 4s 后进入自动怠速。美国卡特设置了两阶段的自动怠速管理：第一阶段，当无负荷或轻负荷 3s 后，发动机降低 100r/min；第二阶段，当继续无负荷操作 3s 后，发动机降低至怠速，其自动怠速功能也可通过按键选择直接进入第二阶段。

自动怠速判断需要 4 个条件，分别是开启自动怠速功能、操作手柄无动作且达到 3.5s 及发动机转速高于自动怠速转速。图 9-10 中序号 1 工作装置动作检测压力开关 Px 和序号 2 行驶动作检测压力开关 Py 分别是监测工作装置和行驶装置的动作状态，只要操作手柄无动作，这 2 个压力开关将处于断开状态，可以实现手柄动作有无的判断，从而根据系统功能实现自动怠速。图 9-21 是自动怠速控制流程图，图 9-22 是自动怠速控制实验结果。

开始
自动怠速使能
是
压力开关断开
是
$n > 1350$r/min
是
定时 > 3.5s
是
加速踏板电机定位到1350r/min
否
结束

图 9-21　自动怠速控制流程

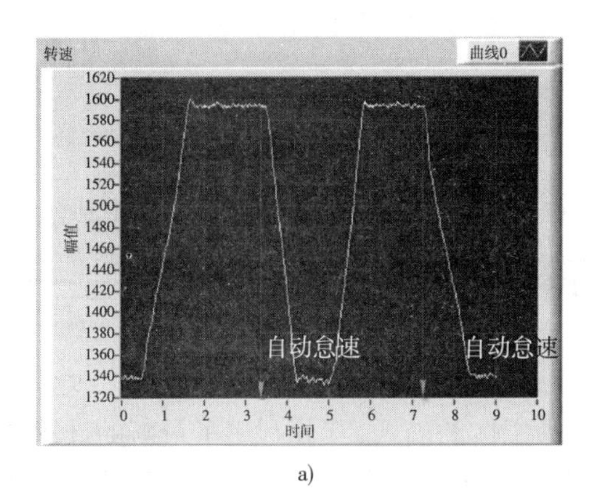

a)

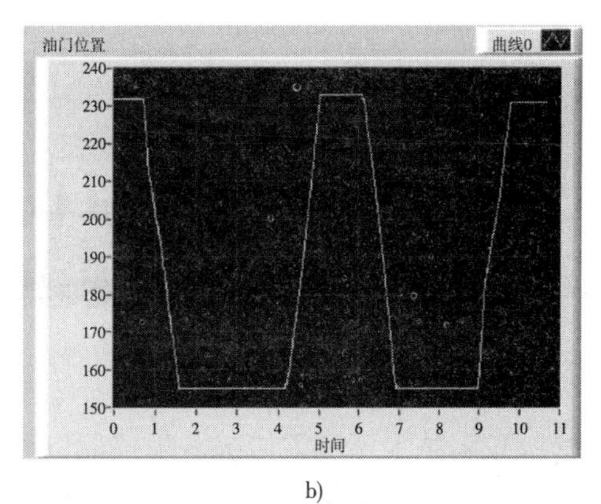

b)

图 9-22　自动怠速实验结果

本章思考题

1. 简述正流量系统和负流量系统的控制原理?
2. 非电喷发动机转速控制系统如何构成? 如何实现发动机转速的准确定位?
3. 现有的挖掘机节能控制主要有哪些方法? 如何实现发动机与泵的功率匹配控制?
4. 挖掘机控制系统主要有哪些主要功能?
5. 发动机需要进行哪些保护控制功能以保证其正常工作?
6. 如何实现发动机的启停控制?
7. 试对挖掘机控制系统的输入和输出信号进行分析?
8. 发动机加速踏板电机的工作原理是什么? 如何实现发动机转速的准确定位?
9. 如何实现挖掘机的自动加速、自动怠速等控制功能?
10. 如何实现挖掘机的无线遥控功能、轨迹规划功能?

第10章　虚拟仪器技术及其在工程机械中的应用

虚拟仪器技术突破了传统电子仪器以硬件为主体的模式，充分利用了最新的计算机技术来实现和扩展传统仪器的功能，利用高性能的模块化硬件结合高效灵活的软件来完成各种测试、测量和自动化的应用。美国国家仪器(National Instrument, NI)公司推出的LabVIEW(Laboratory Virtual Instrument Engineering Workbench)软件是目前应用最广的虚拟仪器软件，它是一种用图标代替文本行创建应用程序的图形化编程语言，其函数库包括数据采集、GPIB、串口控制、数据分析、数据显示及数据存储等功能，广泛被工业界、学术界和研究实验室所接受。

虚拟仪器技术的思想是"软件就是仪器"，在相同的硬件上编写不同功能的程序实现不同仪器的功能，从这一思想出发，基于电脑或工作站、软件和I/O部件来构建虚拟仪器，其中I/O部件可以是独立仪器、模块化仪器、数据采集卡(DAQ)或传感器。NI公司的虚拟仪器产品包括硬件和软件，其中硬件包括数据采集系列模块、模块化仪器、嵌入式监测、控制硬件、工业通信和仪器控制几大类；软件包括LabVIEW、LabWindows™/CVI、Measurement Studio等几类。目前虚拟仪器已经普遍被应用于测控、电子、机械、通信、汽车制造、生物、医药、化工、科研和教育等各个行业领域。

采用虚拟仪器技术可以快速构建数据采集系统，分析被控对象的特性，这一研究方法在工程机械领域逐渐被采用。本章主要对数据采集系统基本知识、LabVIEW的基本特点以及工程机械常用的CAN和RS232总线的参数采集系统进行介绍。

10.1　虚拟仪器系统的构成

虚拟仪器由硬件设备、设备驱动软件和虚拟仪器面板组成，如图10-1所示。硬件设备一般分为计算机硬件平台和测控硬件，其中测控硬件可以是各种以PC为基础的内置功能插卡、通用接口总线接口卡、串行口、VXI/GPIB/DAQ/PXI总线仪器接口等设备，或者是其他各种可程控的外置测试设备，主要完成被测输入信号的采集、放大和模/数转换等，将物理信号转换为数字信号数据进入计算机。

软件系统既负责控制硬件的工作，又负责对采集到的数据进行分析处理、显示和存储。设备驱动软件是直接控制各种硬件接口的驱动程序，虚拟仪器通过底层设备驱动软件与真实的仪器系统进行通信，并以虚拟仪器面板的形式在计算机屏幕上显示与真实仪器面板操作元素相对应的各种控件，用户用鼠标操作虚拟仪器的面板就如同操作真实仪器一样真实与方便。

软件是虚拟仪器的核心，使用者根据不同的测试任务编制不同的测试软件，来实现复杂的测试任务。虚拟仪器测试系统的软件主要分为以下4部分：

(1)仪器面板控制软件。它是用户与仪器之间交流信息的纽带,使用可视化技术,将需要的控件放在虚拟仪器的前面板上。

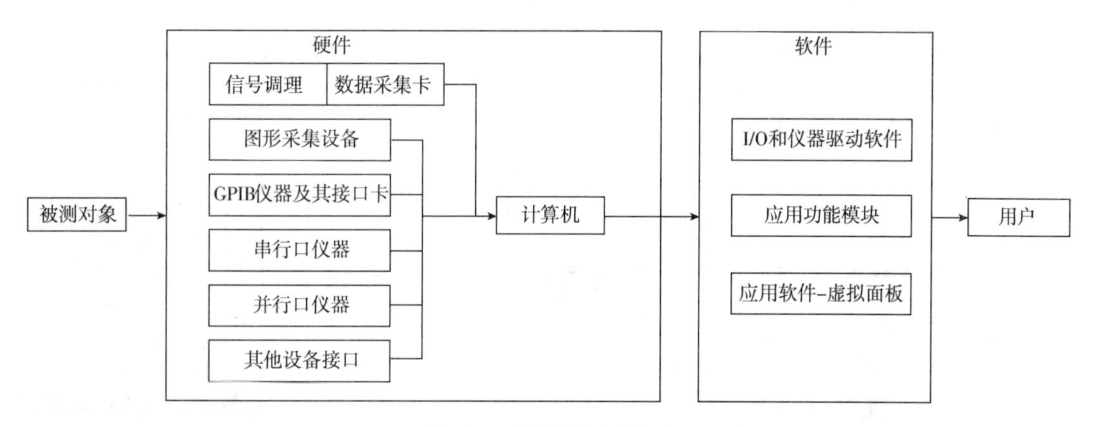

图 10-1 虚拟仪器系统组成

(2)数据分析处理软件。利用计算机强大的计算能力和虚拟仪器功能强大的函数库,极大地提高了虚拟仪器系统的数据分析处理能力,并可调用第三方软件(如 Matlab)进行数据处理。

(3)仪器驱动软件。驱动程序函数/VI 集是虚拟仪器进行数字信号处理的核心,函数/VI 是指组成驱动的模块化子程序,处理与特定仪器进行控制通信。驱动程序函数一般分为底层与应用层函数两层。底层是仪器的基本操作,如初始化仪器配置仪器输入参数、收发数据或查看仪器状态等。应用层是应用函数/VI,它根据具体测量要求调用底层的函数/VI。

(4)通用 I/O 接口软件。I/O 接口软件作为虚拟仪器系统软件结构中承上启下的一层,已经模块化,如 VISA、Modbus、CAN 等模块。

10.2 数据采集系统

10.2.1 数据采集系统组成

数据采集是虚拟仪器 LabVIEW 的核心, NI 公司提供了数据采集(DAQ)硬件、实时测量与控制、PXI 与 Compact PCI、信号调理、开关、分布式 I/O、机器视觉、运动控制、GPIB、串口和仪器控制、声音与振动测量分析、PAC(可编程自动化控制器)、VXI 和 VME 等各种设备以满足不同的测量与控制需求,可在 LabVIEW 中直接调用它们完成数据采集系统;此外,LabVIEW 还可以通过 VISA、IVI、OPC、ActiveX 和 DLL 等驱动模块调用非 NI 公司的硬件来构建采集系统。

一个完整的数据采集系统由物理信号、信号调理设备、数据采集设备和计算机 4 个部分组成,图 10-2 是基于 PC 数据采集系统方案。构建采集系统最重要的一步就是确定被采集的信号类型,表 10-1 是常用的信号分类,针对被测物理信号选择合适的传感器和调理电路后,再根据测量精度选择合适的 ADC 采集卡,最终再将信号采集进入计算机进行信号处理。

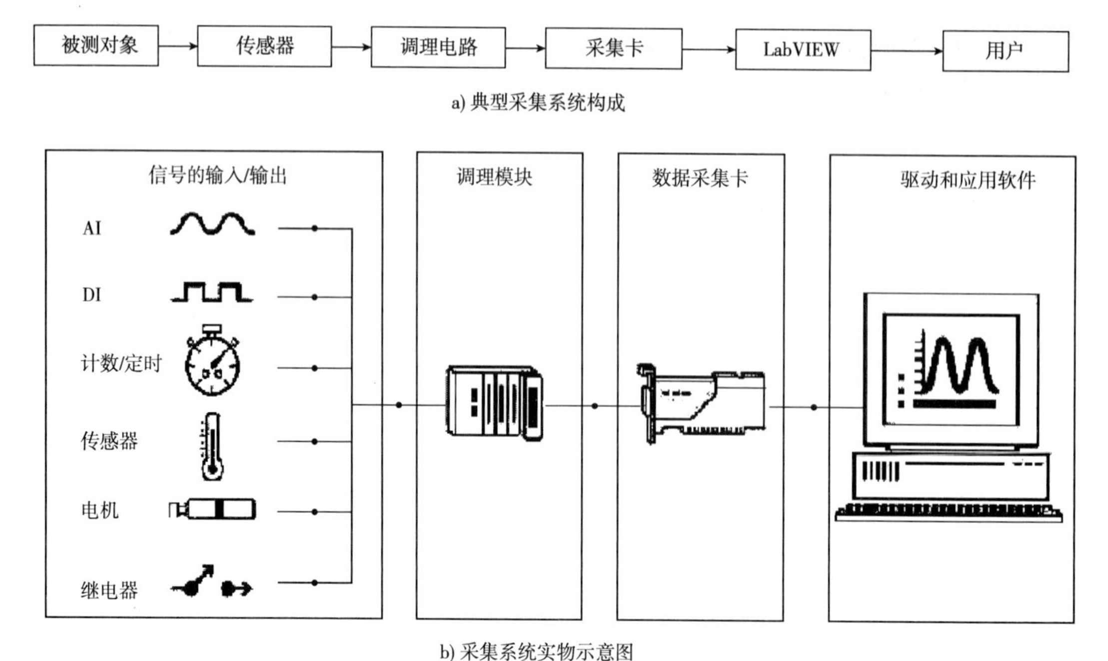

a) 典型采集系统构成

b) 采集系统实物示意图

图 10-2　基于 PC 的数据采集系统方案

信 号 分 类　　　　表 10-1

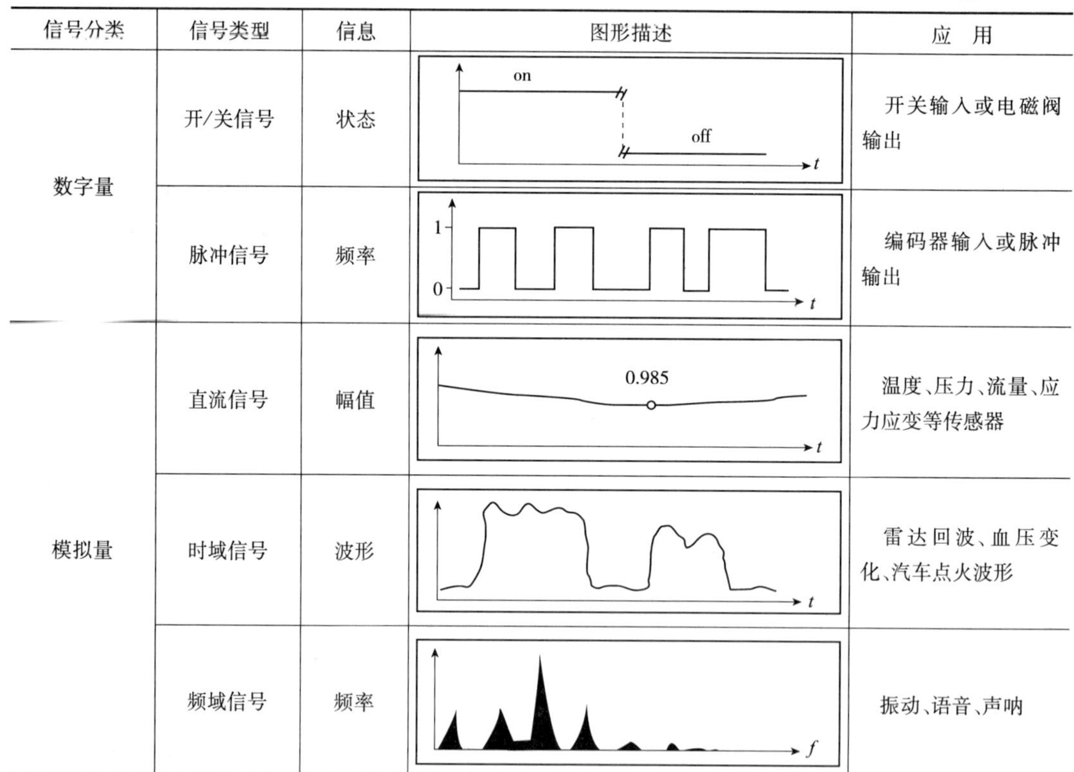

信号分类	信号类型	信息	图形描述	应　用
数字量	开/关信号	状态	on off t	开关输入或电磁阀输出
	脉冲信号	频率	1 0 t	编码器输入或脉冲输出
模拟量	直流信号	幅值	0.985 t	温度、压力、流量、应力应变等传感器
	时域信号	波形	t	雷达回波、血压变化、汽车点火波形
	频域信号	频率	f	振动、语音、声呐

10.2.2　数据采集系统的基本知识

1) 传感器

传感器是将被测物理量转换为电信号的装置。例如：热电偶、电阻式测温计（RTD）、热敏电阻器和IC传感器可以把温度转变为模拟数字转化器(Analog-to-Digital Converter,ADC)可测量的模拟信号;应力计、流速传感器、压力传感器可以用于测量应力、流速和压力。

2)放大

微弱信号难以被ADC准确采集,如热电偶信号是毫伏级微弱信号,需要进行放大以提高分辨率和降低噪声,使调理后信号的电压范围和ADC的电压范围相匹配。信号调理模块应尽可能靠近信号源或传感器,使信号在受到传输信号的环境噪声影响之前已被放大,以提高信噪比。

3)隔离

隔离的目的是避免瞬时高压对计算机的损害和接地电势差或共模电压对信号采集的影响。例如当数据采集设备输入和所采集的信号使用不同的参考“地”,而它们又有电势差,这种电势差会产生接地回路,使所采集信号的读数不准确,如果电势差过大,会对测量系统造成损害。使用隔离式信号调理电路能消除接地回路,并确保信号被准确地采集。常用有数字隔离和模拟隔离两种形式,根据输入和输出分为输入隔离和输出隔离形式,如图10-3所示的数字隔离电路原理图。

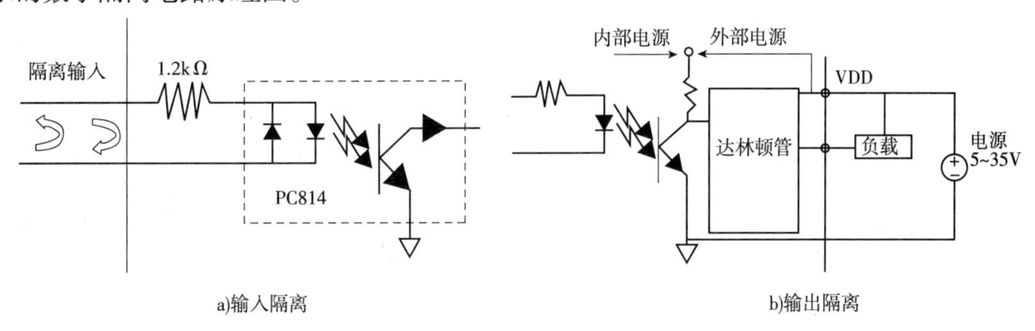

图10-3　数字隔离的输入和输出形式

4)滤波

滤波的功能是滤除所测量的信号中不需要的信号。如许多带信号调理的SCXI模块在采集信号时使用4Hz和10kHz的低通滤波器来滤除噪声。

如振动信号在采集时需要设置抗混叠滤波器,抗混叠滤波器是低通滤波器,具有非常陡的截止速率,可以滤除信号中所有高于设备输入波段的频率。这些高频信号如果不滤除,将会被错误地采集到信号中。

5)线性化

许多传感器对被测量的响应是非线性的,需要对其输出信号进行线性化,以补偿传感器带来的误差。如热电偶,对被测物理量的响应是非线性的,LabVIEW中包含应用于热电偶、压力计和RTD的线性化功能。

10.2.3　ADC基本定义

1)ADC性能指标

ADC(模数转换)采集卡主要考虑通道数、采样频率(Sampling Frequency,Hz)、精度(Resolution,一般有12bit、14bit、16bit、24bit等),输入范围(Input Range,单极性0~5V,0~10V,4~20mA;双极性-10~+10V,-5~+5V),同步采样(Simultaneous Analog Input)、轮询采样(Multiplex Analog Input),触发模式(Trigger Mode)和隔离(Isolation)等指标。

对多通道的数据采集，需要考虑是同步采集还是异步采集。同步采集是指每一通道都需要一个独立的 ADC 转化器，多路信号可同时采集，实时性要求高；异步采集是共享一个 ADC 转换器，采用分时复用的方式，通过多路转换开关实现不同通道的切换。同步采集一般针对高速高精度的信号采集，如分析信号相位差，需要进行同步采集。

2) ADC 采集方式

从信号端来分，信号分为接地信号和浮空信号，浮空信号是指信号未接地；从 ADC 的输入端来分，输入方式分为差分输入(Differential)、参考地单端输入(RSE)和无参考地单端输入(NRSE)。表 10-2 是 ADC 采集卡的输入方式对接地信号和浮空信号的推荐采集方式。一般都用差分输入的方式进行测量，仅对输入信号幅值较大(一般需大于 1V)、连线比较短(一般小于 5m)、环境干扰较小、信号屏蔽良好或所有输入信号都与信号源共地，可采用 RSE 参考地单端输入的方式。

信号采集的连接方式 表 10-2

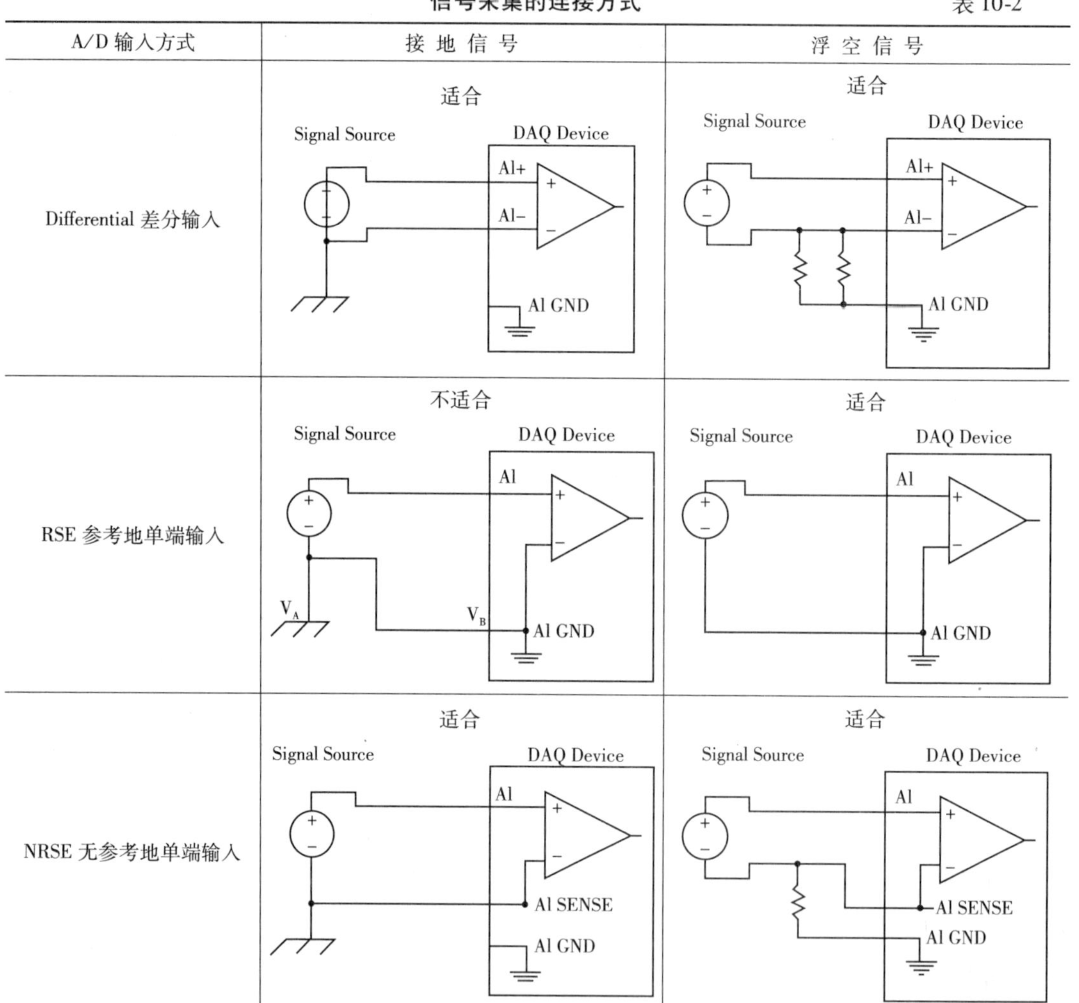

A/D 输入方式	接地信号	浮空信号
Differential 差分输入	适合	适合
RSE 参考地单端输入	不适合	适合
NRSE 无参考地单端输入	适合	适合

3) 采样频率

采样频率 f_s 是指每秒采样的点数。根据奈奎斯特(Nyquist)采样定律，采样率必须满足下式：

$$f_s \geq 2f_{max}$$

式中：f_{max}——信号最高频率。

能够正确显示信号而不发生畸变的信号最大频率叫作 Nyquist 频率，它是采样频率的一半，工程实际应用一般取采样频率f_s为信号频率的 5 ~ 10 倍。如果信号中有高于 Nyquist 频率的成分，信号将在直流和 Nyquist 频率之间发生畸变，这种现象称为混叠（Alias），消除混叠的方法就是在 ADC 前增加低通滤波器，将高于 Nyquist 频率的信号成分滤除。

10.2.4 DAC 基本定义

DAC（数模转换）是将数字量信号转成外部输出电压，可为数据采集系统提供激励源。其重要性能指标是稳定时间、转换速率和输出分辨率。

转换速率是指数模转换器所产生输出信号的最大变化速率。稳定时间和转换速率决定输出信号值的速率，如一个 DAC 可在小的稳定时间和高的转换速率下产生高频率的信号，是因为其输出信号精确地改变至一个新的电压值所需要的时间极短。DAC 可看作 ADC 的逆变化，关于应用方面的一个例子是音频信号的产生，普通电脑声卡 DAC 的最高更新率是 44.1kHz，可以实现人耳 20 ~ 20kHz 范围内的信号输出。

输出分辨率与输入分辨率类似，是指产生模拟输出的数字码的位数。较大的位数可以缩小输出电压增量的量值，产生更平滑的变化信号。对于要求动态范围宽、增量小的模拟输出应用，需要有高分辨率的电压输出。

10.2.5 DI/O 基本定义

DI/O（数字 I/O）既可作 DI，也可作 DO。DI/O 接口被用来控制过程、产生测试波形及与外围设备进行通信。重要的参数有数字线 DI/O 的数目、能接收和提供数字数据的速率和驱动能力等。

DI/O 的数量应与被控制的过程数目相匹配，需要打开或关掉设备的总电流必须小于设备的有效驱动电流。例如，在打开或关闭一个高阀门时，电压和电流的值可能达到 2A、100V AC 的数量级。一个 DI/O 设备的驱动能力为几毫安，输出电压为 0 ~ 5V DC，若要控制电磁阀等大功率对象必须使用如三极管、SSR 系列或 SCXI 模块来开关电源。另外，NI 也提供可直接驱动电磁阀的带有继电器的板卡。

10.2.6 定时 I/O

C/T 计数器/定时器主要用于对数字事件产生次数的计数、数字脉冲计时，以及产生方波和脉冲。通过计数器/计时器 3 个输入端子就可以实现所有上述应用，3 个输入分别是门、输入源和输出。

门（GATE）是指用来使计数器开始或停止工作的一个数字输入信号。

输入源（CLK）是一个数字输入，其每次翻转都导致计数器的递增，因而提供计数器工作的时间基准。

输出（OUT）是在输出线上输出数字方波和脉冲。

根据计数器/定时器的特点，可以用于测量频率和计时，如图 10-4 所示，图 10-4a）为计算输入信号频率功能，设置计数初值 N，将已知长度 T 的脉冲输入至 GATE 端，待测信号输至 CLK 端，测量 T 时间中的计数，即可算得输入信号的频率；图 10-4b）为计输入脉冲信号时间功能，设置计数初值 N，将已知长度 T 的方波或脉冲输入至 CLK 端，待测信号输至 GATE 端，测量脉冲过程中的计数，即可算得输入信号的时间。

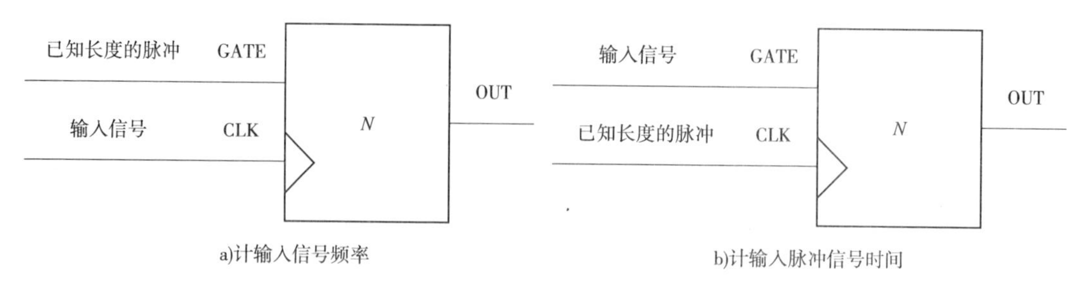

图 10-4　定时 I/O 接口的用法

10.3　LabVIEW 编程简介

10.3.1　LabVIEW 入门知识

LabVIEW 应用程序即虚拟仪器(VI),包括前面板(Front Panel)、后面板(Block Diagram)以及图标/连接器(Icon/Connector)3 部分。

前面板是图形用户界面,也就是 VI 的虚拟仪器面板,有用户输入和显示输出两类对象,具体有开关、旋钮、图形及其控制(Control)和显示对象(Indicator)。图 10-5 是进行频率响应分析的 BODE 图的前面板,它包含信号幅值、循环步数、信号的高低截止频率的输入控制数字控件和旋钮,以及运行显示的当前频率仪表、BODE 图显示的 Graph 图,这些都是 LabVIEW 自带的输入和显示控件,其旋钮和仪表类似传统仪表,使用 VI 可以仿真标准仪器。

后面板提供 VI 的图形化源程序。在后面板中进行编程,以控制和操纵前面板上的输入和输出功能。后面板中包括前面板上控件的连线端子,还有一些前面板上没有但编程必须有对象,例如函数、结构和连线等。图 10-6 是与前面板图 10-5 对应的后面板,它有与前面板对应的信号输入和显示旋钮,还有循环结构、公式节点以及函数。可以看出,LabVIEW 编程风格与传统文本完全不一样,各输入、输出以及函数或子 VI 图标都是通过连线连接在一起,大大简化了对设计者编程能力的要求。

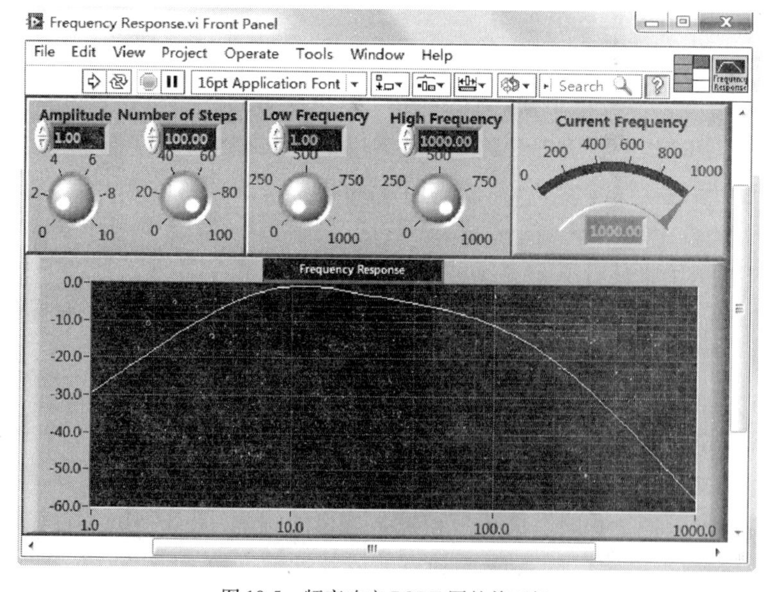

图 10-5　频率响应 BODE 图的前面板

图标/连接器相当于图形化的参数。VI 具有层次化和结构化的特征。一个 VI 可以作为子程序,这里称为子 VI(Sub VI),可被其他 VI 调用,由于 LabVIEW 是图形化编程,因此这些子 VI 在调用时就以图标展示,其输入和输出参数就是图标的端点,通过连线将其参数在各函数或者子 VI 中传递。

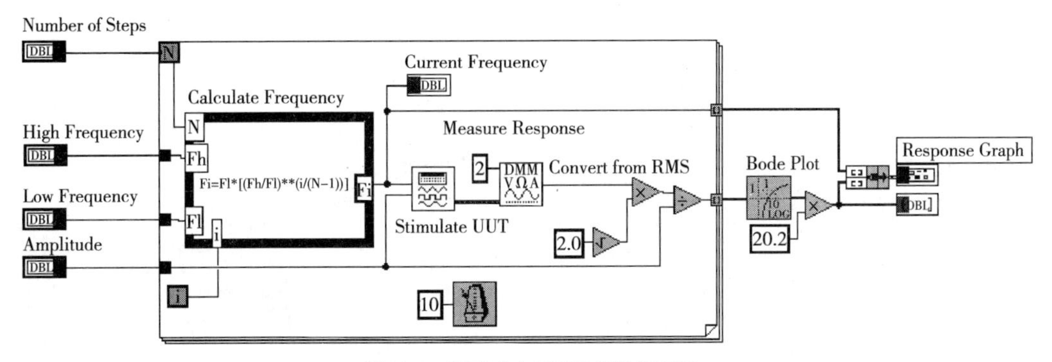

图 10-6　频率响应 BODE 图的后面板

10.3.2　操作模板

LabVIEW 具有多个图形化的操作模板,用于创建和运行程序。操纵模板共有 3 类,分别为工具(Tools)模板、控制(Controls)模板和功能(Functions)模板。

工具(Tools)模板提供了各种用于创建、修改和调试 VI 程序的工具(图 10-7)。工具模板缺省是不显示的,其默认功能是自动选择工具"Automatic Tool Selection",根据用户的操作自动切换。如果该模板没有出现,则可以在 Windows 菜单 View 下选择 Tools Palette 命令以显示该模板。当从模板内选择了任一种工具后,鼠标箭头就会变成该工具相应的形状。当从 Windows 菜单 Help 下选择了 Show Help Window 功能后,把工具模板内选定的工具光标放在后面板的子程序(Sub VI)或图标上,就会显示相应的帮助信息。现有的 LabVIEW 版本可根据程序要求自动转换功能,除设置断点、背景颜色等功能外,基本可以不调用工具模板。

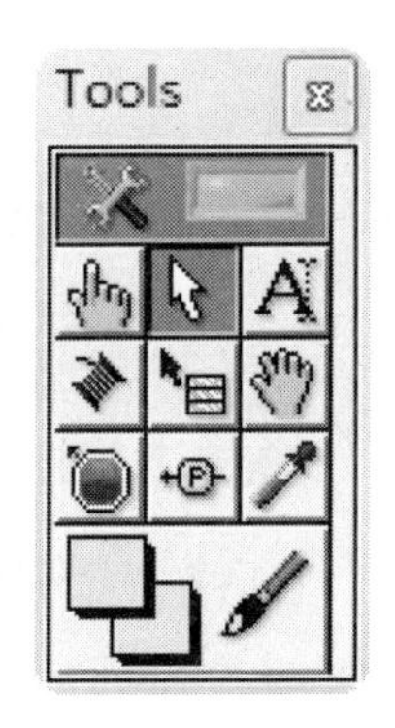

图 10-7　Tools 模板图

控制(Controls)模板用于前面板设置各种所需的输出显示对象和输入控制对象。每个图标代表一类子模板。如果控制模板不显示,可以在前面板的空白处右键点击鼠标,弹出控制模板。控制模板如图 10-8 所示,根据不同的应用风格需求,NI 推出了现代(Modern)、银色(Silver)、系统(System)、经典(Classic)等不同风格的控制和显示的模板、旋钮等控件,由于 LabVIEW 是图形化编程语言,因此所有数据类型均以图标显示。以现代(Modern)型模板为例进行介绍,它包含 Numeric(数值量)、Boolean(布尔量)、String & Path(字符串与路径)、Array、Matrix & Cluster(数组、矩阵与簇)、List & Table(列表与表格)、Graph(图形显示)、Ring & Enum(环与枚举)、Containers(容器)、I/O(输入/输出功能)、Variant & Class(变体与类)、Decorations(修饰)、Navigation Controls(导航控件)、Refnum(引用句柄)等控件,每个控件又可以分为控制和显示两种类型。控制模板上还有其他工具模块,如 User Controls(用户自定义控件)、Select a Controls(选择控件)等,相关应用详见 LabVIEW 的 Help 文档。

功能(Functions)模板是创建后面板程序的工具。该模板上的每一个顶层图标都表示一个子模板。若功能模板不显示,可以在后面板程序窗口的空白处点击鼠标右键以弹出功能模板,如图 10-9 所示,功能模板的模块比较多,常用是 Programming(程序编程)下的选项内容,包括 Structure(结构)、Array(数组)、Cluster and Variant(簇与变体)、Numeric(数值运算)、Boolean(布尔运算)、String(字符串运算)、Comparison(比较)、Timing(时间)、Dialog & User Interface(对话框与用户界面)、File I/O(文件输入/输出)、Waveform(波形)、Application Control(应用程序控制)、Synchronization(同步)、Graphics & Sound(图形与声音)、Report Generation(报表生成)等;另外一个常用工具就是 Select a VI(选择子 VI)进行函数调用。

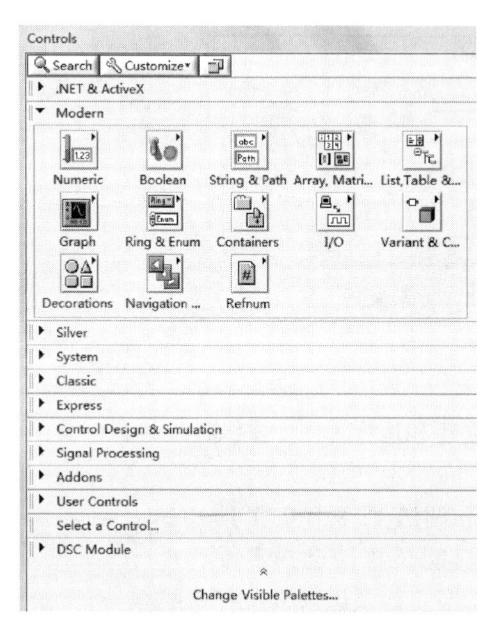

图 10-8　控制模板图

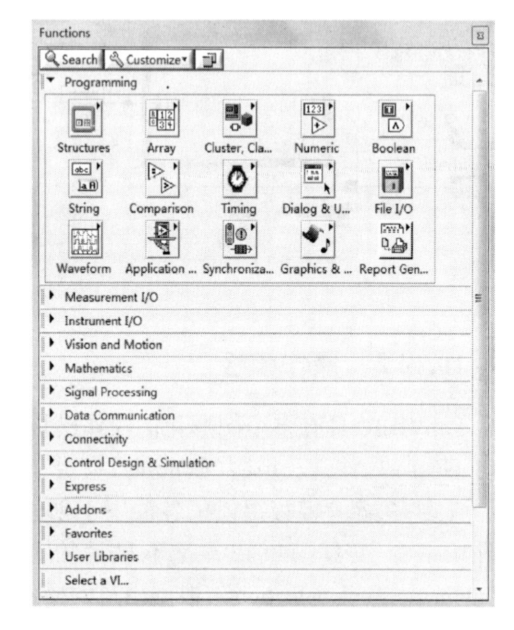

图 10-9　功能模板

10.3.3　LabVIEW 程序的运行和调试

LabVIEW 自带的帮助文档和例子程序是学习 LabVIEW 的最好资源,可以在菜单 Help 下选择 Find Examples 进入 NI Example Finder,搜索相关例子函数。以常用的温度检测为例,在 Search 面板的关键词中输入“temperature”,点击 Search,右边就会显示相关结果,如图 10-10 所示,点击例子就会出现其相关简介,双击可以进入例子程序学习。图 10-11 是选中 VI 的运行界面。

表 10-3 是工具栏上与程序执行相关的功能描述,通过这些功能按钮可以运行和停止程序,也可以检查程序错误。用“高亮执行按钮”配合“断点调试探针”可以对程序功能进行调试。

LabVIEW 程序运行相关功能　　表 10-3

图标	名　称	功 能 描 述
	运行	点击将运行该 VI
	循环运行	点击后该 VI 将连续运行
	停止运行	点击后该 VI 将停止运行
	暂停	点击后程序暂停,再点击程序继续运行
	运行	程序运行时的状态
	运行	当程序出现错误时,运行变为断裂状态,点击查看错误
	高亮执行	点击后将可以观测程序执行过程,配合探针工具进行调试

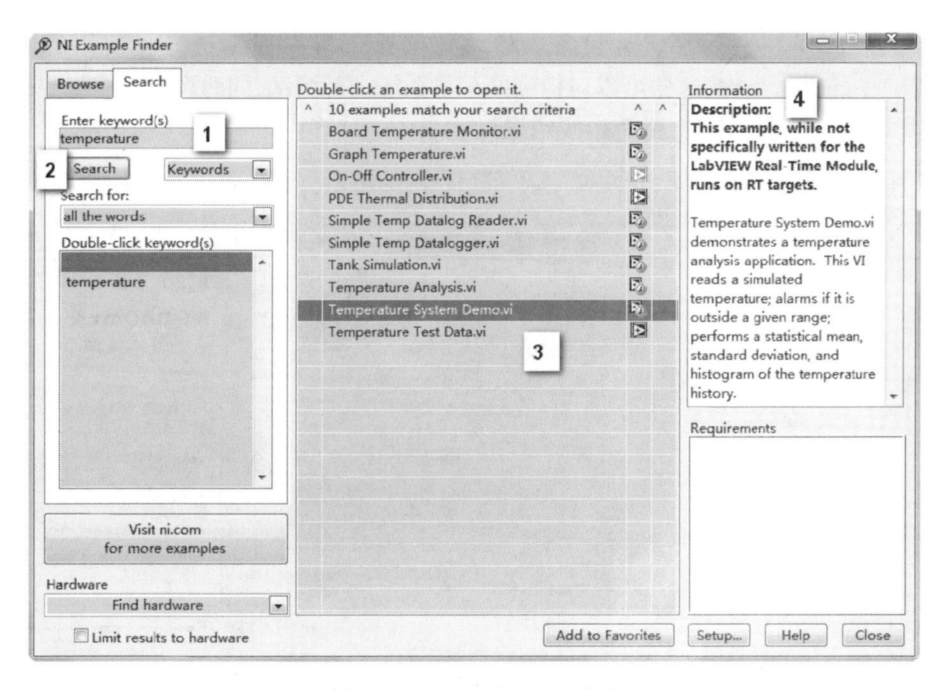

图 10-10　利用 NI 例子程序搜索

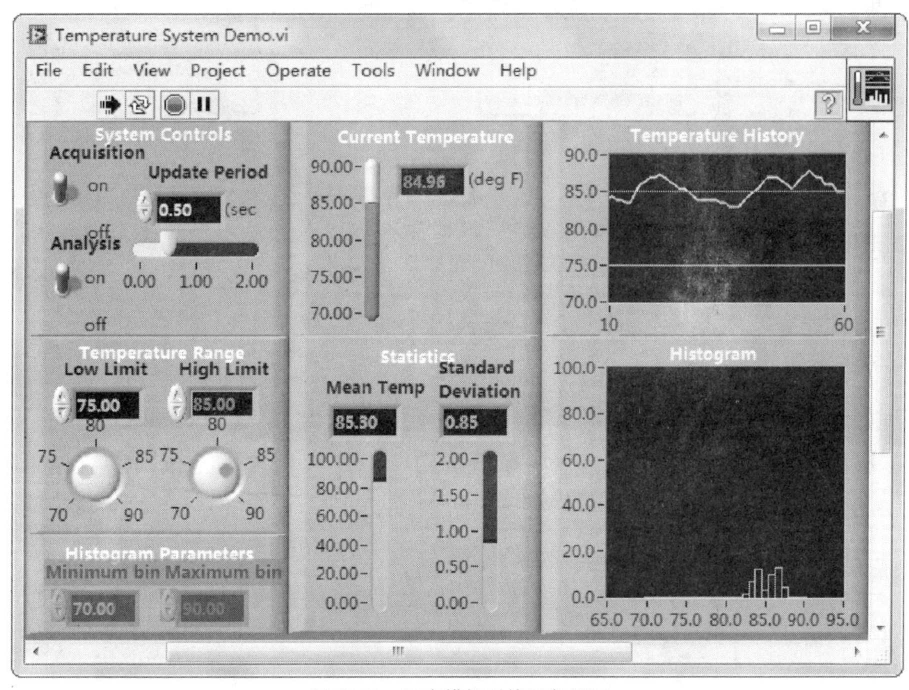

图 10-11　温度模拟系统运行界面

10.3.4　构建一个数据采集程序

使用 NI 板卡在构建采集系统前需要安装 NI DAQmx，它是 NI 公司为数据采集提供的一款高效便捷的驱动软件。

安装好 DAQmx 后，可以在 MAX 中查看已连接的硬件，如图 10-12 所示。如果在构建采集系统没有连接硬件，可以在 MAX 中构建仿真设备，方法就是在“设备和接口”中右键选择

"新建",然后选择"仿真 DAQmx 设备或模块化仪器",根据提示选择将使用的硬件,如图 10-12b)中的操作步骤,这样可以对构建的采集系统进行调试,同时可以选中采集设备,右键查看其设备连线端子定义,避免接线错误。

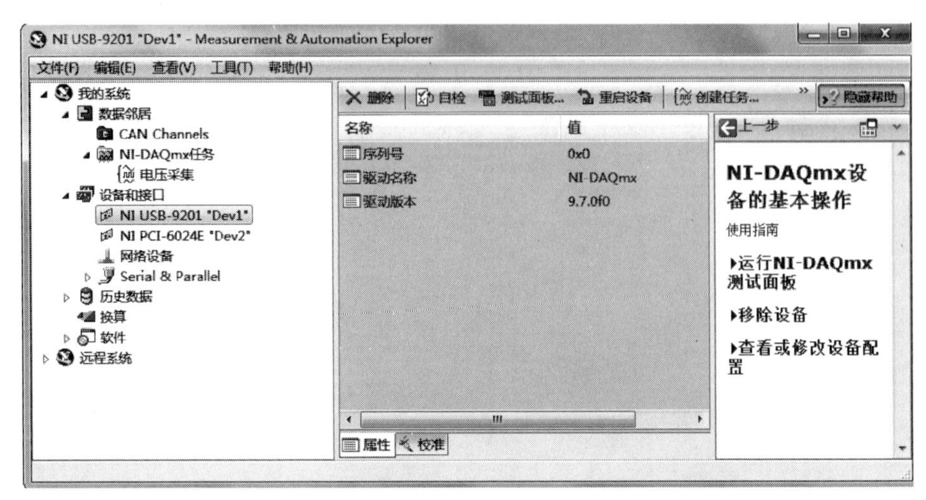

a) MAX 中查看硬件

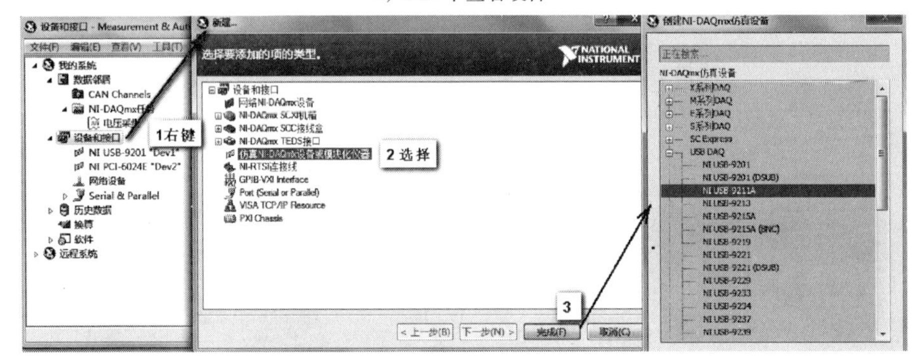

b) 新建仿真设备

图 10-12　MAX 查看硬件和新建仿真设备

管理好设备后可以进入 LabVIEW 构建采集系统,图 10-13 是 DAQmx 工具栏,可以通过查找例子程序来掌握如何构建数据采集系统。对于自定义程度不是很高的数据采集要求,

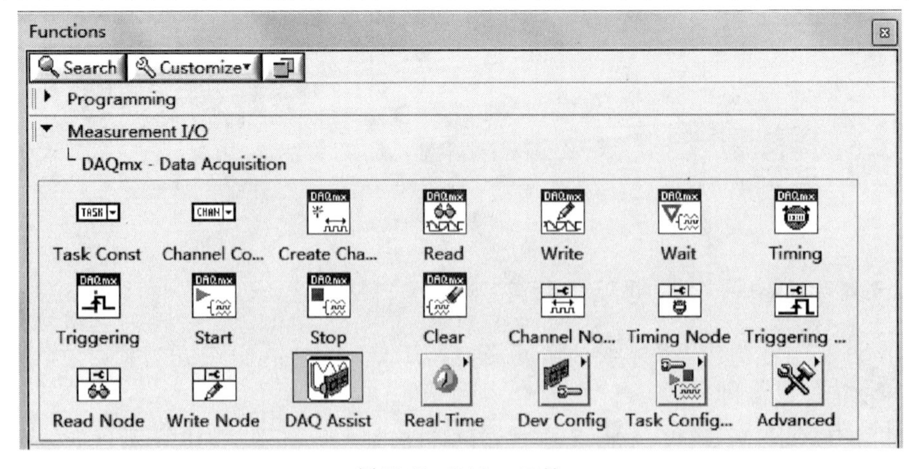

图 10-13　DAQmx 工具

可考虑使用 DAQmx 提供的快速构建采集程序的助手 DAQ Assit 来完成。

以构建一个 2 通道电压采集系统为例介绍 DAQmx 的使用,主要有 4 个步骤,如图 10-14 所示。

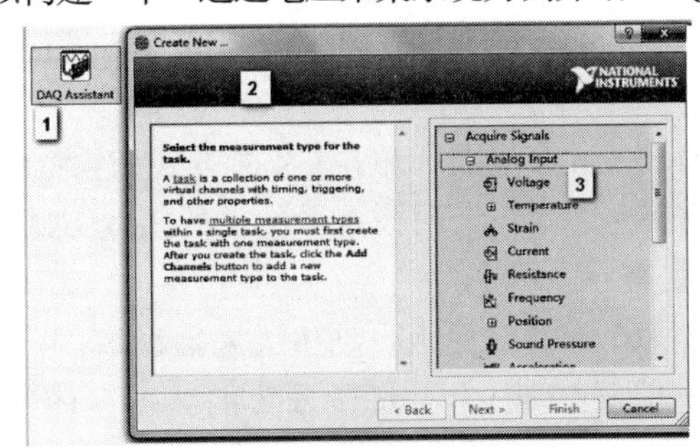

a) DAQ 中采集卡

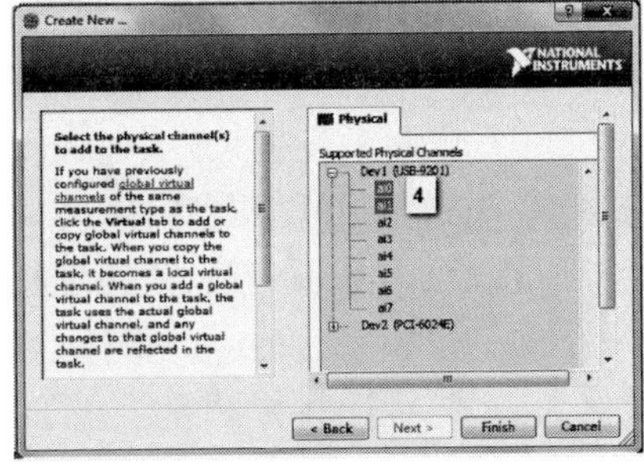

b) DAQ 中通道选择

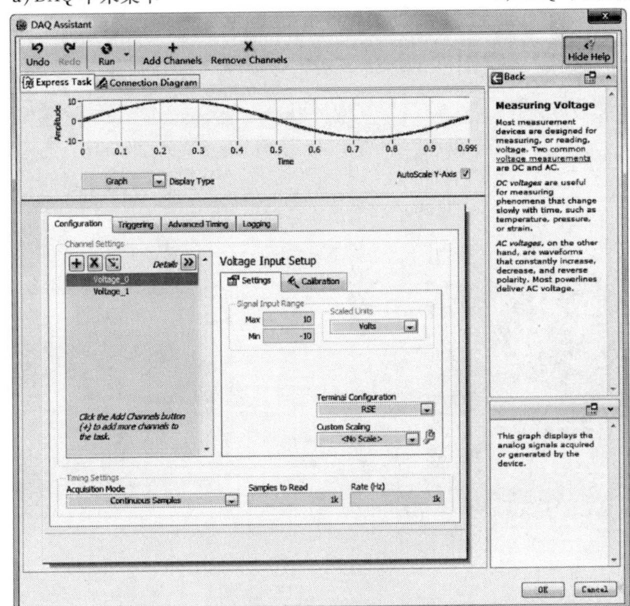

c) DAQ 中采样参数设置

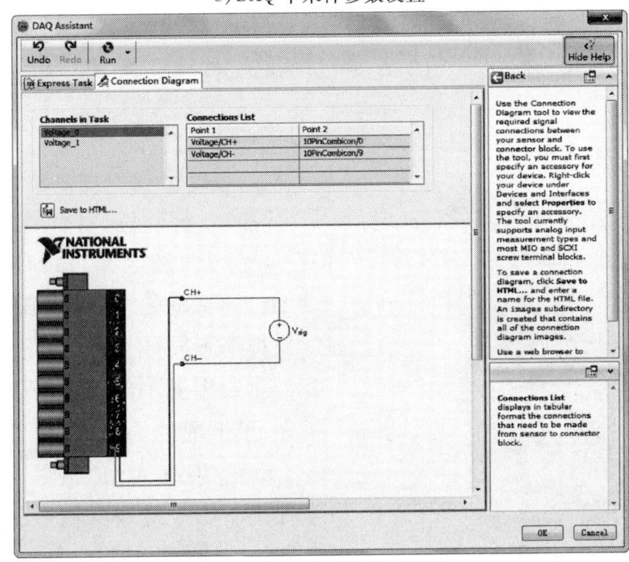

d) DAQ 中查看采集卡连线图

图 10-14　DAQ 助手设置

(1)在 DAQmx 工具栏上选择 DAQ Assit 拖动到后面板中。

(2)在弹出的对话框中选择 Analog Input 中的 Voltage 项,然后点击 Next。

(3)选择需要使用的硬件及需使用的通道,例如选择 USB9201 的通道 0 和通道 1(ai0,ai1),点击 Next。

(4)在 DAQ Assit 中设置采样率(1kHz)、信号输入范围和单位、采样方式(连续)、采集卡连接方式(这里选择 RSE 方式),通过 Connection Diagram 面板查看硬件的接线方式,避免接错,同时还可以点击 Run 运行,进行数据采集查看。

对 DAQ 助手设置完后,点击 OK 后,将在 LabVIEW 后面板自动生成采集程序,由于是设置的连续采集方式,程序将提醒是否增加停止控制按键,为了将所采集的数据在图表中显示,在前面板上增加了一个 Graph 图表显示,程序生成后前后面板如图 10-15 所示,点击运行,将采集所选择的 2 个通道数据。若要构建功能复杂的数据采集和控制系统,除熟练应用 DAQmx 的功能函数外,还需要使用队列、状态机、多循环结构和全局变量等内容。

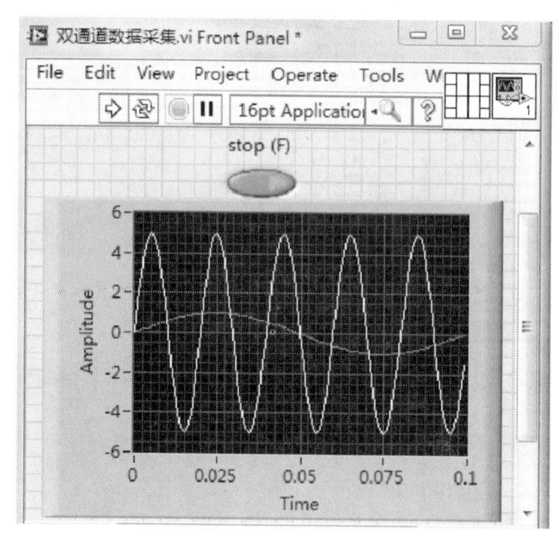

a)采集程序生成后前面板

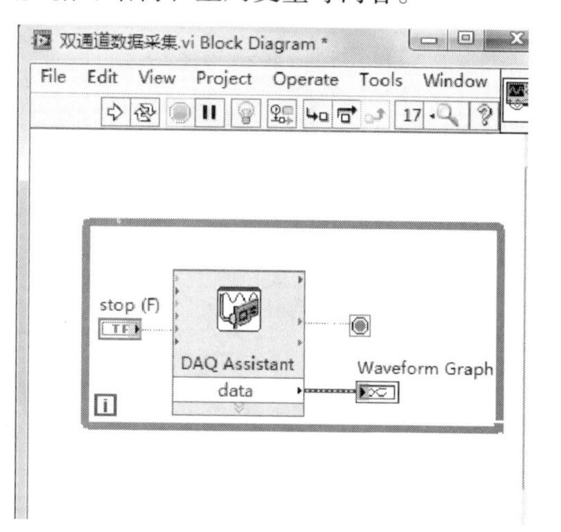

b)采集程序生成后后面板

图 10-15 DAQ 助手自动生成的采集系统

10.4 基于电脑声卡的采集系统设计

10.4.1 声卡基本知识

声卡也叫音频卡,是实现声波/数字信号相互转换的一种硬件,具有 2 通道同步的 ADC 转换器和 DAC 转换器,分辨率都为 16bit,经过标定和增加调理电路可以作为音频范围(20 ~ 20kHz)内标准的 ADC 和 DAC 采集卡。

图 10-16 常见的声卡接口

对于不同的声卡,其硬件接口有所不同。最普通的集成声卡一般有 3 个接口,从位置上区分,最下面的为 Mic In,中间的为 Wave Out,最上面的为 Line In,如图 10-16 所示。Mic In 接口只能接受较弱的信号,易受干扰。在数据采集过程中,需用 Line In 接口,其输入信号幅值最大为 1.5V。Mic In 接口和 Line In 接口内部都有隔直电容，直流或频率较低的信号不能被声卡接受。用集成声卡做数据采集时，被测信号应从 Line In 口引入，输出信号应从 Wave Out 口输出。

10.4.2 声卡的性能指标

(1)采样位数。声卡处理声音的解析度称为采样位数，一般分成 8 位和 16 位。

(2)采样频率。声卡的采样频率分为 4 档，分别是 44.1kHz、22.05kHz、11.025kHz 和 8kHz，不能随意设定其他采样频率，只能通过信号处理的方法来弥补非整周期采样带来的问题。

(3)缓冲区。声卡的 DAC 和 ADC 任务大多数是连续状态的，为了节省 CPU 资源，计算机的 CPU 采用了缓冲区的工作方式，而非每次声卡 ADC 或 DAC 结束后都响应一次中断，从而降低了 CPU 响应中断的频率，节省了系统资源。

(4)无基准电压。声卡不提供基准电压，在进行 A/D 和 D/A 过程前，需要用基准电压对声卡的 A/D 和 D/A 结果进行标定。

10.4.3 LabVIEW 中声卡函数介绍

LabVIEW 提供了一系列用 Windows 底层函数编写的与声卡有关的函数。这些函数集中在函数模板的 Sound VI 模板之下。Sound VI 模板依据声音的输入与输出又将其分为 Sound Output 和 Sound Input 两个子模板，如图 10-17 所示，这些 VI 的详细信息可以通过 Help 获得。

a)声卡面板

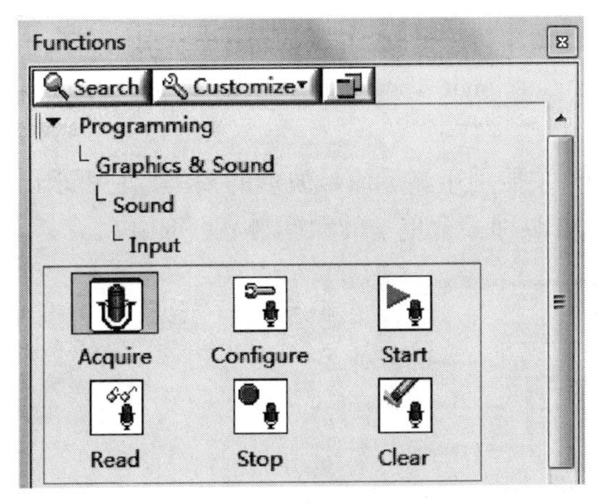

b)声卡输入VI

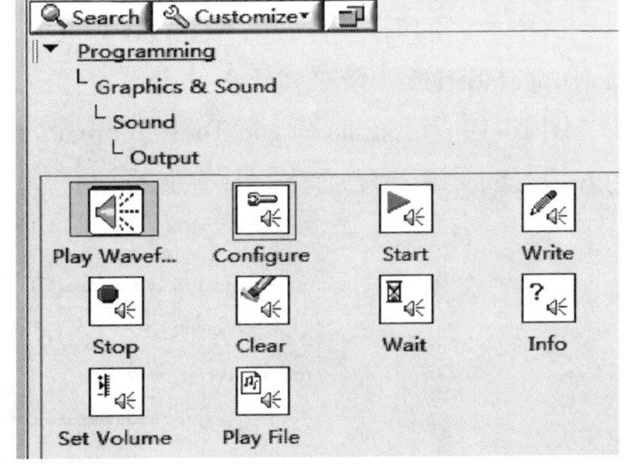

c)声卡输出VI

图 10-17 LabVIEW 声卡相关 VI

10.4.4 基于声卡的虚拟示波器设计

1）系统功能

基于声卡的示波器要实现波形显示、信号存储、频谱分析、功率谱分析、参数测量、波形横纵坐标调节、波形截图及保存等功能，主要包括数据采集模块、信号处理及显示模块、信号参数分析模块、信号频谱分析模块、信号功率谱分析模块、波形图横纵坐标调节模块、波形截图及保存模块和信号保存模块等设计内容。

2）基于声卡的数据采集模块

数据采集模块是虚拟示波器的核心，主要完成数据采集参数的控制。将 LabVIEW 中 Sound Input Configure. vi 和 Sound Input Start. vi 放在 While 循环外部实现对声卡采样参数的配置和控制，Sound Input Read. vi 放置在 While 循环内部实现读取采样数据。Sound Input Configure. vi 用于确定声卡的参数和数字声音格式，包括缓存区大小、采样速率、采样模式、采样通道数以及 A/D 采样位数等。设计的示波器采用连续采集方式，采样速率、采样通道数、采样位数可通过前面板相应控件进行调节，缓存区大小则由数据时长控件与采样频率共同决定，其值等于两者相乘的结果。数据采集完成后，Sound Input Stop. vi 和 Sound Input Clear. vi 放在循环外部，由数据流程控制停止数据采集并释放声卡占用的资源（图 10-18）。

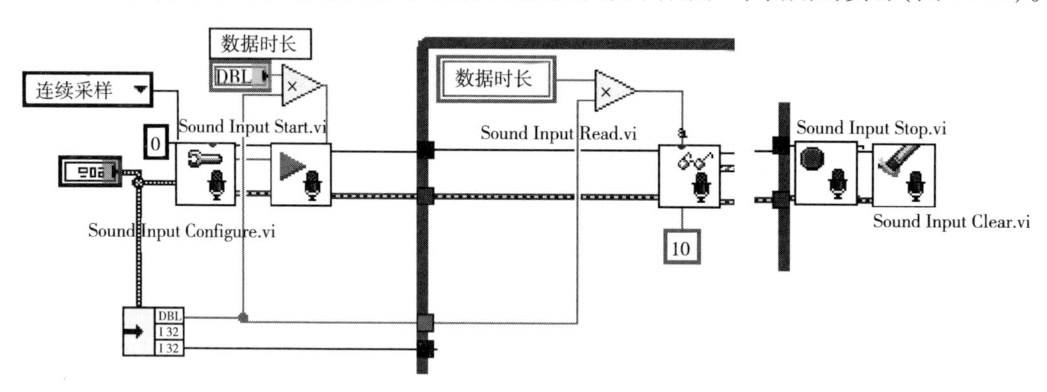

图 10-18　数据采集模块程序框图

3）信号参数分析模块

信号参数分析模块主要是提取信号的基波频率，幅值，相位，电压的范围、最大值和最小值。这些参数的测量可以通过 LabVIEW 中的 Extract Single Tone Information. vi 以及 Express VI 中的 Statistics vi 及来实现。

图 10-19 为 Extract Single Tone Information. vi，主要用于测量信号波形的频率。它可求出输入信号的最高幅度或者一个指定的频率范围，并返回一个单一的频率、幅度和相位。

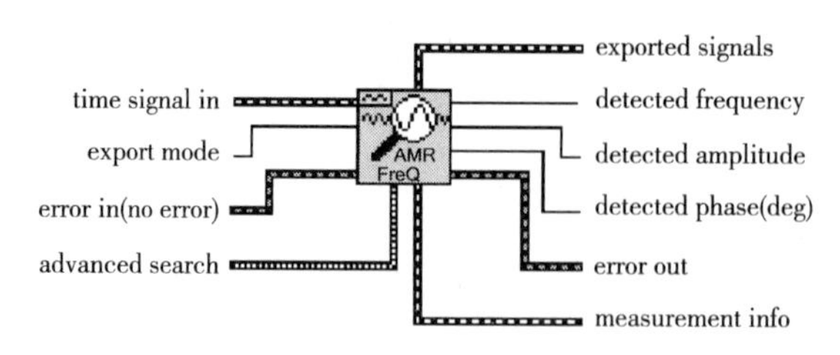

图 10-19　Extract Single Tone Information 的输入输出参数

4)信号频谱分析模块

信号频谱分析模块能实现对信号的 FFT 分析。在 LabVIEW 中,实现信号的 FFT 分析计算共有 4 个函数,分别是 Express VI 中的 Spectral Measurements、波形 VI 中的 FFT Spectrum (Mag-Phase)和 FFT Spectrum(Real-Im)以及基本函数 VI 中的 Amplitude and Phase Spectrum。

由于 Express VI 中的 Spectral Measurements 具有设置加窗、平均等功能,具有操作方便的特点,因此选用它进行信号的 FFT 分析。Spectral Measurements 的具体设置如图 10-20 所示。

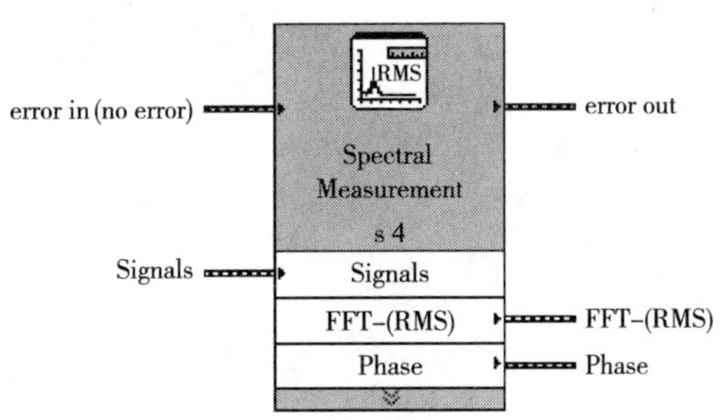

图 10-20　FFT 分析时 Spectral Measurements 的输入输出参数

10.4.5　基于声卡的虚拟示波器实验

图 10-21 是设计的虚拟示波器的前面板和后面板,在前面板界面中包括:

(1)数据采集参数配置块。数据采集参数配置块主要是对声卡相关参数进行设置。包括信号的采样率、使用的通道数、每通道采样比特数、获取数据的时长等。其中,获取数据的时长即为每通道采样数用于指定缓冲区中每通道的采样数量。

(2)功能块。功能块包括信号保存、信号的频谱分析以及信号的功率谱分析 3 个控件,实现信号及波形图的这 3 种处理。

(3)功能参数显示块。功能参数显示块放置在功能显示选项卡上,有 4 个功能。第一个选项是基本参数,显示被测信号的参数,包括信号频率、幅值、相位、信号的测量值范围、最大值、最小值。信号文件保存的相关设置也在该选项卡中。第二个选项是信号的频谱分析波形显示图,包括幅频图和相频图。第三个选项是信号的功率谱分析波形显示图。第四个选项是对信号进行截图显示,并对截图信号进行保存。

(4)信号参数配置块。信号参数配置块对采集到声卡的信号进行处理,包括对信号的标定以及信号的幅值平移。

(5)信号运算块。信号运算块是对采集到声卡的两通道信号进行运算,包括信号的相加、相减等运算。

(6)波形显示块。

(7)波形横纵坐标调节块。波形横纵坐标调节块是对波形显示块中的波形进行缩放观察。

由于声卡不是标准的数据采集卡,获得的 AD 值不能直接衡量被测信号,需使用标准的数字合成信号发生器作为信号源对声卡进行 AD 标定。

标定步骤:将立体声耳机插头端插入声卡的“Line in”口,立体声耳机的地线、左声道、右声道接入数字合成信号发生器相应通道,将音量设置为最大值 100,在 100 ~ 18kHz 内,从 0.05 ~ 1V 以 0.05V 为步长调节正弦信号的幅值,将同一个输入幅值的信号在不同频率下的测量结果进行平均,绘制输入信号和实际采集的信号幅值关系,实验结果表明左右通道标定结果一致,图10-22是左通道的结果,由图可知,标定后声卡测量结果与输入信号间线性度较好。

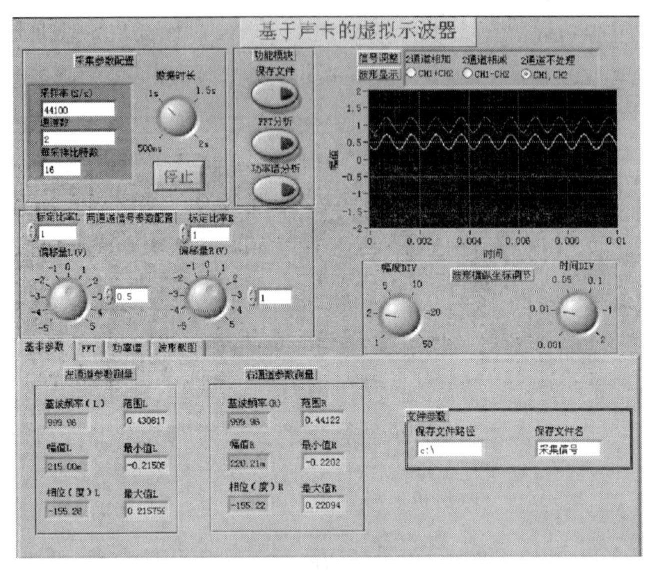

a)前面板

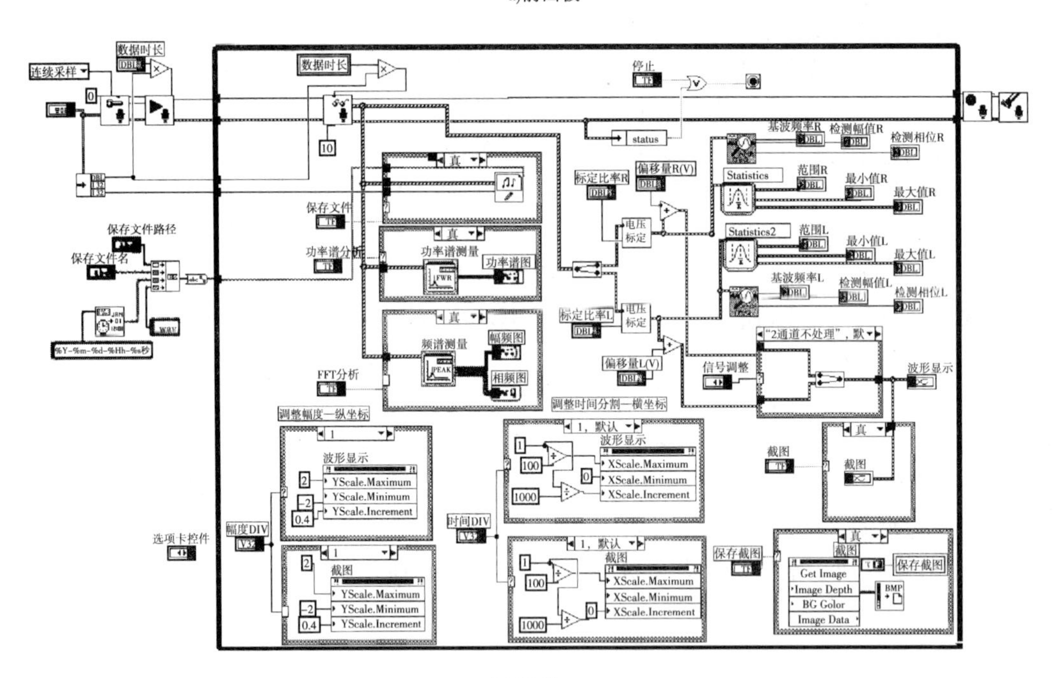

b)后面板

图10-21　基于声卡的虚拟示波器

声卡同样具备DA输出的功能,采用同样的方法可以对其进行标定。将声卡的AD和DA标定完成后,声卡就成为16bit的2路ADC和2路DAC数据采集卡。由于其信号范围是±1.5V,若要扩大信号采集或者输出的幅值范围,需要在信号端设置相应的放大或衰减电路。在此基础上,作者实验室成员曾以声卡为采集卡构建过虚拟信号发生器、万用表、RLC阻抗测试仪等虚拟仪器,以解决实验设备缺乏。实际中,很多自然界的信号都低于20kHz,

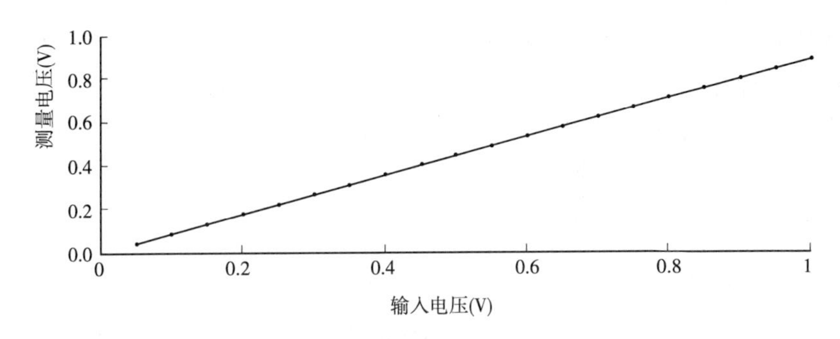

图 10-22 标定后声卡 AD 测量电压与实际电压的关系

因此，用声卡作为采集仪具有一定的实际意义。

10.5 基于 CAN 总线的数据采集系统设计

10.5.1 系统需求

研究对象是带 CAN 总线控制系统的液压挖掘机，设计其 GPS 参数监控功能，根据 GPS 通信协议显示传输的数据并调试 GPS 功能模块，以查看 GPS 模块发送到控制器的数据是否正确，检验 GPS 固件程序是否正确。

该机器的控制系统组成如图 10-23 所示，硬件组成的控制器为德国 Hersmor 的 G16，显

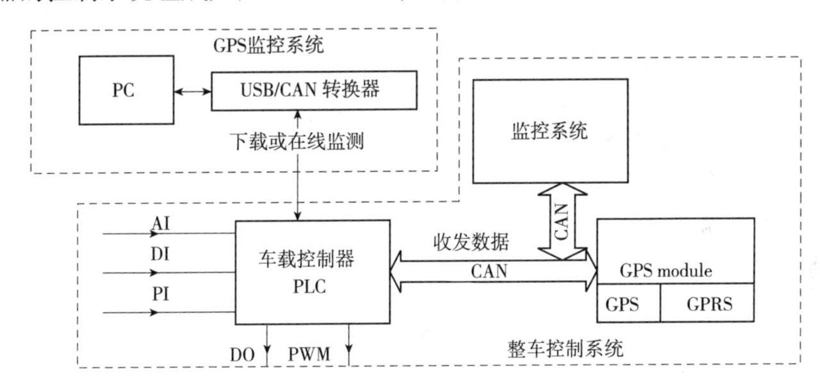

a)原理图

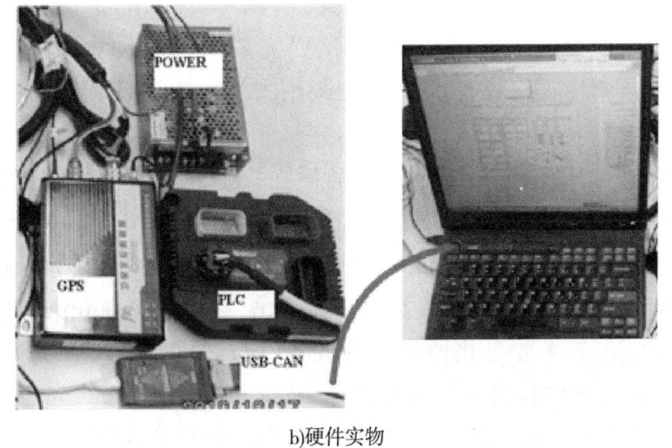

b)硬件实物

图 10-23 某型液压挖掘机控制系统硬件组成

示器为派恩科技的 SPN 5300,GPS 为吉美思的 GMS101-4D 模块,三者都是基于 CAN 总线通信。控制器根据各种开关量、模拟量输入进行相关功能处理,然后通过 CAN 总线与 GPS 和显示器传递数据;编程电脑通过 USB/CAN 模块与控制器 PLC 的 CAN 口相连下载程序或监控总线数据,USB/CAN 下载模块本身就是一个 CAN 总线采集卡,但是该采集卡非 NI 采集卡,没有相应的驱动程序,不能在 LabVIEW 中直接使用。

10.5.2 驱动程序设计

使用的 CAN 卡为 SYS TEC 公司的 USB/CAN 模块,它提供了动态链接库文件(.DLL)和用户手册,可以调用硬件驱动程序实现总线上的数据采集,其 DLL 库文件的调用流程如图 10-24所示,其过程分别是硬件初始化、CAN 参数的初始化配置、CAN 硬件释放等。

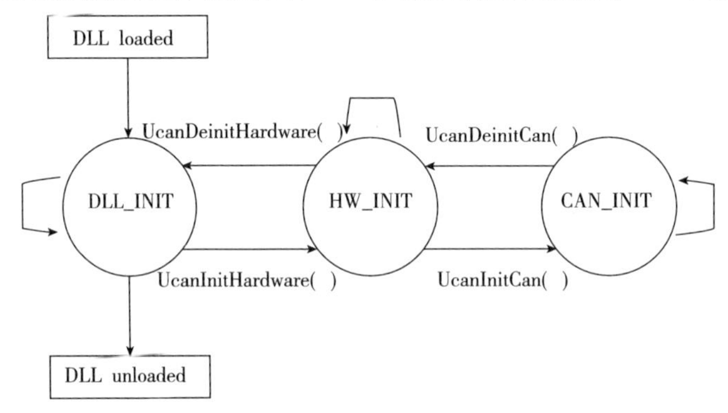

图 10-24 SYS TEC CAN 卡操作流程图

为在 LabVIEW 中对采用该卡操作读取 CAN 总线的报文,还需要设计以下功能:

(1)硬件的初始化配置模块;

(2)总线数据读模块;

(3)总线数据写模块;

(4)CAN 卸载。

10.5.3 LabVIEW 中驱动函数的调用方法

USB/CAN 模块自带的 USBCAN32.dll 文件包含该模块驱动相关的所有函数,通过其使用手册可了解到各函数的功能作用和参数定义,借助 LabVIEW 中的“Call Library Function Node.vi”节点可以方便地对各函数进行调用,从而完成硬件驱动程序的开发,下面以 USB/CAN 模块初始化过程为例进行介绍,这里参数调用方法和 LabVIEW 调用其他 dll 文件方法类似,主要有 3 个步骤。

(1)步骤 1:选择被调用函数。在 LabVIEW 后面板中使用调用库函数(Call Library Function Node.vi)打开 USBCAN32.dll 文件,选择硬件初始化“UcanInitHardware”函数并进行参数配置,如图 10-25a)所示,在该 VI 中设置“UI 线程中运行”和“stdcall(WinAPI)调用规范”。

(2)步骤 2:配置函数数据类型。根据硬件手册配置函数 UcanInitHardware 各参数的数据类型,如图 10-25b)所示,主要是将原来函数的各参数数据类型转换为 LabVIEW 对应的数据类型,因此需查看原函数的函数声明才能配置正确。

(3)步骤 3:配置函数的输入和输出参数。根据函数的功能要求,在 LabVIEW 的程序框图中配置函数的输入和输出节点,即完成该功能函数的调用,如图 10-25c)所示。

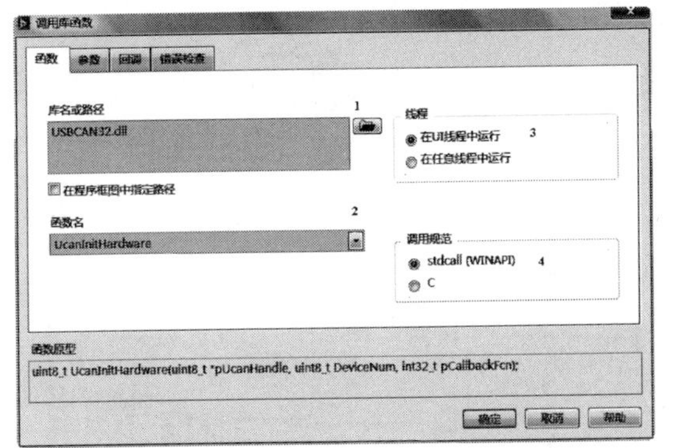

a)函数调用

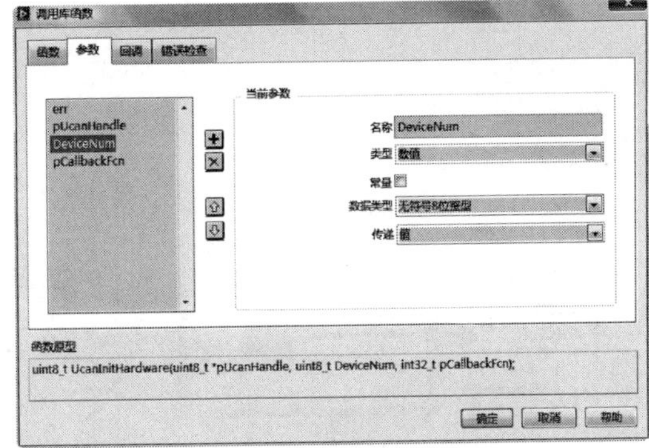

b)函数参数配置

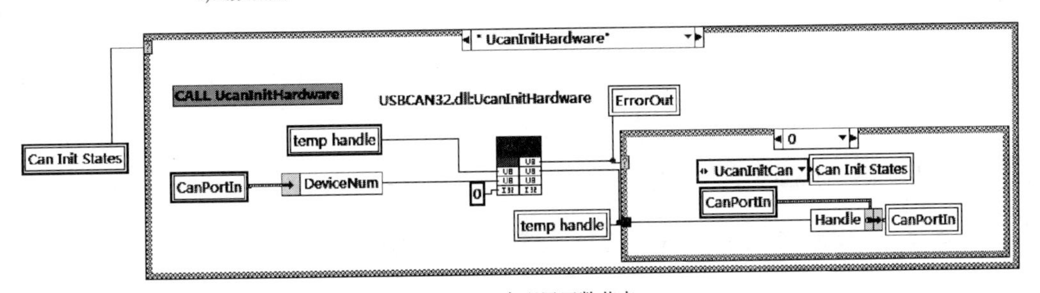

c)LabVIEW中配置函数节点

图 10-25　功能函数的调用过程

其他模块如总线数据读写、硬件释放等设计步骤类似，都是通过 LabVIEW 里面的 call _ library _ node 对 USBCAN32. dll 中函数操作，实现对 USB/CAN 模块的初始化、读数据操作和写数据等操作，分别命名为子函数 CAN _ INIT. vi、CAN _ READ. vi 和 CAN _ WRITE. vi。

10. 5. 4　GPS 功能的 CAN 总线监控系统设计

GPS 的 CAN 总线监控系统的设计流程如图 10-26 所示：

(1)首先对 USB/CAN 模块和通信参数进行初始化配置，包括报文的打包初始化配置、硬件参数初始化配置和局部变量定义。

(2)配置被监控总线的波特率，一般 CAN 总线的波特率为 250Kbit/s。

(3)在一个可控的循环内设置总线读或写函数，以获取总线数据或模拟发送总线数据。

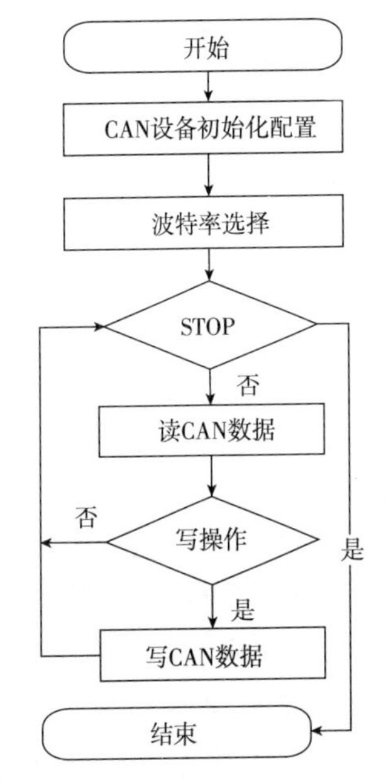

图 10-26　总线监控系统设计流程

CAN 总线上的数据是根据数据帧的 ID 号和报文中位置来解析的，不同报文的数据读取通过 CASE 语句对报文的 ID 号选择来解析数据。如读取发动机的模拟量的参数在报文 1FA 中，则需要在 CASE 语句中设置选择值 1FA 来读取该报文，获得一个 8 字节的数据，再根据转速在该帧中的位置分离出转速数据。由于每个报文有 8 个字节，所以需要根据被读取数据的类型进行合并或者拆分来获得指定的字或者位(图 10-27)，如果是读取一个字的内容，则根据该数据

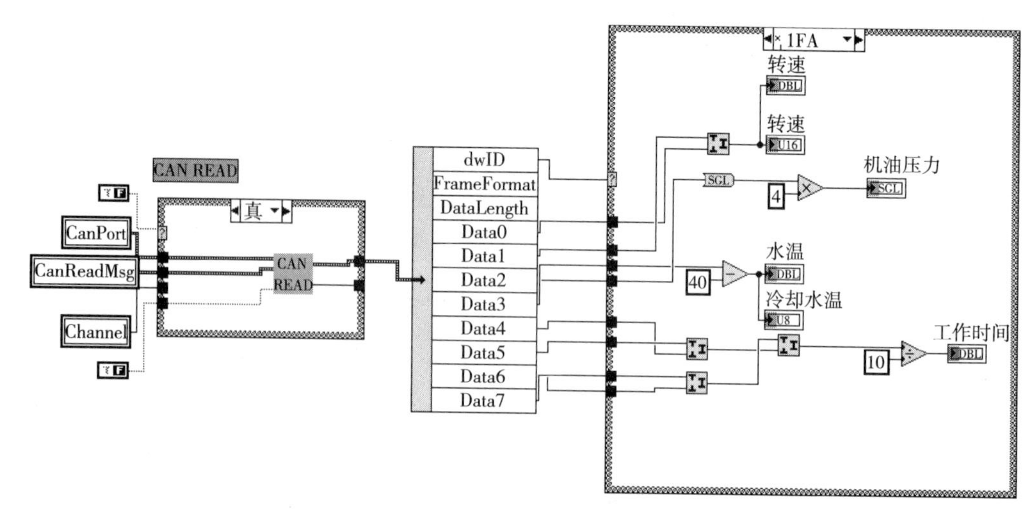

图 10-27　基于 CAN 总线的 GPS 总线数据读取程序

是否为有符号类型来选择不同的合并方式,无符号型数据直接将高低字节组合即可。

10.5.5　GPS 功能的 CAN 总线监控系统试验

挖掘机 GPS 的主要功能就是实现整机参数监控和锁车管理。参数监控主要包括:

(1)各传感器参数监控。包括水温、油温、油位、转速、机油压力、泵出口压力、先导泵压力、比例阀电流及油门挡位等参数的监控。

(2)控制器输入输出参数监控。包括空滤开关、工作压力开关、行驶压力开关、机械怠速开关、增压开关、预热、应急开关及行驶高低速电磁阀等。

(3)执行中的参数监控。包括作业模式、系统电压及工作时间等。

(4)报警量监控。包括各传感器监测数据报警、传感器本身故障报警及锁车报警。

(5)保养提醒监控。主要是各器件的保养提醒。

(6)GPS 状态量监控。主要是锁车信息内容,包括监控状态、锁车标志状态、SIM 卡异常状态、GPRS 天线状态及 GPS 被拆卸报警等。

(7)GPS 与控制器的心跳数据和通信验证码。主要用于通信加密和解密以保证 GPS 与控制器通信安全。GPS 内容的 1 ~ 5 项主要是控制器发给 GPS 的;6 和 7 是 GPS 和控制器都发送的数据,以保证数据正确。因此监控 CAN 总线上 GPS 通信的数据,即可监控 GPS 相关功能是否正确。

图 10-28 是将 GPS 与控制器连接在一起通过 GPS 监控系统观测的试验结果。根据 GPS 功能,监控系统将收发的参数分为 3 个类别,分别是模拟量、开关量和 GPS 状态数据,放在 LabVIEW 前面板的 Tab _ control 控件中,该控件是一个选显控件,可以将不同内容分类显示。在通信协议中,GPS 模块上传送的数据报文 ID 号是 1FA ~ 1FF,共 6 路 PDO 数据。其中 1FD 为 GPS 向控制器发送的数据,主要是 GPS 状态和锁车信息,以验证控制器和 GPS 信息是否一致;其余报文为控制器发向 GPS 模块的数据,主要是各参数监控以及控制器的 GPS 锁车状态。通过设计的基于 LabVIEW 的监控系统获得的数据与控制器上对应的变量进行对比,可以快速判断通信的功能和控制器上 GPS 模块功能是否正常,同时可以检验 GPS 厂家提供的 GPS 功能是否正确,采用 LabVIEW 开发的 CAN 总线监控系统有利于控制器和 GPS 功能模块的快速开发。

工程机械均以 CAN 总线为标准通信方式,常用 PEAK CAN、SYS TEC、Kvaser 等 USB/CAN

模块下载 PLC 程序,可用 LabVIEW 来构建 CAN 总线的参数采集系统,实现整机的参数监控和功能调试,采用曲线观察控制对象的参数变化,将为控制系统的 PID 参数调整提供便利性。

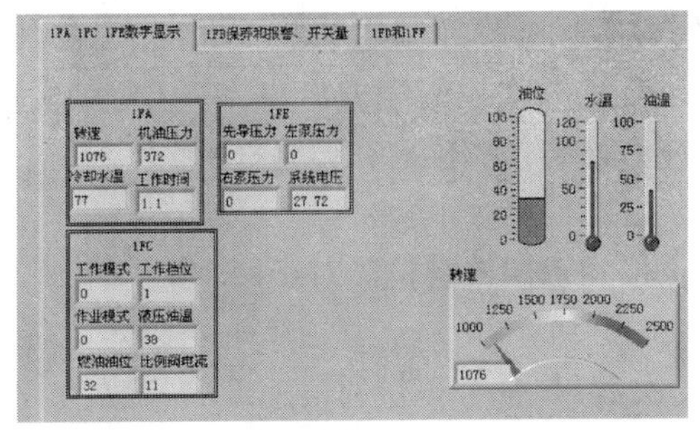

a)模拟量检测结果

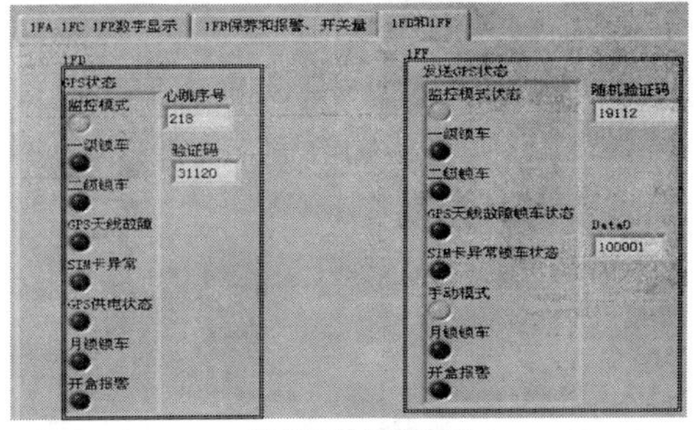

b)锁车相关监测结果

图 10-28 GPS 总线监控结果

10.6 基于串口通信的数据采集系统设计

10.6.1 系统需求

以某型挖掘机的系统需求为例进行设计,该挖掘机配套的另一套控制系统组成如图 10-29所示。控制器采用贵阳永清 ECU2000 型,显示器采用贵阳永清 YQ4.3410.337 型,GPS 模块采用南京吉美思 GMS101 - 4F 模块,控制器与显示器通信采用 CAN 总线通信,控制器与 GPS 模块通过串口通信。显示系统能对整机的报警和各种参数进行显示监控,但不具备参数保存功能,受显示屏限制,每页仅能显示部分数据。显示屏设计时考虑了仪表显示稳定性的要求,控制器与显示器通信的数据更新设定了一个较长的周期或者同一个数据重复几次发送。故原显示系统不利于实时分析挖掘机状态。控制器与 GPS 模块间的数据传送为实时更新,仅是 GPS 模块在上传数据到服务器时采用每 5min 更新 1 次,其余数据作为双方通信验证用,通信后 GPS 模块根据需要(是否达到设定时间间隔)决定是否丢包或者上传数据。

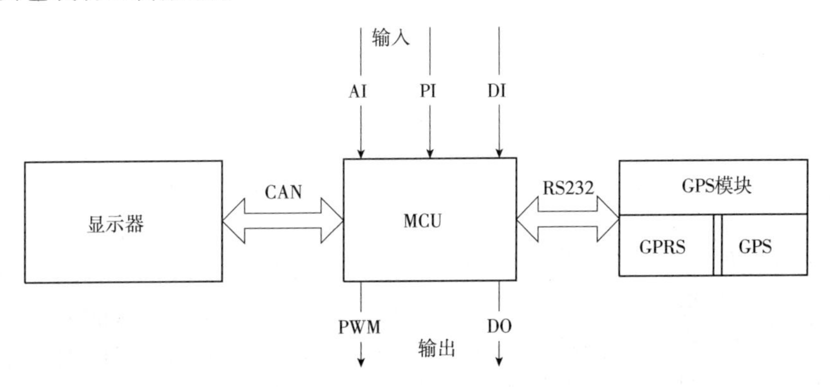

图 10-29 挖掘机控制系统组成

考虑到挖掘机各主要传感器参数、报警和锁车等信息均通过 GPRS 模块进行通信,因此对 GPRS 模块上参数传递进行监控即可实现整机参数监控,该 GPS 与控制器之间采用串口进行通信,因此构建串口采集系统可实现整机参数采集,快速判断挖掘机故障。

10.6.2　串口通信基本知识

串口通信是指外设和计算机间,通过数据信号线、地线、控制线等按位进行传输数据的一种通信方式,广泛应用于工业控制。工控机和台式电脑一般配有串口,笔记本可以通过USB/RS232 转换器进行扩展,其接线一般用 DB9 封装,常用的引脚是 3 根线,包括地线GND、发送 TXD 和接收 RXD。

串口通信的重要参数是波特率、数据位、停止位和奇偶校验位。对于两个进行串口通信的设备,这些参数必须匹配。

(1)波特率是指单位时间内载波参数变化的次数,是一个衡量通信速度的参数。1 波特指每秒传输 1 个符号,常用的通信波特率有 9600bit/s 和 19200bit/s 等。

(2)数据位是指通信中每个信息包实际数据位,典型值是 6~8。

(3)停止位表示单个包的最后一位。典型的值为 1、1.5 和 2 位。由于数据是在传输线上定时发送,而每一设备有其自己的时钟,很可能两台设备在通信中出现不同步。因此停止位不仅仅表示传输的结束,还能提供计算机校正时钟同步。

(4)奇偶校验位是在串口通信中一种简单的检错方式,通信双方也可不设置校验位。对于设置了偶和奇校验的通信,串口会设置校验位(数据位后面的一位),用一个值确保传输的数据有偶数个或者奇数个逻辑高位。例如:如果数据是 011,那么对于偶校验,校验位为 0,保证逻辑高的位数是偶数个;如果是奇校验,校验位为 1。

10.6.3　VISA 基本知识

NI-VISA(Virtual Instrument Software Architecture,简称 VISA)是 NI 公司开发的一种用来与各种仪器总线进行通信的高级应用编程接口。VISA 总线 I/O 软件是一个综合软件包,不受平台、总线和环境的限制,可用来对 USB、GPIB、串口、VXI、PXI 和以太网系统进行配置、编程和调试。图 10-30 是 LabVIEW 提供的相关驱动 VI,常用的有 VISA 配置,读、写和 VISA 关闭等 VI。

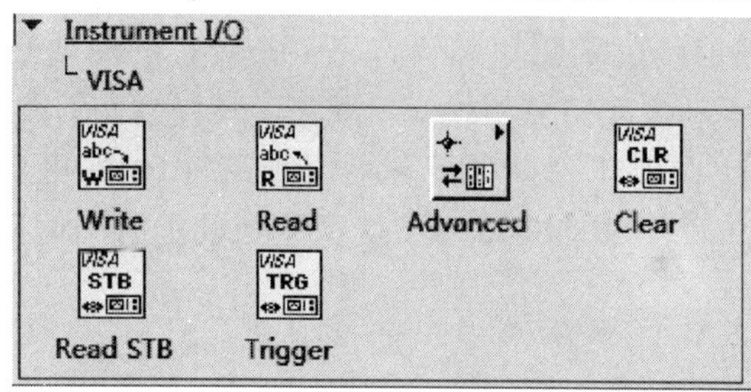

a)VISA基本VI

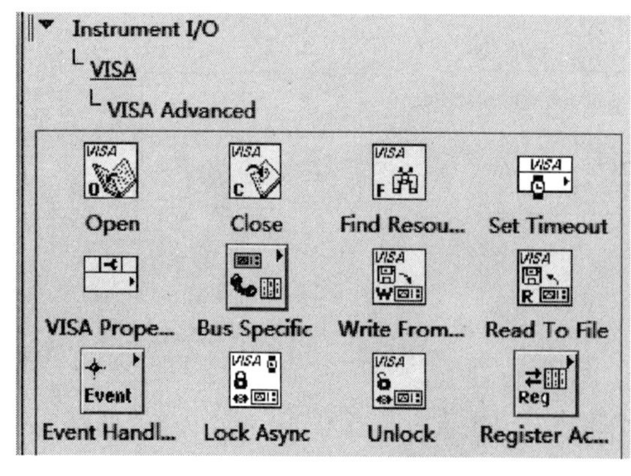

b)VISA高级VI

图 10-30　VISA 驱动的相关 VI

10.6.4　串口协议

为保证控制器与 GPS 模块间的数据通信正确,双方采用一定的通信协议,通信协议定义如表 10-4 所示。通信协议定义了双方通信数据包的格式,数据包主要包括包头、源地址、目的地址、命令内容长度、命令编号、命令字节的内容、数据校验和和包尾。双方通过包头(0xFF)和包尾(0x0D,0x0A)来检查数据是否为约定的通信数据,否者不予处理;源地址,即数据来源地址;目的地址,即数据接收方的地址,接收方根据预先约定好的协议来确定是否对该包数据进行处理;命令内容长度,定义了该包接着将传送的数据长度;命令编号占用 1 个字节,用于功能编码定义,使接收方判断进行何种操作,如 GPS 给 MCU 发送的命令中就包含锁机监控开启和关闭功能,MCU 根据不同的代码编号,结合整机状态进行相应操作;命令字节的内容 N,即传送的第 N 个数据;数据校验,用于检验数据传输是否正确。

控制器与 GPS 模块数据通信协议　　表 10-4

字节	1	2	3	4	5	6	…	$N+5$	$N+6$	$N+7$, $N+8$
格式	包头	源地址	目的地址	命令内容	命令编号	内容的字节 1	…	内容的字节 N	数据校验	包尾

串口通信中,除要定义数据包格式外,还需定义波特率、奇偶校验位和停止位等内容,同时需要定义数据传送格式,挖掘机控制器的通信波特率为 9600bit/s,数据位为 8 位,1 位停止位,无奇偶校验和硬件流控制,数据采用小端模式传送方式,通信顺序是控制器首先向 GPS 传送数据,GPS 收到数据后再回复给控制器,工作中重复此通信顺序。

10.6.5 串口采集系统设计

挖掘机控制器将整机参数通过串口发送到 GPS 模块,考虑到挖掘机一般是在室外进行工作,以笔记本电脑配备 USB 转 232 电缆来构建采集系统。每根 USB 转 232 电缆仅能对一个设备发送的数据进行采集,如果要同时对 MCU 和 GPS 发送的数据进行采集需要 2 根电缆,用一个单刀双掷开关来实现采集源的切换。监控系统的硬件方案如图 10-31 所示。图中单刀双掷开关 SW-SPDT 在默认位置是采集挖掘机控制器发送的数据,另一位置则采集 GPS 发送的参数。

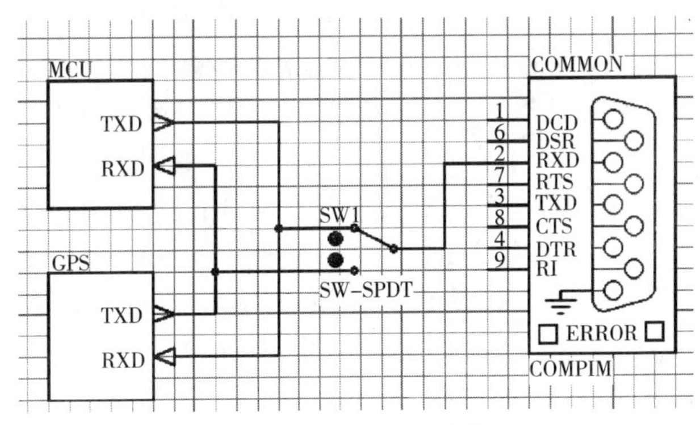

图 10-31　串口监控系统原理图

挖掘机 GPS 模块串口数据监控系统应该满足以下功能:串口通信参数配置、数据的判断和解析及数据保存。图 10-32 是挖掘机串口参数采集流程图,整个监控系统要实现交互式控制需要设置巧妙的控制流程,基于生产消费者结构或双循环结构可实现系统功能,此处采用双循环结构,外循环用于配置串口通信参数、串口开启和关闭、程序停止控制;内循环首先放在一个通信故障判断的条件内,遇到串口端口或通信参数设置不正确可及时返回外循环,内循环中配套条件选择结构和层叠顺序结构,实现串口参数监控、串口通信故障判别、通信协议解析、数据保存等功能。其中通信数据解析,需要判别数据包是否符合协议,通过 CRC 数据校验和验证数据传递是否正确,符合协议的数据包需要根据命令和数据长度调整接受数据长度,再根据协议解析具体参数,最后根据系统需要保存特定的参数。

考虑到本系统中仅是采集串口参数,不发送报文,因此在 LabVIEW 中主要是通过调

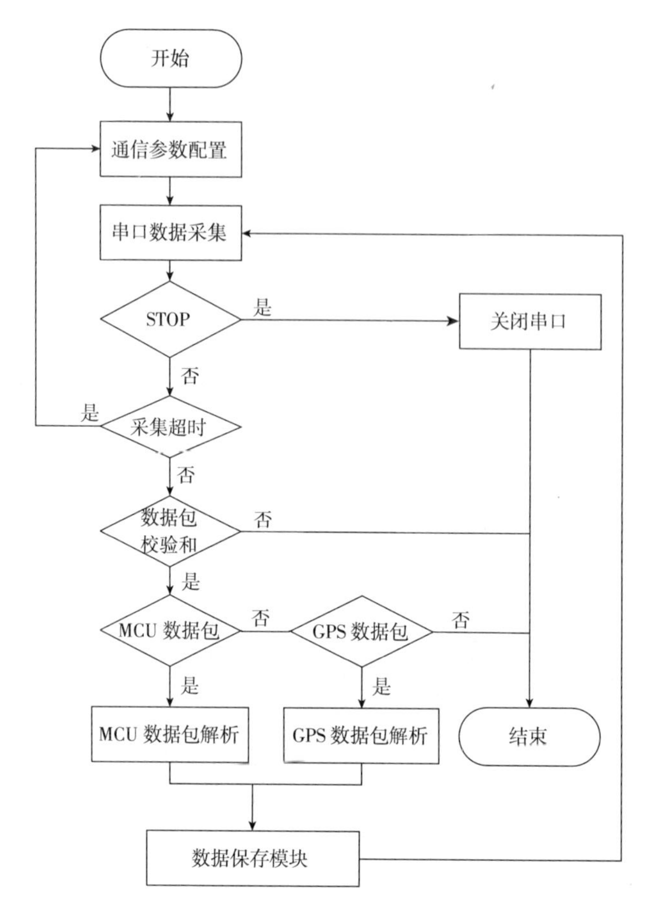

图 10-32　挖掘机串口参数数据采集流程

用 VISA Configure、VISA Read、VISA Close 3 个 VI 进行串口操作，VISA Configure 主要是配置波特率、奇偶校验、停止位、端口号；VISA Read 即读取数据，由于通信协议只是规定了格式，不同设备发送不同命令所传递的数据长度不同，因此首先需要对命令和长度解析，然后根据数据长度再接收后续数据并进行校验；VISA Close 主要是关闭串口端口，释放硬件资源。为了让系统交互性更好，将 VISA Configure、VISA Close 放在外循环，实现对串口配置管理；VISA Read 功能放在内循环，以实现数据解析，图 10-33 是挖掘机串口采集系统程序框图。

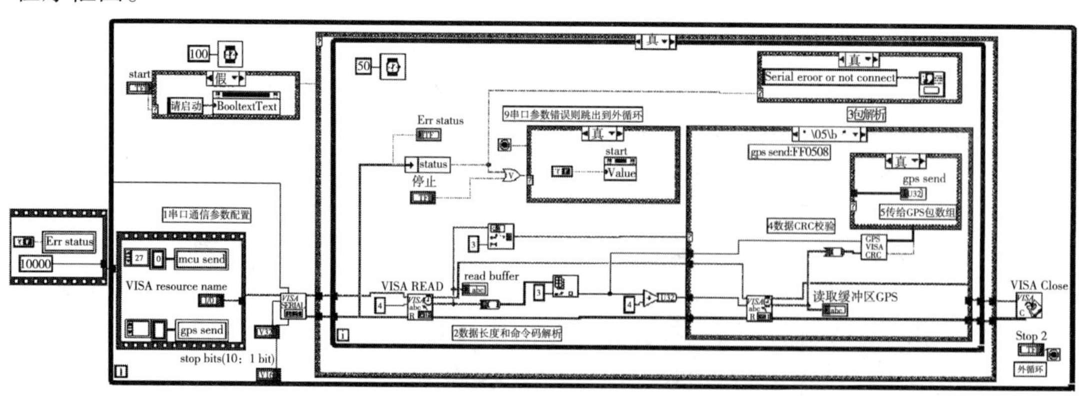

图 10-33　挖掘机 GPS 监控系统的串口配置和数据解析程序框图

在串口参数监控中,已根据通信协议将 MCU 控制器或 GPS 发送的数据内容传递给临时数组变量 mcu send 或 gps send;参数解析只需根据具体命令格式,对数组中的数据依次读取。例如 GPS 发送的数据包中,传递的数据内容包括命令标号、GPS 状态、3 字节组成的解锁车状态。那么采集 GPS 状态,对数组的第一个元素进行解析即可;而在 MCU 发送数据包中,GPS 状态数据在数组的第三个位置。图 10-34 为 GPS 监控状态解析的设计举例,其余参数采用同样的方法解析,只是多字节的数据,如小时计有 4 字节,则需通过字节拼接来完成。

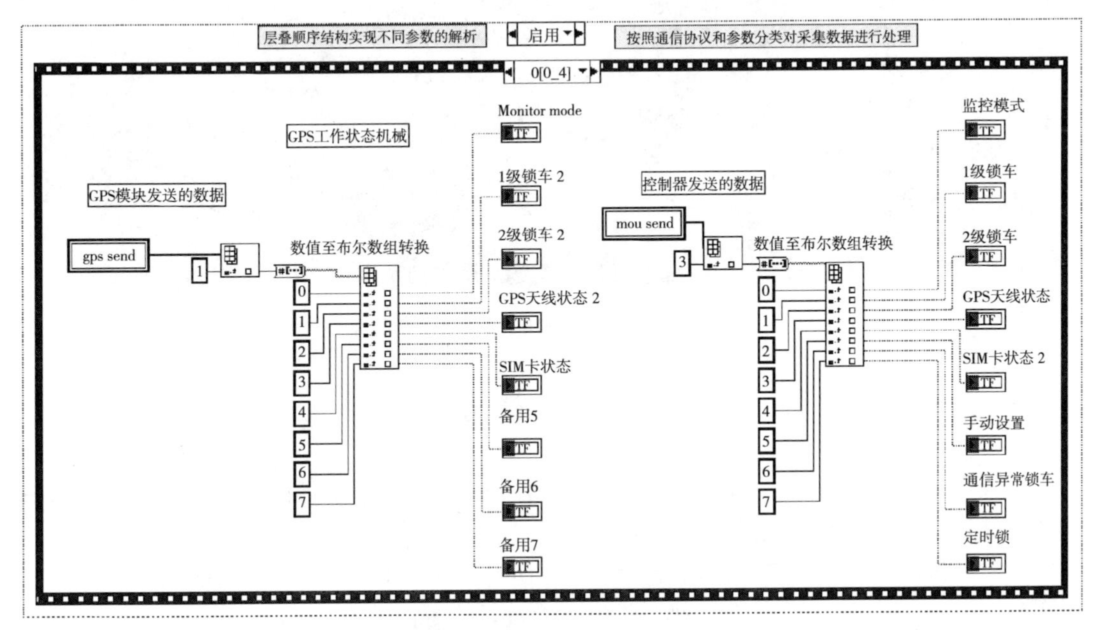

图 10-34　GPS 状态参数解析

10.6.6　串口采集系统试验

挖掘机远程 GPS 管理系统的目的是实现整机参数的监控和锁车管理,监控的参数主要包括:

(1)整机各传感器参数监控。如水温、油温、油位、转速、机油压力、泵出口压力、先导泵压力、比例阀电流、加速踏板挡位等参数监控。

(2)控制器输入输出参数监控。包括空滤开关、工作压力开关、行驶压力开关、机械怠速开关、增压开关、预热、应急开关、行驶高低速电磁阀等。

(3)执行中的参数监控,包括作业模式、系统电压、工作时间等。

(4)报警量监控,包括各传感器监测数据报警、传感器本身故障报警、锁车报警。

(5)保养提醒监控,主要是各器件的保养提醒。

(6)GPS 状态量监控,主要是锁车信息内容,包括监控开启、锁车标志状态、SIM 卡异常状态、GPRS 天线状态、GPS 被拆卸报警等。内容中的 1 ~ 5 项为控制器发给 GPS 的;6 是 GPS 和控制器均发送的数据,双方需要对 GPS 状态进行验证以保证数据正确。

将设计的基于 LabVIEW 的 GPS 监控系统在样机上进行功能试验,试验结果如图 10-35 所示,默认的窗口显示主要的监控参数,可以通过切换按钮查看整机 I/O 口、GPS 通信状态等参数。同样可以设计监控系统的串口发送功能,模拟 GPS 或者 MCU 的功能,分别对控制系统和 GPS 模块进行调试,有利于样机的功能开发。

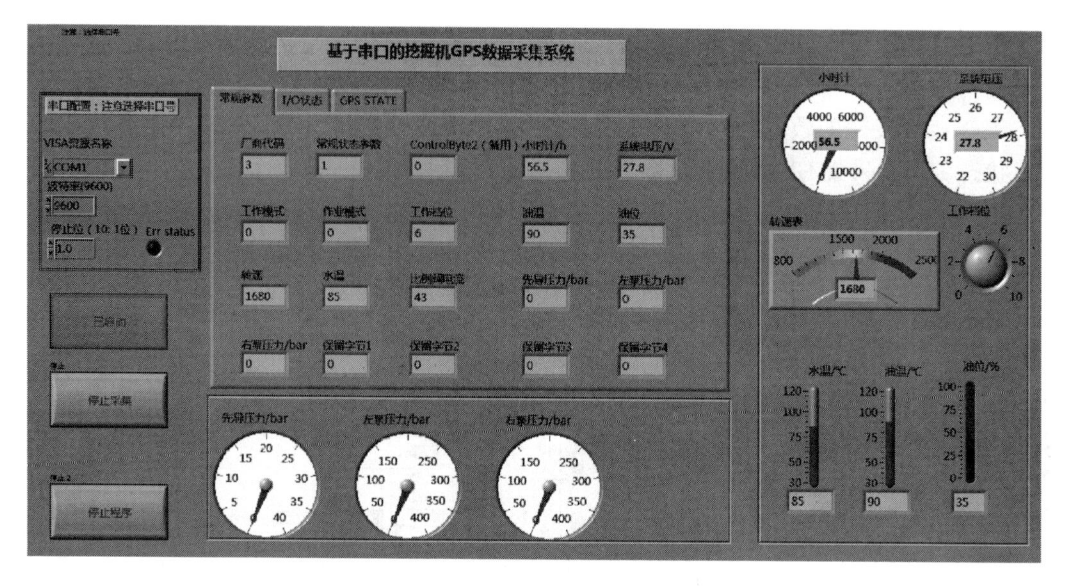

图 10-35　挖掘机 GPS 串口监控系统试验界面

本章思考题

1. 假定采用 100kHz 的采集卡采集 75kHz 的信号，会得到什么样的结果？需要多大的采样率才能正确采集 75kHz 的信号？

2. 简要说明数据采集卡根据信号类型采用 Differential、RSE 及 NRSE 的区别？

3. 采用 LabVIEW 设计一个类似 7 段数码管效果的时钟。

4. 用声卡构建一个采集系统，分析男生和女生说单词“LabVIEW”频谱特点。

5. 采用声卡构建一个信号发生器，实现典型信号的发生。

6. 如何标定声卡的 ADC 和 DAC？

7. CAN 总线上的报文如何实现数据解析和打包？

8. 采用 SYS TEC 或 PEAK 的 USB/ CAN 卡构建一个基于 LabVIEW 的数据采集系统。

9. 串口通信有那些特点？为什么通信双方还需要设计通信协议？

10. 如何构建一个基于串口通信的数据采集系统？

第 11 章　IEC61131-3 标准与 CoDeSys 程序开发基础

IEC61131-3 是 IEC61131 国际标准的第三部分，是国际电工委员会(IEC)制定的可编程逻辑控制器编程标准，是第一个为工业自动化控制系统软件设计提供标准化编程语言的国际标准。目前，主流的工程机械专用控制器采用的软件开发平台均支持 IEC61131-3 标准。

11.1　IEC61131-3 简介

1993 年，在合理吸收、借鉴了世界范围各可编程逻辑控制器(PLC)厂家技术与编程语言的基础上，国际电工委员会(IEC)正式颁布了可编程逻辑控制器的国际标准 IEC1131(以后改称 IEC61131)，其中的第三部分关于编程语言的标准，规范了可编程逻辑控制器的编程语言及基本元素，是全世界控制工业界第一次为自动控制软件技术制定编程语言标准，而此前没有出现过有实际意义的、为制定通用控制语言而开展的标准化活动。这一标准对可编程逻辑控制器软件技术的发展，乃至整个工业控制软件技术的发展，起到了举足轻重的推动作用。

IEC61131-3 定义的一系列图形化语言和文本语言，对系统集成商和系统工程师的编程带来了很大方便。其高水准的技术实现及充足的可扩展性得到了包括美国 AB 公司、德国西门子公司等世界知名大公司在内的众多厂家的共同推动和支持，极大地改进了工业控制系统的编程软件质量，提高了软件开发效率。

IEC61131-3 最初主要用于 PLC 编程系统，目前也适用于过程控制领域、分散型控制系统、基于控制系统的软逻辑及 SCADA 等，正受到越来越多国内外公司、厂商的重视和采用。工程机械专用控制器的软件平台绝大多数遵从这一编程标准。

11.2　IEC61131-3 支持的 5 种编程语言

IEC61131-3 支持的编程语言包括图形化编程语言和文本化编程语言两类(图 11-1)。其中图形化编程语言包括梯形图(Ladder Diagram，LD)、功能块图(Function Block Diagram，FBD)及顺序功能图(Sequential Function Chart，SFC)。文本化编程语言包括指令表(Instruction List，IL)和结构化文本(Structured Text，ST)。

11.2.1　结构化文本(ST)

ST 是一种高级文本语言，与 PASCAL 语言较为相似，是专门为工业控制应用开发的编程语言，具有很强的编程能力，用于对变量赋值、调用函数和函数块、创建表达式、编写条件语句和迭代程序等，适合应用在有复杂算术计算的应用中。

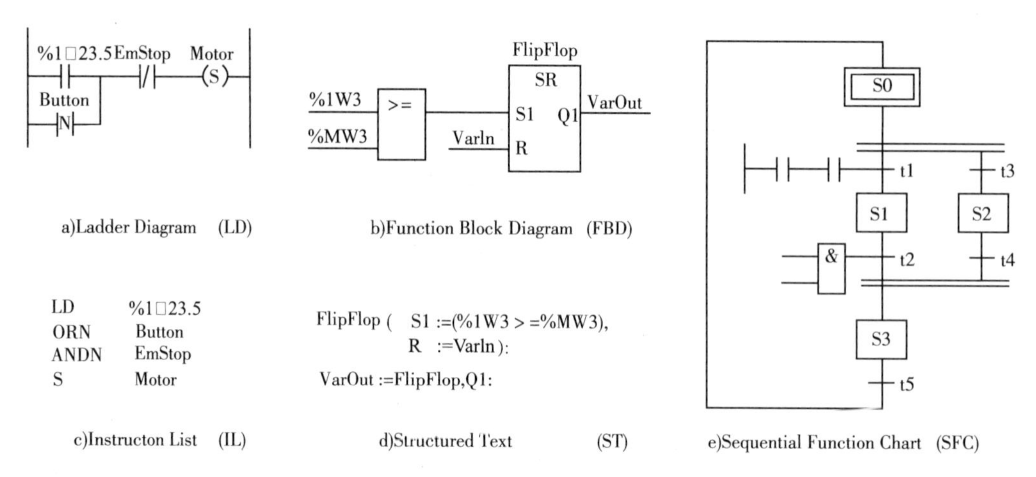

图 11-1 IEC61131-3 标准支持的 5 种编程语言

ST 语言程序格式自由，对于熟悉计算机高级语言开发的人员来说易学易用，可移植性好。

11.2.2 指令表(IL)

IL 是一种低级语言，与汇编语言很相似。可有条件或无条件地调用函数和函数块，还能执行赋值及在区段内执行有条件或无条件转移，IL 语言编写的程序可不通过编译和联编就下载到 PLC。

11.2.3 功能块图(FBD)

FBD 语言用矩形块的连接来表示程序的各功能，每一矩形块左侧可引入零到多个输入端，右侧则可输出零到多个输出端。函数或函数块的类型名称通常写在矩形块内，输入输出名称写在输入输出端的相应位置。FBD 与电子线路图中的信号流图非常相似，普遍应用于过程控制领域，是一种直观易读的语言。

11.2.4 梯形图(LD)

梯形图是早期 PLC 使用得最广泛的一种图形化编程语言，它与电器控制系统的电路图很相似，具有直观易懂的优点，很容易被工厂电气人员掌握，特别适用于开关量逻辑控制。

PLC 梯形图中的编程元件沿用了继电器这一名称，如输入继电器、输出继电器、内部辅助继电器等，但并非真实的物理继电器，而是一些存储单元(软继电器)，每一软继电器与 PLC 的一个存储单元相对应，该存储单元为“1”或“0”的状态，表示梯形图中对应软继电器线圈的“通电”或“断电”状态。

梯形图程序的左、右两侧有两垂直的电力轨线，左侧的电力轨线名义上为功率流从左向右沿水平梯级通过各个触点、函数、函数块及线圈等，功率流的终点是右侧的电力轨线。每个触点代表一个布尔变量的状态，每个线圈代表一个实际设备的状态。函数或函数块与 IEC 61131-3 中的标准库或用户创建的函数或函数块相对应。

11.2.5 顺序功能流程图(SFC)

SFC 是一种强大的描述控制程序顺序行为特征的图形化语言，允许一个复杂问题逐层分解为较小的能够被详细分析的顺序,可对复杂过程或操作由顶到底地进行辅助开发。

11.2.6 各种语言之间的转换关系

用 LD、FBD、SFC 语言编写的程序通常能相互转换;用 IL 编写的程序通常不能转换成 LD,除非结构很简单,但由 LD 转换成的 IL 程序通常可以再转回 LD;用 ST 编写的程序不能转换成其他 4 种语言的任何一种;IEC61131-3 的其他语言都可转换为 IL 语言。

11.3 IEC61131-3 软件模型中的 POU

11.3.1 IEC61131-3 定义的 3 种 POU

POU 即程序组织单元(Programing Organization Unit),是构成完整程序的基本单元结构。

IEC61131-3 标准定义了 3 种类型的 POU(图 11-2),分别为程序 PRG(PROGRAM)、函数块 FB(FUNCTION BLOCK)及函数 FUN(FUNCTION)。各 POU 的特点如下:

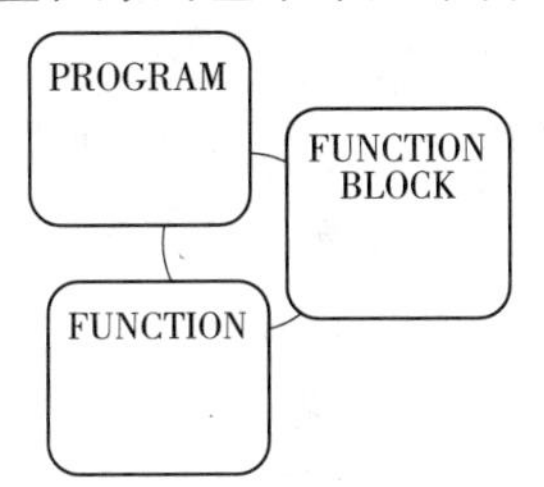

图 11-2 IEC61131-3 标准定义的 3 种 POU

(1)PRG 代表"主程序",通常用于构造一个完整的控制任务,整个程序的所有变量(包括指定的物理地址)都应该在此 POU(或资源、配置)中声明,其他方面与函数块 POU 类似。

(2)函数(FUN)POU:带有函数值的块,作为 PLC 基本操作集的扩展;可以指定参数,但没有静态变量也就是没有存储空间,在用相同的输入参数调用函数时总是返回相同的结果。

(3)函数块(FB)POU:拥有输入/输出变量的块,是最常用的 POU 类型;既可以指定参数,也有静态变量,在用相同的参数调用函数块时,返回值取决于内部变量和外部变量,并能将内部变量保持到下一个执行周期。

POU 是个封装的单元,可以独立地编译,并作为其他程序的部件,经编译的 POU 可以连接在一起组成完整的程序。

POU 的名称在整个项目中是唯一的、全局的,局部子程序在 IEC61131-3 中是禁止的,经编程之后的 POU,其名称和调用接口对项目中其他所有的 POU 是已知的。

POU 可以互相调用,但是禁止递归调用。

POU 的这种独立性大大方便了自动化任务的模块化以及可重复使用已获得良好测试和执行的软件单元。

11.3.2 IEC61131-3 定义的标准函数

IEC61131-3 定义了 46 个标准函数,分别是:

(1)数字运算。包括 ABS、SQRT、LOG、LN、EXP、SIN、COS、TAN、ASIN、ACOS、ATAN。

(2)算术运算。包括 ADD、SUB、MUL、DIV、MOD、EXPT、MOVE。

(3)位移与位运算。包括 SHL、SHR、ROR、ROL、AND、OR、XOR、NOT。

(4)选择。包括 SEL、MAX、MIN、LIMIT、MUX。

(5)比较。包括 GT、GE、LT、LE、EQ、NE。

(6)字符串操作。包括 LEN、LEFT、RIGHT、MID、CONTACT、INSERT、DELETE、RA-

PLACE、FIND。

11.3.3 IEC61131-3 定义的标准函数块

IEC61131-3 只定义了 5 组函数块，分别是双稳触发器、边沿触发器、定时器、计数器和通信函数块。

实际 PLC 中，这些函数和函数块是远远不够用的，需要用户根据所需的具体功能要求自行编制相应的 POU。

11.4 CoDeSys 简介

CoDeSys 是 Controller Development System 的缩写，是德国 3S 软件有限公司向客户提供基于 IEC61131-3 国际标准的高品质软件开发工具。概括讲，CoDeSys 是一个独立于硬件平台且能满足可重构需求的开放式全集成化软件开发环境。同时 CoDeSys 是基于微软 .net 技术进行构建的，不仅结构先进，功能强大，易于学习掌握，而且可根据用户的具体需求，将多个供应商提供的产品和系统进行组合配置后统一进行编程，从而真正实现了控制系统的开放性和可重构性。

CoDeSys 支持 IEC61131-3 标准 IL、ST、FBD、LD、SFC 及 CFC 6 种 PLC 程语言，用户可在同一项目中选择不同的语言编辑子程序和功能模块等。

CoDeSys 的功能包括构建工程、测试工程、调试和仿真等，还可以编辑显示器界面，具有丰富的封装模块。ABB Bachmann、Inter Control(PROSYD1131)、IFM(易福门)、EPEC Oy、力士乐(BODAS)及 HOLLYSYS(和利时)等控制器厂家都是使用 CoDeSys 的用户；同时，也有运动控制厂家如 Scheider Electric、Banchman 及 GoogolTech 等在使用 CoDeSys 平台开发自己的编程软件。

11.5 CoDeSys 编程示例

11.5.1 线性模拟量传感器测量值计算函数

线性模拟量传感器是工程机械常用的一类传感器，如行驶手柄电位计、压力传感器及角位移传感器等都属于线性模拟量传感器。传感器信号线与控制器的模拟量输入引脚相连接，控制器在读入该引脚的输入值后，再结合传感器量程等已知条件计算出被测量的值。

对被测量进行计算时，采用“两点确定一条直线”的原理，如图 11-3 所示，$x1$ 为 $x2$ 为控制器模拟量引脚读入值的范围，即模拟量经 A/D 转换后对应的数值范围，这一范围与 A/D 器转换的分辨率有关。如对于 12 位的 A/D 转换器，引脚读入数值的范围为 $0 \sim (2^{12}-1)$，即 $0 \sim 4095$，此时，$x1=0$，$x2=4095$；$y1$ 和 $y2$ 为被测量量程，x 为某一时刻引脚读入的数值，y 为待求解的该时刻被测量。

计算程序只要求求解一个输出值，且计算过程中间变量不要求记忆，因此可通过 POU 中的“函数(FUNCTION)”实现。该函数的输入输出如图 11-4 所示，各变量均为 REAL 型，按照函数的语法要求，返回值(被测量)通过函数名输出。

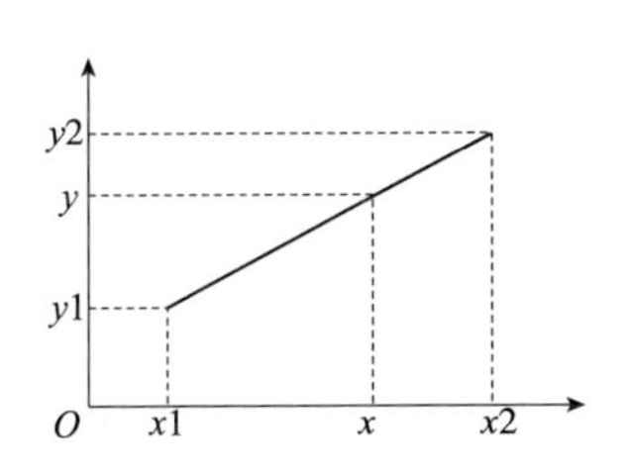

图 11-3 模拟量引脚输入输出关系

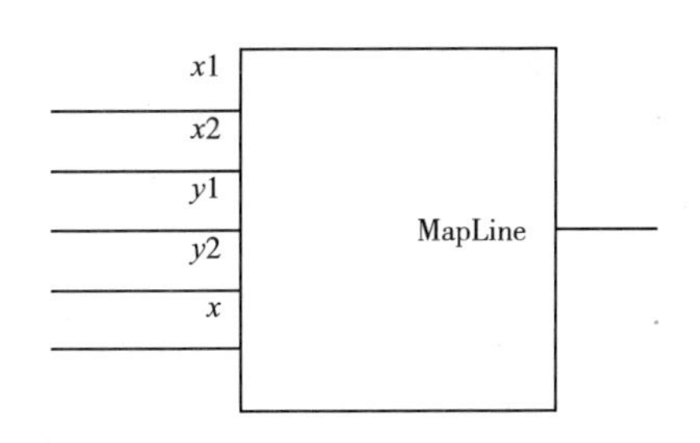

图 11-4 线性模拟量传感器标定函数的输入输出

函数的实现代码如下：

```
FUNCTION MapLine: REAL
VAR_INPUT
    x1: REAL;                       (* 模拟量引脚最小数值 *)
    x2: REAL;                       (* 模拟量引脚最大数值 *)
    y1: REAL;                       (* 量程最小值 *)
    y2: REAL;                       (* 量程最大值 *)
    x: REAL;                        (* 当前的引脚输入值 *)
    y: REAL;                        (* 待求量(输出值) *)
END_VAR

VAR
    k: REAL;                        (* 中间变量:直线斜率 *)
    b: REAL;                        (* 中间变量:直线截距 *)
END_VAR

    k: = (y2 - y1)/(x2 - x1);       (* 根据直线两端点,计算直线方程的斜率 *)
    b: = y1 - k * x1;               (* 计算直线方程的截距 *)
    y: = k * x + b;                 (* 直线方程表达式 *)
    MapLine: = y;                   (* 通过函数名输出计算值 *)
```

例如：某压力传感器，量程为 0.5 ~ 4.5V，对应 0 ~ 50MPa。已知控制器采用 12 位 A/D 转换，则当引脚读入值为 2 000 时，被测压力为多少？

调用方法如图 11-5 所示。

11.5.2 斜坡函数

在前面的章节中，已经介绍过斜坡函数的作用与实现原理。具体编写一个斜坡函数时，由于涉及步长的逐次叠加，因此中间计算过程的变量需要记忆，可采用 POU 中的"函数块(FUNCTION BLOCK)"实现。采用 ST 语言编写的斜坡函数如图 11-6 所示，各变量均采用 INT 型。

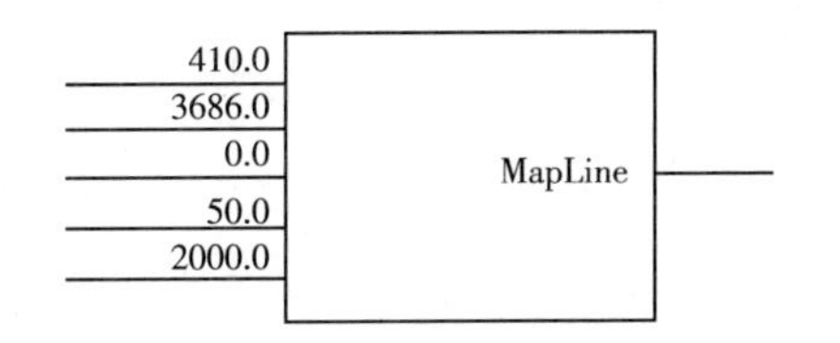

图 11-5 某 12 位线性模拟量传感器的标定示例

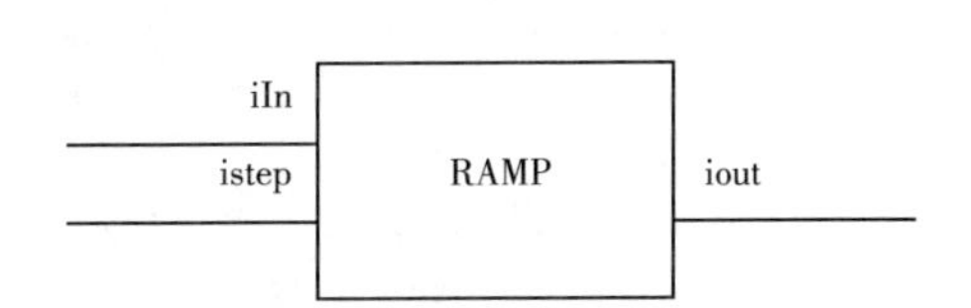

图 11-6 斜坡函数块的输入输出

函数块的实现代码如下：

```
FUNCTION_BLOCK RAMP
VAR_INPUT
        iIn: INT;                    (* 输入量 *)
        iStep: INT;                  (* 斜坡步长 *)
END_VAR

VAR
        iDelta: INT;                 (* 输出量与输入量的差值 *)
END_VAR

VAR_OUTPUT
        iOut: INT;                   (* 输出量 *)
END_VAR
iDelta: = iIn-iOut;                  (* 计算当前时刻输入量与输出量的差值 *)
IF iDelta =0 THEN
        RETURN;                      (* 若差值为0,则返回 *)
END_IF;
IF iDelta >0 THEN                    (* 若差值大于0,则增加步长和差值中较小的一个 *)
      iOut: = iOut + MIN(iDelta ,iStep);
END_IF;
IF iDelta <0 THEN                    (* 若差值小于0,则减少步长和差值中较小的一个 *)
      iOut: = iOut - MIN( - iDelta, iStep);
END_IF;
```

11.5.3 挡位判断程序

许多行走类工程机械设有速度挡位,通常挡位操纵装置通过开关信号的组合将当前的挡位器动作信息传送给控制器,控制器再通过对挡位器信号逻辑组合的判断,得到当前的挡位信息。

图11-7为某挡位器与控制器的连线示意图,其中bS1、bS2、bS3为挡位器信号。表11-1为挡位器信号逻辑组合与挡位的对应关系。

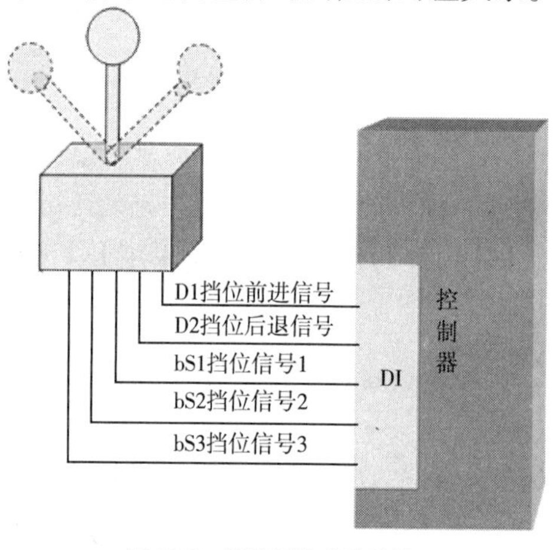

图11-7　挡位器输出信号线

挡位器信号逻辑组合　表11-1

bS1	bS2	bS3	D1	D2	挡位
0	0	0	0	0	空挡
0	0	1	1	0	前进一挡
0	1	0	1	0	前进二挡
0	1	1	1	0	前进三挡
1	0	0	1	0	前进四挡
1	0	1	1	0	前进五挡
0	0	1	1	0	后退一挡
0	1	0	1	0	后退二挡
0	1	1	1	0	后退三挡
1	0	0	1	0	后退四挡
1	0	1	1	0	后退五挡

下面给出用3种不同语言编写的挡位判断函数(不包含行驶方向的判断)。

1)采用梯形图实现(图11-8)

变量定义部分的代码如下:

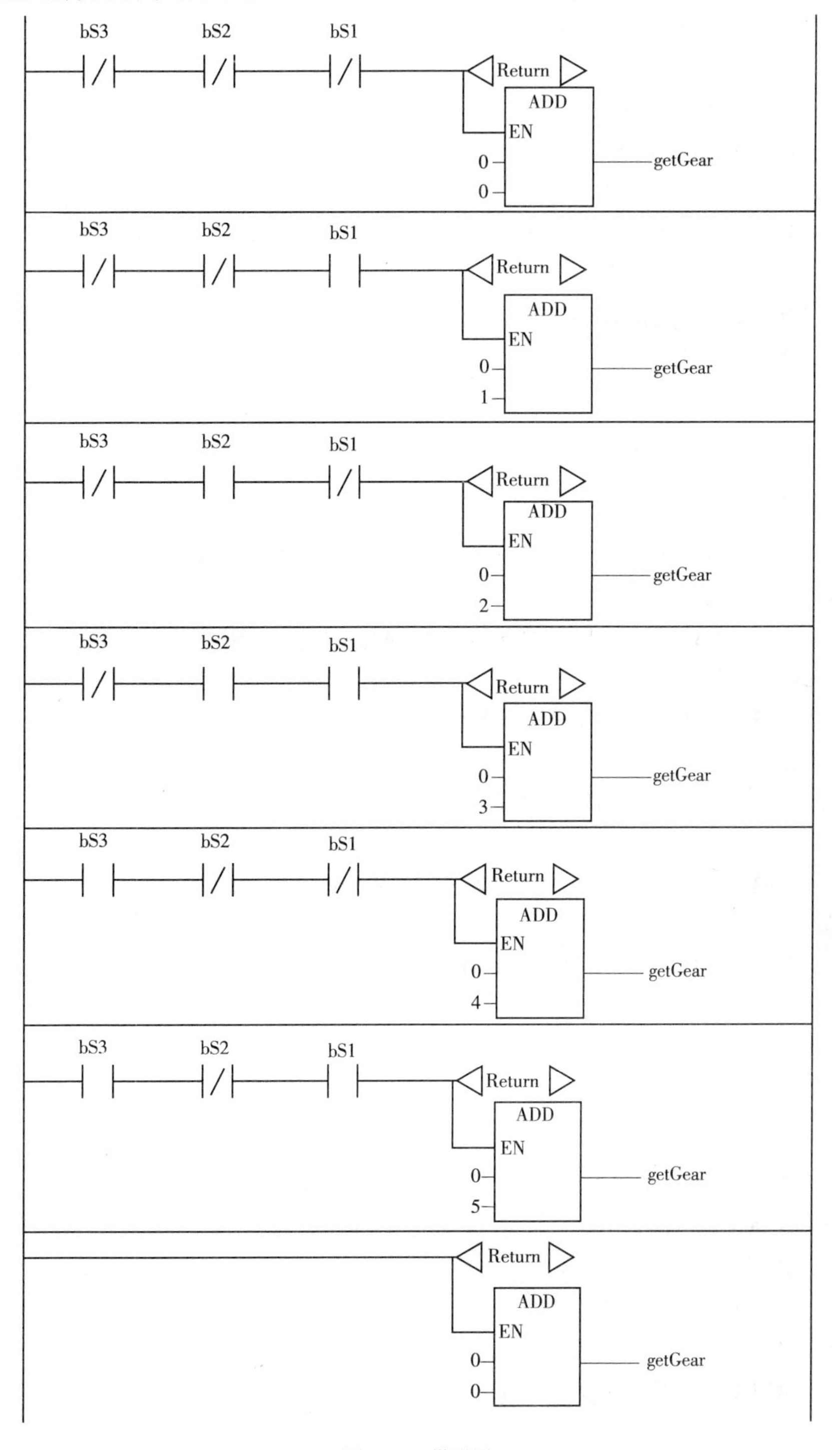

图11-8 梯形图

FUNCTION getGear:INT

```
VAR _ INPUT
bS1:BOOL;(* 挡位器信号 1 *)
bS2:BOOL;(* 挡位器信号 2 *)
bS3:BOOL;(* 挡位器信号 3 *)
END _ VAR
```

2)采用 ST 语言实现

```
FUNCTION getGear:INT
VAR _ INPUT
    bS1:BOOL;(* 挡位器信号 1 *)
    bS2:BOOL;(* 挡位器信号 2 *)
    bS3:BOOL;(* 挡位器信号 3 *)
END _ VAR
VAR
    iGear:INT;(* 所求挡位 *)
END _ VAR
IF(bS3 = FALSE)AND(bS2 = FALSE)AND(bS1 = FALSE)THEN
    getGear: =0;
ELSIF  (bS3 = FALSE)AND(bS2 = FALSE)AND(bS1 = TRUE)THEN
    getGear: =1;
ELSIF  (bS3 = FALSE)AND(bS2 = TRUE)AND(bS1 = FALSE)THEN
    getGear: =2;
ELSIF  (bS3 = FALSE)AND(bS2 = TRUE)AND(bS1 = TRUE)THEN
    getGear: =3;
ELSIF  (bS3 = TRUE)AND(bS2 = FALSE)AND(bS1 = FALSE)THEN
    getGear: =4;
ELSIF  (bS3 = TRUE)AND(bS2 = FALSE)AND(bS1 = TRUE)THEN
    getGear: =5;
ELSE
    getGear: =0;
END _ IF
```

3)采用 CASE 条件分支实现

```
FUNCTION getGear:INT
VAR _ INPUT
    bS1:BOOL;(* 挡位器信号 1 *)
    bS2:BOOL;(* 挡位器信号 2 *)
    bS3:BOOL;(* 挡位器信号 3 *)
END _ VAR
VAR
    iGear:INT;
```

```
    iSet: BYTE: =2#00000000;
END_VAR
iSet.0: =bS1;
iSet.1: =bS2;
iSet.2: =bS3;
CASE iSet OF
2#00000000:
    getGear: =0;
2#00000001:
    getGear: =1;
2#00000010:
    getGear: =2;
2#00000011:
    getGear: =3;
2#00000100:
    getGear: =4;
2#00000101:
    getGear: =5;
ELSE
    getGear: =0;
END_CASE
```

本章思考题

1. 什么是 IEC61131-3 标准？该标准支持哪几种编程语言？

2. 什么是 POU？IEC61131-3 的 3 种 POU 中，PRG、FUN 与 FB 各有何特点？

3. 采用 ST 语言设计编写挡位判断函数（FUN），根据 5 个开关量信号判断出前进、后退各 5 个挡位及空挡。

4. 试采用不同的程序分支结构，对操作员离座报警的控制逻辑进行设计。

5. 试设计双钢轮压路机洒水量控制程序。

参 考 文 献

[1] 焦生杰. 现代筑路机械电液控制技术[M]. 北京:人民交通出版社,1998.

[2] 焦生杰,等. 工程机械机电液一体化[M]. 北京:人民交通出版社,2000.

[3] 姚怀新. 工程机械底盘理论[M]. 北京:人民交通出版社,2002.

[4] 姚怀新. 行走机械液压传动与控制[M]. 北京:人民交通出版社,2002.

[5] 姚怀新. 工程车辆液压动力学与控制原理[M]. 北京:人民交通出版社,2006.

[6] 李冰,焦生杰. 振动压路机与振动压实技术[M]. 北京:人民出版社,2001.

[7] 李冰,焦生杰. 沥青混凝土摊铺机与施工技术[M]. 北京:人民出版社,2007.

[8] 李福义. 液压技术与液压伺服系统[M]. 哈尔滨:哈尔滨工程大学出版社,1992.

[9] 黎启柏. 电液比例控制与数字控制系统[M]. 北京:机械工业出版社,1997.

[10] 王占林. 近代液压控制[M]. 北京:机械工业出版社,1997.

[11] 冯忠绪. 工程机械理论[M]. 北京:人民交通出版社,2004.

[12] 卢长庚,李金良,等. 液压控制系统的分析与设计[M]. 北京:煤炭工业出版社,1991.

[13] 尹继瑶. 压路机设计与应用[M]. 北京:机械工业出版社,2000.

[14] 邬宽明. CAN 总线原理和应用系统设计[M]. 北京:机械工业出版社,2003.

[15] KARL-HEINZ JOHN, MICHAEL TIEGELKAMP. IEC 61131-3: Programming industrial automation systems: concepts and programming languages[J]. Requirements for Programming Systems, Aids to Decision-Making Tools. Springer,2010.

[16] 行走机械用液压及电子控制元件产品样本[R]. 北京:博世力士乐有限公司,2000.

[17] Caterpillar. H 系列平地机使用技巧[M/CD]. Caterpillar,2006.

[18] 焦生杰. 沥青混凝土摊铺机液压驱动行驶与控制系统研究[D]. 西安:长安大学,2002.

[19] 焦生杰,杨清凯,吴伟强. 混凝土摊铺机螺旋布料器电液系统[J]. 筑路机械与施工机械化, 2001,18(4):28-29.

[20] 焦生杰. SF350 混凝土摊铺机螺旋分料器电液系统[J]. 筑路机械与施工机械化,2001,18(4):28-29.

[21] 焦生杰,拾方治. PLC 在沥青混凝土摊铺机行驶控制系统中的应用[J]. 筑路机械与施工机械化,2003,20(1):27-29.

[22] 焦生杰,吴涛. 沥青混凝土摊铺机行驶系统模糊参数自整定 PID 控制[J]. 长安大学学报:自然科学版,2003,23(2):91-94.

[23] 焦生杰,郝鹏,龙水根. 沥青混凝土摊铺机作业速度研究[J]. 中国公路学报,2003,16(3):124-126.

[24] 焦生杰,余亮,徐守国. 摊铺机声控找平系统原理[J]. 筑路机械与施工机械化,2000,17(5):7-9.

[25] 焦生杰,荀伟成. CAN 总线在摊铺机自动找平系统中的应用[J]. 筑路机械与施工机械化,2005,22(11):21-23.

[26] 焦生杰,李锦华. 沥青摊铺机系列讲座(七)——典型摊铺机电液系统的分析[J]. 工程机械与维修,2006,13(6):173-175.

[27] 翟沅江,焦生杰,熊小军. 沥青摊铺机系列讲座(八)——典型摊铺机电液系统的分析

[J]. 工程机械与维修,2006,13(7):164-166.

[28] 焦生杰,翟沅江,凌明健. 沥青摊铺机系列讲座(九)——典型摊铺机电液系统的分析[J]. 工程机械与维修,2006,13(8):155-157.

[29] 焦生杰. 沥青摊铺机系列讲座(十)——典型摊铺机电液系统的分析[J]. 工程机械与维修, 2006,13(9):167-169.

[30] 田佰虎,焦生杰. 沥青摊铺机系列讲座(十一)——典型摊铺机电液系统的分析[J]. 工程机械与维修,2006,13(10):161-163.

[31] 张志友,苏旭盛. 沥青摊铺机作业质量的评价指标[J]. 筑路机械与施工机械化,2010,27(10):42-44.

[32] 王欣,张旭,朱文峰. 摊铺机自动找平系统参数匹配研究[J]. 筑路机械及施工机械化,30(3),51-55.

[33] 王欣,苟伟成,焦生杰. 基于 CAN 总线的摊铺机自动找平控制系统[J]. 交通运输工程学报,2006,6(4):57-61.

[34] 唐相伟. 摊铺机作业速度与 DSP 行驶控制器研究[D]. 西安:长安大学,2005.

[35] 李冰. 沥青混凝土路面施工工艺及机群协同作业[D]. 西安:长安大学,2004.

[36] 焦生杰,周贤彪. 沥青混凝土摊铺机国内外发展与研究现状[J]. 建筑机械,2003,23(3):17-20.

[37] 焦生杰,唐相伟,刘桦. 智能化摊铺机的发展与现状[J]. 筑路机械与施工机械化,2004,21(2):6-9.

[38] 王海英,吴成富,焦生杰. 基于数字信号处理器 DSP 的摊铺机行驶控制系统研究[J]. 工程机械,2004,35(9):5-7.

[39] 惠纪庄,吴成富,焦生杰. 基于 DSP 芯片的接触式自动找平控制器[J]. 长安大学学报:自然科学版,2005,25(2):90-94.

[40] 吴涛,焦生杰. 沥青混凝土摊铺机行驶系统数字控制器研究[J]. 建筑机械,2003,23(4):34-37.

[41] 焦生杰. 电控液压泵—马达车辆行驶控制系统研究[J]. 西安公路交通大学学报,1999,19(1):97-100.

[42] 姚怀新. 车辆液压驱动系统的控制原理及参数匹配[J]. 中国公路学报, 2002,7(3):115-118.

[43] 孙祖望. 压实技术与压实机械的发展与展望[J]. 筑路机械与施工机械化,2004,21(5):4-7.

[44] 焦生杰,董强柱. 振动压路机市场及压实技术的发展[J]. 筑路机械与施工机械化,2009,26(12):32-36.

[45] WANG XIN, ZHAO RUI YING. A reverse driving control method for hydrostatic double-drum vibratory rollers[J]. Journal of Computers,2012,7(5):1244-1251.

[46] WANG XIN, ZHAO RUI YING. A reverse driving control method for hydrostatic mobile machinery[J]. 2011 WASE Global Conference on Science Engineering, GCSE, 2011.

[47] 冯忠绪,侯劲汝,沈建军. 双钢轮振动压路机功率的配置[J]. 长安大学学报,2009,29(6):107-110.

[48] 张奕,刘桦,龙水根. 智能压路机行走控制系统设计[J]. 筑路机械与施工机械化,2006,

11:56-58.

[49] 张奕. 智能压路机控制系统设计及关键技术研究[D]. 西安:长安大学,2004.

[50] 张晓静. 全液压双钢轮振动压路机反拖控制方法研究[D]. 西安:长安大学,2010.

[51] 张大鹏. 智能振动压路机控制系统的程序设计与研究[D]. 西安:长安大学,2004.

[52] 郃云. 基于参数辨识的智能压路机振频系统 PID 控制器设计[D]. 西安:长安大学, 2005.

[53] 赵铁栓,康亚强. 多功能双轴激振器激振模式的研究[J]. 施工机械与施工技术,2009(11):47-50.

[54] 张奕,龙水根. 振动压路机振动频率恒定控制[J]. 中国工程机械学报,2003,1(1):72-76.

[55] 张佩. 14t 全液压双钢轮振动压路机关键控制技术研究[D]. 西安:长安大学,2012.

[56] ANDEREGG. R&K. KAUFMANN. Intelligent compaction with vibratory rollers:feedback control systems in automatic compaction and compaction control[J]. Transportation Research Record: Journal of the Transportation Research Board. January 2007:124-134.

[57] 聂全福,杨晨,等. 国外振动压路机的新型振动技术[J]. 山东交通学院学报,2006,14(4):25-28.

[58] 巨永锋,龙水根,张奕. 智能压路机控制系统数据通信的实现[J]. 筑路机械与施工机械化,2005,22(9):51-53.

[59] 张智明. 智能化振动压路机及技术现状[J]. 工程机械,2005,35(3):5-8.

[60] 巨永锋,蔺广逢,龙水根. 智能压路机控制系统人机交互软件设计[J]. 筑路机械与施工机械化,2005,22(8):52-54.

[61] 尹继瑶. 振动压路机的振动功率与装机功率[J]. 建筑机械化,2007,28(8):17-21.

[62] 刘育贤. 双钢轮振动压路机技术现状分析[J]. 筑路机械与施工机械化,2007,24(7):53-55.

[63] 贺良,何志勇,等. 国外振动压路机发展新趋势[J]. 建设机械技术与管理,2010(11):95-97.

[64] 吴竟吾. 路面与压实机械“十二五”展望[J]. 建设机械技术与管理,2011(2):37-38.

[65] 万汉驰. 国内外压路机技术及市场的发展现状与趋势[J]. 筑路机械与施工机械化,2009,26(12):20-30.

[66] 李和清. 智能洒水系统在压路机中的应用[J]. 筑路机械与施工机械化,2010,27(3):47-49.

[67] 宁欣. 双钢轮振动压路机透析[J]. 筑路机械与施工机械化,2009,26(2):04-07.

[68] 邓习树,周亚军. 振动压路机起振高压形成机理及解决措施研究[J]. 工程机械,2010,41(3):22-25.

[69] 黄宁波. 行走系统起步加速过程对双钢轮压路机的影响[J]. 建设机械技术与管理,2010(4):94-95.

[70] 李和清. 发动机转速自动调节技术在压路机中的应用[J]. 工程机械,2007,38(6):48-50.

[71] 刘龙,唐红彩,沈建军. 双钢轮振动压路机行走液压系统仿真分析[J]. 建筑机械,2009(13):62-67.

[72] 洪鲁宾. 智能化振动压路机调幅控制系统的设计[J]. 建筑机械,2006(3):78-80.
[73] 马文胜,鲍永华,包旭. 智能压路机人机交互界面的设计与实现[J]. 工程机械,2006,37(12):1-3.
[74] 管迪,陈乐生. 智能振动压路机建模与试验[J]. 建筑机械,2007(5):56-59.
[75] 路晶,郭涛. 宝马振动压路机智能压实控制系统[J]. 建筑机械(上),2007,27(9):55-58.
[76] 焦生杰. 国内外平地机发展现状与新技术[J]. 筑路机械与施工机械化,2008,25(3):10-16.
[77] 王欣. 智能全液压平地机关键技术研究[R]. 博士后研究报告. 西安:长安大学,2007.
[78] 王欣,张超,易小刚. 全液压平地机功率—载荷自适应方法研究[J]. 工程机械,2007,38(6):27-30.
[79] 王欣,易小刚. 国外平地机的变功率控制[J]. 筑路机械与施工机械化,2007,24(10):59-61.
[80] 王欣,易小刚,张超,林涛. 全液压平地机电子抗滑转方法研究[J]. 筑路机械与施工机械化,2007,24(9):53-56.
[81] 王欣,张志友. 牵引式机械的功率自适应控制[J]. 筑路机械与施工机械化,2010,27(11):72-74.
[82] 林涛. 液压机械传动平地机关键技术研究[D]. 西安:长安大学,2012.
[83] 林涛,王欣,贾剑峰. 同步分流阀在全液压平地机上的试验研究[J]. 筑路机械与施工机械化,2008,25(5):52-54.
[84] LIN TAO,JIAO SHENG-JIE,WANG XIN. Fuzzy adaptive energy-saving technology for static hydraulic grader[C]. Proceedings 2011 International Conference on Mechaatronic Science, Electric Engineering and Computer,MEC 2011. The United States:IEEE Computer Society, 2011:109-113.
[85] 焦生杰,林涛. 平地机液压机械复合传动装置[P]. 中国专利:ZL201020157879.8,2010.
[86] 王欣,焦生杰,朱文锋,赵睿英. 防止液压驱动工程车辆反拖引起发动机超速的装置[P]. 中国专利:ZL201220270764.9,2013.
[87] 林涛,谢金龙,肖峰. 液压—机械传动的工程机械及其换挡控制系统和方法[P]. 中国专利:ZL201110242282.2,2012.
[88] 易小刚,林涛,李建科. 一种行驶驱动装置及平地机[P]. 中国专利:ZL201010276980.X,2011.
[89] 陈永峰. 全液压平地机的动力匹配及牵引性能分析[D]. 西安:长安大学,2007.
[90] 贾剑锋. 分流集流阀在全液压平地机中的应用研究[D]. 西安:长安大学,2009.
[91] 林涛. 全液压平地机节能控制方法研究[D]. 西安:长安大学,2008.
[92] 江平. 平地机开式液压驱动系统研究[D]. 西安:长安大学,2010.
[93] 赵睿英. 新型平地机功率自适应控制系统研究[D]. 西安:长安大学,2010.
[94] 张淼. 190 马力静液压平地机前轮驱动系统研究[D]. 西安:长安大学,2013.
[95] 林建涵. 激光控制平地系统接收和控制装置的研究与开发[D]. 北京:中国农业大学,2004.
[96] 陈永峰. 全液压平地机的动力匹配及牵引性能分析[J]. 建筑机械,2007,27(2):91-96.

[97] 刘清华. 未来平地机模型[J]. 筑路机械与施工机械化,2005,22(1):44-46.
[98] 姜楠,冯柯,吴国祥. 平地机的新技术展望[J]. 工程机械,2006,37(11):44-47.
[99] 李建风. 国内外平地机产品性能差异化分析[J]. 建设机械技术与管理,2006,19(4):43-46.
[100] 于庆达. 静压传动平地机[J]. 工程机械,2006,37(4):7-9.
[101] 李建科,林涛,李迎春. 浅淡平地机同步技术[J]. 筑路机械与施工机械化,2011,28(2):39-41.
[102] 顾临怡,王庆丰,路甬祥. 液压驱动的大惯性负载加减速特性研究[J]. 机械工程学报,2002,38(10):46-49.
[103] 田晋跃,刘新磊,刘益民. 车辆静液传动匹配技术的研究[J]. 液压与气动,2006,30(10):4-7.
[104] 柳波,何清华,杨忠炯. 发动机—变量泵功率匹配极限负荷控制[J]. 中国机械工程,2007,18(4):500-503.
[105] 李荣湘. 闭式液压泵与原动机的匹配计算[J]. 矿业研究与开发,2005,25(3):51-52.
[106] 柳波,鲁湖斌,何清华,等. 变量泵功率匹配控制系统的动态仿真研究[J]. 机械科学与技术,2007,26(1):104-107.
[107] LANDERS, KIRK. Get ready for the next generation of motor graders [J]. Better Roads, Feb. 2006.
[108] 焦生杰,龙水根,等. 全液压推土机研究现状与发展趋势[J]. 筑路机械与施工机械化,2006,23(6):1-4.
[109] 易小刚. 全液压推土机液压与控制系统研究[D]. 西安:长安大学,2005.
[110] 易小刚,王欣,张德兴. 全液压平地机的关键匹配与控制技术[J]. 筑路机械与施工机械化,2008,25(3):18-21.
[111] 易小刚,焦生杰. 全液压推土机关键技术参数研究[J]. 中国公路学报,2004,17(2):119-123.
[112] 易小刚,刘正富,焦生杰,张天琦. 全液压推土机驱动系统计算机辅助设计[J]. 长安大学学报:自然科学版,2004,24(5):90-103.
[113] 张志友. 推土机极限载荷控制系统的探讨[J]. 工程机械,1999,30(12):32-35.
[114] 王欣,熊逸群. 全液压推土机控制系统关键技术研究[J]. 筑路机械与施工机械化,2006,23(10):47-49.
[115] 王欣,周翔. 全液压推土机直线行驶纠偏方法研究[J]. 工程机械,2007,38(2):17-20.
[116] 王欣,焦生杰. 全液压推土机实验研究[J]. 筑路机械与施工机械化,2006,23(6):5-8.
[117] 焦生杰,赵铁栓,王欣. 全液压推土机和平地机高低速切换行走装置[P]. 中国专利:ZL200620079330.5,2008.
[118] 郝秀娟,焦生杰. 全液压推土机状态检测及故障诊断技术研究[J]. 中国工程机械学报,2005,3(4):450-452.
[119] 顾海荣. 160hp 全液压推土机行驶驱动系统匹配研究[D]. 西安:长安大学,2004.
[120] 刘正富. 全液压推土机关键技术参数研究[D]. 西安:长安大学,2004.
[121] 王永奇,单新周. 推土机静液压传动装置的参数匹配与控制[J]. 建筑机械化,2003,24(10):34-36,53.
[122] 郭俊. 全液压推土机行驶静压驱动系统研究[D]. 西安:长安大学,2003.

[123] 马鹏飞. 全液压推土机液压行驶驱动系统动力学研究[D]. 西安:长安大学,2006.
[124] 田晋跃,于英. 履带式推土机动力学控制系统的研究[J]. 农业机械学报,2003,34(3):32-34.
[125] 孙祖望. 沥青路面养护技术的发展与展望[J]. 筑路机械与施工机械化,2004,21(1):4-7.
[126] 焦生杰. 城市道路沥青路面养护工艺、设备发展现状与趋势[J]. 市政技术,2011,29(2):17-24.
[127] 焦生杰,强召雷. 同步碎石封层车液压系统参数设计[J]. 中国工程机械学报,2006,4(3):300-302.
[128] 焦生杰,顾海荣,张新荣. 同步碎石封层设备国内外研究现状[J]. 筑路机械与施工机械化,2007,24(7):1-3.
[129] 高子渝,王欣. 同步碎石封层车控制系统研究[J]. 筑路机械与施工机械化,2007,24(7):7-9.
[130] 张新荣,焦生杰. 同步碎石封层技术及设备[J]. 筑路机械与施工机械化,2004,21(11):1-4.
[131] 顾海荣,焦生杰. 采用液压驱动行走的同步碎石封层设备[J]. 长安大学学报:自然科学版,2007,27(6):103-106.
[132] 顾海荣. 同步碎石封层设备关键技术研究[D]. 西安:长安大学,2008.
[133] 强召雷. 同步碎石封层车控制系统研究[D]. 西安:长安大学,2007.
[134] 朱世龙. 同步碎石封层设备碎石撒布系统研究[D]. 西安:长安大学,2010.
[135] 潘敏. 基于 SYMC 的同步碎石封层设备沥青洒布控制系统研究[D]. 西安:长安大学,2008.
[136] 李国莉. 同步碎石封层设备沥青洒布控制精度及其控制方法研究[D]. 西安:长安大学,2010.
[137] 张海堂. 基于 DSP 的同步碎石封层设备沥青洒布控制系统研究[D]. 西安:长安大学,2007.
[138] 柳利平. Z6500 水平定向钻机动力头及其液压驱动系统动力学研究[D]. 西安:长安大学,2009.
[139] 胡永兵. 同步碎石封层车沥青温度、沥青洒布量和碎石撒布量控制研究[D]. 西安:长安大学,2008.
[140] 董强柱. 同步碎石封层施工技术研究[D]. 西安:长安大学,2009.
[141] 李国柱,顾海荣,张平. 同步碎石封层机作业速度[J]. 筑路机械与施工机械化,2008,25(5):55-57.
[142] 刘少锋,樊瑜坚,李驰,等. 5310TBS 型同步碎石封层车控制技术分析[J]. 工程机械,2011,42(7):31-35.
[143] 杜建民. LMT5250TFC 橡胶沥青同步碎石封层车的控制系统设计[J]. 筑路机械与施工机械化,2008,25(11):75-77.
[144] 覃峰,包惠明. 同步碎石封层新技术的应用[J]. 桂林工学院学报,2007,27(1):69-72.
[145] 张存公,石剑. 同步封层车碎石撒布质量效果[J]. 筑路机械与施工机械化,2008,25(5):58-60.

[146] 唐承铁. 同步沥青碎石封层在高速公路建设和养护中的推广应用研究[J]. 湖南交通科技,2008,34(1):16-18.
[147] 董涛,那英男,那英林. 同步碎石封层技术的应用[J]. 市政技术,2011,29(1):38-40.
[148] 张军性. 沥青洒布量控制模式研究[J]. 筑路机械与施工机械化,2012,29(9):57-59.
[149] 靳文超. 同步碎石封层技术在施工中的应用[J]. 北方交通,2009(5):13-15.
[150] 梁新文,姜勇. 论同步沥青碎石封层技术[J]. 建设机械技术与管理,2008(2):57-59.
[151] 孙见林,刘晓亮. 同步碎石封层技术在道路养护中的应用[J]. 工程机械与维修,2007(1):99-101.
[152] 蓝青. 同步碎石封层施工技术分析[J]. 交通世界,2011(1):98-99.
[153] 高子渝,王欣,焦生杰. 水平定向钻机智能化控制系统方案设计[J]. 筑路机械与施工机械化,2006,23(6):46-48.
[154] 韩宇. 45t水平定向钻机液压驱动系统研究[D]. 西安:长安大学,2007.
[155] 朱辉. 水平定向钻机分工况作业规律及其控制策略研究[D]. 长春:吉林大学,2009.
[156] 余魏杰. 水平定向钻机钻杆输送机械手及控制系统研究[D]. 长春:吉林大学,2009.
[157] 李晓民. 水平定向钻工况数据采集系统的研究与实现[D]. 天津:天津大学,2006.
[158] 张启君,张忠海,杨满江. 国内外水平定向钻机的现状与发展建议[J]. 建筑机械化,2004,25(4):11-12.
[159] 张忠海,杨满江,张启君. 水平定向钻机及施工工艺[J]. 建筑机械化,2004,25(1):35-36.
[160] 张原坤,尚涛. 水平定向钻机节能控制试验研究[J]. 试验技术与试验机,2007,47(3):35-39.
[161] 滕金文,何亚丽,张东辉. 水平定向钻机在市政管线工程中的应用[J]. 工程建设与设计,2008,(6):41-42.
[162] 张东辉,尹振羽,何亚丽. 水平定向钻机在燃气管道铺设工程中的应用[J]. 煤炭技术,2008,27(1):132-133.
[163] 林家祥,石光林,黄羽. 水平定向钻机动力头双速液压控制系统[J]. 工程机械,2010,41(7):53-54.
[164] 薛尚文,焦志鑫,洪啸虎,等. 水平定向钻机作业原理概述[J]. 机械制造与自动化,2013,42(2):20-21.
[165] 龚斌,徐慧锋. 基于CANOPEN的水平定向钻电气控制系统设计[J]. 建设机械技术与管理,2005,18(8):86-88.
[166] 张峰,乌效鸣,路桂英. 水平定向钻机工况参数检测系统的研究[J]. 煤矿机械,2013,34(1):83-85.
[167] 刘春丽,陈翠兰,张庆宽. 水平定向钻的技术优势——“拓展非开挖技术”[J]. 国外油田工程,2009,25(5):52-54.
[168] 胡仕成,刘晓宏,王祥军,等. 基于功率匹配的水平定向钻节能控制系统研究[J]. 郑州大学学报:工学版,2012,33(2):107-111.
[169] 李骁晔,李树雷. 浅谈水平定向钻在大口径管道穿越水阳江工程中的应用[J]. 石油规划设计,2010,21(5):27-30.
[170] 陈涛. 大吨位水平定向钻机液压系统设计与仿真研究[D]. 沈阳:沈阳建筑大学,2011.

[171] 张启君,张忠海. 水平定向钻机技术现状与可行性研究的分析[J]. 筑路机械与施工机械化,2004,21(1):48-51.
[172] 费烨,陈涛,姜学寿. 大吨位水平定向钻机液压系统设计[J]. 液压与气动,2011(2):68-71.
[173] 顾波. GZD1245 水平定向钻机电气控制系统[J]. 建筑机械,2003(10):45-47.
[174] 张军. 中型挖掘机控制系统设计[R]. 博士后研究报告. 西安:长安大学,2010.
[175] 张军,焦生杰,叶敏. 基于双闭环 PID 的挖掘机泵转矩控制策略研究[J]. 中国工程机械学报,2012,10(3):316-320.
[176] 张军,焦生杰,顾海荣. 基于电喷发动机的挖掘机控制系统设计[J]. 中国工程机械学报,2013,11(1):59-64.
[177] 殷鹏龙,张军,焦生杰. 影响负流量液压系统泵流量因素的试验分析[J]. 工程机械,2012,43(7):47-50.
[178] 张军,焦生杰,廖晓明. 电控节能技术在挖掘机中的应用与发展[J]. 中国工程机械学报,2010,8(1):66-71.
[179] 何清华,常毅华,郝鹏. 液压挖掘机恒功率与变功率协调控制节能系统研究[J]. 建筑机械,2006(5):55-58.
[180] 常毅华,何清华,郝鹏. 液压挖掘机功率协调控制节能系统研究[J]. 工程机械,2006,37(3):19-23.
[181] 赵丁选,尚涛,张红彦,国香恩. 液压挖掘机模糊节能控制策略及实验研究[J]. 中国工程机械,2006,17(2):177-179.
[182] 金立生,赵丁选,国香恩. 液压挖掘机 PID 专家节能控制系统[J]. 农业机械学报,2003,34(6):1-3.
[183] 殷鹏龙,黄红武,张军,等. 基于 LabVIEW 和 CAN 的挖掘机 GPS 功能的监控系统设计[J]. 中国工程机械学报,2011,9(3):309-314.
[184] 王剑波,张军,司癸卯. 基于 LabVIEW 的挖掘机串口参数监控系统设计[J]. 工程机械,2012,43(8):1-5.
[185] 吴保林,裘丽华. 单泵驱动双马达速度同步控制技术研究[J]. 系统仿真学报,2006,18(6):1585-1588.
[186] 孟广良,王亮,李莺莺. 轮式装载机发动机多功率模式节能研究[J]. 工程机械,2009,40(3):20-24.
[187] 杨忠敏. 现代车用柴油机电控共轨喷射技术综述[J]. 柴油机设计与制造,2005,14(1):5-6.
[188] 汪世伦,刘建瓴. 迅速发展的柴油发动机电喷技术[J]. 机电产品开发与创新,2005,18(1):8-10.
[189] 严而明,史永革. 偏载条件下大型液压升降平台同步问题研究[J]. 液压与传动,2007(6):12-15.
[190] LANDERS,KIRK. Get ready for the next generation of motor graders [J]. Better Roads, February 2006.
[191] WALT MOORE. Motor-grader technology hits high gear[J]. Construction Equipment, September 2006.
[192] SAE STANDARD. Vehicle application layer SAE J1939/71[R]. Issued,1997.